Franz Bairlein

Ökologie der Vögel

Franz Bairlein

Ökologie der Vögel

Physiologische Ökologie – Populationsbiologie
Vogelgemeinschaften – Naturschutz

185 Abbildungen und 8 Tabellen

Stuttgart · Jena · Lübeck · Ulm

Professor Dr. Franz Bairlein
Institut für Vogelforschung
»Vogelwarte Helgoland«
An der Vogelwarte 21

26386 Wilhelmshaven

Die Deutsche Bibliothek – CIP-Einheitsaufnahme

Bairlein, Franz:
Ökologie der Vögel : Physiologische Ökologie –
Populationsbiologie – Vogelgemeinschaften – Naturschutz /
Franz Bairlein. – Stuttgart ; Jena ; Lübeck ; Ulm : G. Fischer,
1996
ISBN 3-437-25018-3

Wollgrasweg 49, 70599 Stuttgart

Satz: Typomedia Satztechnik GmbH, Ostfildern (Scharnhausen)
Druck: Gulde Druck, Tübingen
Buchbinderische Verarbeitung: Buchbinderei Nädele, Nehren
Umschlaggestaltung: SRP, Ulm
Titelbilder: R. Nagel
Gedruckt auf 90 g/m² MUNKENPURE, holzfrei oberflächengeleimt, ohne optische Aufheller
Printed in Germany

Für Brigitte, Michaela und Christian

Vorwort

In ihrem Lehrbuch *Ornithologie* verzichten Bezzel und Prinzinger auf ein gesondertes Kapitel «Ökologie», weil die Ökologie als übergeordnetes Fachgebiet mit vielen Themen der biologischen Wissenschaften ohnehin eng verbunden ist. Dies ist richtig. Warum dann dennoch ein Buch zur Ökologie von Vögeln?

Vögel spielen in der naturschutzfachlichen Bewertung eine wichtige Rolle. Ihr sachgerechter «Einsatz» setzt aber voraus, daß ihre prinzipiellen Lebensumstände und Lebensansprüche bekannt sind. Dabei sind die Anpassungsleistungen der Individuen ebenso zu berücksichtigen wie populationsbiologische Faktoren und die Stellung der Vögel im Gefüge ganzer Lebensgemeinschaften und Ökosysteme. Insbesondere können Schutzmaßnahmen nur dann langfristig erfolgreich sein, wenn sie die gesamte Lebenszeitbiologie einer Art berücksichtigen. Es ist Ziel des vorliegenden Buches, über solche Grundlagen aufzuklären.

Dieses Buch ist entstanden aus einer gleichlautenden Vorlesung an den Universitäten Köln und Oldenburg. Bei der Flut an Literatur mit ökologischer Relevanz ist dabei unvermeidlich, sehr stark auswählen zu müssen. Eine solche Auswahl ist dabei natürlich subjektiv, und so läßt sich sicherlich redlich darüber streiten, ob die Fallauswahl richtig war. Mir war es wichtig, mit Einzelfallbeispielen die mehr grundsätzlichen biologischen Zusammenhänge und ihre Komplexität aufzuzeigen und damit den Blick für sie zu schärfen.

Mehr als sonst üblich sind viele Ergebnisse und Zusammenhänge in Strichzeichnungen dargestellt. Vieles läßt sich so besser als in Worten darstellen. Zugleich bedeutet es aber für den Leser, sich mit diesen Darstellungen auseinandersetzen zu müssen, vielleicht sogar die genannte Quelle selbst zu studieren. Auch die aufgeführte Literatur erhebt keinen Anspruch, umfassend zu sein – dies anzustreben wäre vermessen. Vielmehr soll sie nur ermöglichen, je nach eigener Interessenslage selbst Zugang zu dem einen oder anderen Thema zu haben. Fallauswahl und Darstellung sollen herausfordern, sich mit den Grundzügen der Ökologie von Vögeln und deren Bedeutung für angewandte Fragen des Arten- und Naturschutzes selbst zu beschäftigen.

Wie üblich ist dieses Buch in einzelne Kapitel aufgebaut. Ausgehend von der Ebene der physiologischen Ökologie (Autökologie) werden die zunehmend komplexeren Ebenen der Populationsbiologie, des Lebens in Gemeinschaften und der Stellung von Vögeln in Ökosystemen behandelt. Im letzten Kapitel schließlich ist schlaglichtartig an wenigen Beispielen gezeigt, in welch vielfältiger Weise Vögel und Naturschutz verknüpft sind und wie wichtig die Kenntnis der ökologischen Grundlagen für die Aufklärung von Gefährdungsfaktoren und die Beurteilung von Umweltveränderungen ist. Diese heutigen Erkenntnisse sind das Ergebnis ornithologischer Grundlagenforschung. Auch zukünftig wird effizienter und nachhaltiger Naturschutz nicht ohne diese Grundlagenforschung möglich sein. Hierfür Verständnis zu wecken und einer zunehmenden Forschungsverdrossenheit entgegenzuwirken, ist deshalb ein weiteres Anliegen dieses Buches.

Das Buch richtet sich an die vielen Freizeitornithologen, ohne deren Einsatz viele Belange der Ornithologie, wie beispielsweise die Durchführung flächendeckender Bestandserhebungen oder die wissenschaftliche Vogelberingung, nicht bearbeitet werden könnten, sowie an Studierende der Biologie, an Biologielehrer, an die Naturschutzpraktiker und an all jene, die an «unseren gefiederten Freunden» Spaß haben und dabei deren grundsätzliche ökologische Zusammenhänge kennenlernen wollen.

Das vorliegende Buch hätte nicht ohne die vielfältige Unterstützung einer Reihe von Personen entstehen können. Peter Berthold, Einhard Bezzel, Herbert Biebach, Roland Prinzinger, Wolfgang und Roswitha Wiltschko und Wolfgang Winkel haben Teile des Manuskript kritisch begleitet. Peter H. Becker unterzog sich der Mühe, das gesamte Manuskript zu lesen.

Wolf Arntz, Herbert Biebach, Hans Löhrl und Roland Prinzinger steuerten Fotos bei, Hartmut Heckenroth die aktuellen Weißstorch-Bestandszahlen aus Norddeutschland. Anja Epding, Rolf Nagel und Elke Wiechmann halfen bei der Erstellung der Abbildungen und dem Schreiben des Textes. Ihnen allen gilt mein großer Dank.

Nicht zuletzt danke ich den zahlreichen Studenten, die mit sachlicher Kritik die Vorlesung begleitet haben. Dem Verlag schließlich möchte ich danken für die Bereitschaft, ein überdurchschnittlich mit Abbildungen illustriertes Buch zu wagen, und dem Lektor, Ulrich G. Moltmann, für viele wertvolle Anregungen und seine unendliche Geduld.

Wilhelmshaven,
im Sommer 1996 Franz Bairlein

Inhalt

1 Physiologische Ökologie – Der Vogel in seiner Umwelt

Drei Eigenschaften zeichnen die Physiologie von Vögeln aus: Leistung, Ausdauer, Homoiostase. Das hohe Leistungs- und Ausdauervermögen wird über eine auf hohem Niveau gehaltene Körpertemperatur erreicht. Sie wird erzielt über eine hohe Stoffwechselrate, über das ausgezeichnete Isolationsvermögen des Federkleides und verschiedene Mechanismen der Thermoregulation.

1.1 Körpertemperatur – Stoffwechsel

1.1.1 Normale Körpertemperatur

Vögel sind **endotherme, homoiotherme Organismen**. Ihre Körpertemperatur ist, unabhängig von der Umgebungstemperatur, weitgehend konstant; die notwendige **Wärmeproduktion** erfolgt im Vogel selbst. Die normale Körperkerntemperatur von verschiedenen Vogelarten liegt zwischen 38 und 42 °C, und damit durchschnittlich um etwa 2–3 °C über der Körpertemperatur höherer Säugetiere. Diese recht hohe Körpertemperatur ist die Folge rascher Stoffwechselprozesse und ist als Anpassung an die Fähigkeit zu schnellen Bewegungen und hohem Reaktionsvermögen zu sehen, wie sie gerade der Flug der Vögel erfordert. Flugunfähige Arten (z. B. Kiwi, Strauß) scheinen durchschnittlich geringere Körpertemperaturen zu haben als flugfähige Arten.

Auch wenn die Körpertemperatur von Vögeln als weitgehend homoiostatisch gilt, zeigt sie doch eine Reihe von auffälligen Schwankungen. So unterliegt sie einem **Tagesgang** mit niedrigeren Werten zur Ruhezeit und höheren Werten zur Aktivitätszeit (Abb. 1-1). Dieser Tagesgang der Körpertemperatur hat dabei

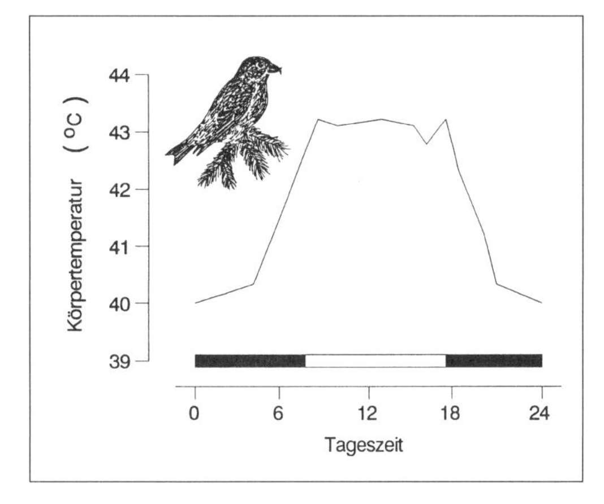

Abb. 1-1: Tagesgang der Körpertemperatur bei Fichtenkreuzschnäbeln. Die schwarzen Balken geben die Dunkelphase, der helle Balken die Hellphase wieder (nach Prinzinger u. Hund 1975).

eine endogene, d. h. dem Vogel eigene Komponente: Absenkung und Erhöhung treten ganz regelmäßig auch dann auf, wenn die Vögel experimentell bei gleichbleibenden Umgebungstemperaturen im Dauerdunkel gehalten werden: Unabhängig von äußeren Faktoren durchläuft ein Vogel im Verlauf eines Tages spontan Phasen mit niedrigerer Körpertemperatur, sog. «nächtliche» Ruhephasen, und Phasen höherer Körpertemperatur während der sog. «Wachphase». Im natürlichen Tag sind diese endogenen Phasen aber zeitgerecht abgestimmt mit dem normalen Wechsel von Hell- und Dunkelzeiten, der sog. Fotoperiode. Dieser endogene Tagesgang ist bei allen Vögeln in ihrem Verlauf ähnlich, doch ist das Ausmaß der Schwingung, d. h. die Tagesdifferenz zwischen «nächtlichem» Minimum und «täglichem» Maximum, bei kleinen Arten größer als bei größeren Arten (Abb. 1-2). Dabei sind die täglichen Maximalwerte bei den verschiedenen

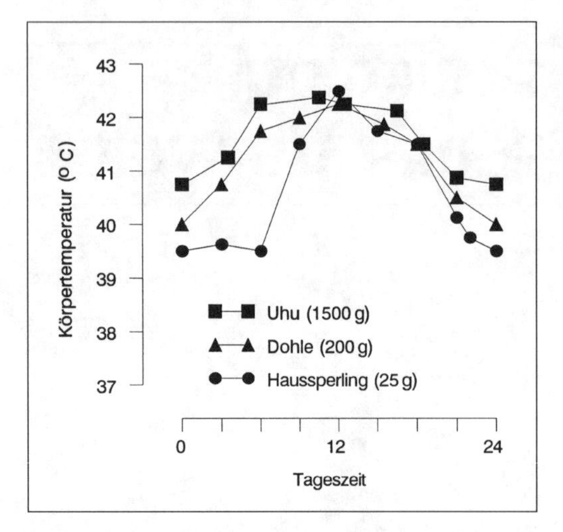

Abb. 1-2: Tagesgänge der Körpertemperatur von Vögeln unterschiedlicher Gewichtsklassen (nach Aschoff 1981).

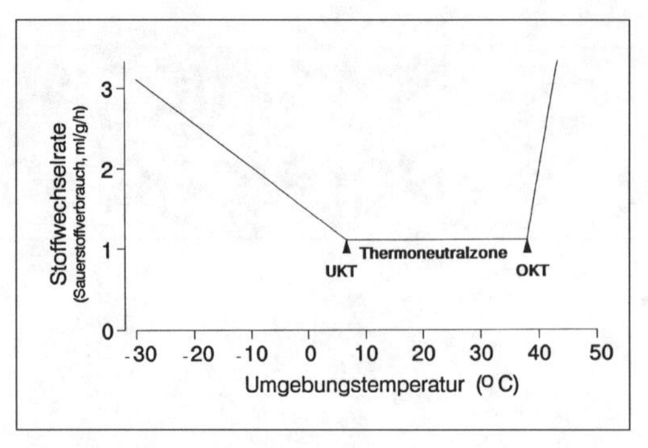

Abb. 1-3: Beziehung zwischen Stoffwechselrate und Umgebungstemperatur. Unterhalb der unteren kritischen Temperatur (UKT) muß der Vogel zusätzliche Stoffwechselleistung aufbringen, um sich warm zu halten; oberhalb der oberen kritischen Temperatur (OKT), um sich zu kühlen.

Arten ganz ähnlich, die kleinen Arten senken dann aber «nachts» ihre Körpertemperatur wesentlich tiefer ab als die größeren Arten (durchschnittlich 2,5 °C bei kleinen und 1,2 °C bei großen Arten).

Die Körpertemperatur scheint zudem einem **Jahresgang** zu folgen. Bei Japanischen Wachteln lag die Körpertemperatur während der Brutphase um etwa 1,5 °C niedriger als zu anderen Zeiten des Jahres. Weiterhin ist die Körpertemperatur vieler Arten in gewissem Umfang auch abhängig von der Umgebungstemperatur, dem Ernährungszustand oder der Aktivität.

1.1.2 Grundstoffwechsel

Homoiotherme Organismen, wie die Vögel, mit Körpertemperaturen, die üblicherweise über der Umgebungstemperatur liegen, müssen diese hohen Körpertemperaturen durch eigene **Wärmeproduktion** regulieren. Diese Wärme stammt aus dem Stoffwechsel, dem Ab- und Umbau von Nährstoffen. Für das Verständnis der Ökophysiologie von Tierarten ist deshalb die Kenntnis des Energiestoffwechsels bzw. des Energiebedarfs dieser Tiere eine wichtige Grundlage.

Viele Untersuchungen zum Gesamtstoffwechsel beruhen auf der Messung des **Sauerstoffverbrauchs**. Der vom Vogel in der Atmung verbrauchte Sauerstoff ist ein Maß für den Stoffwechsel (1 Liter verbrauchter Sauerstoff entspricht einer Energiemenge von rund 20 kJ). Befindet sich der Versuchsvogel während der Messung in Ruhe und ist seit der letzten Nahrungsaufnahme ausreichend Zeit vergangen, so daß das Futter verdaut ist, läßt sich der sog. **Ruheumsatz** messen. Mißt man diesen Ruheumsatz des Stoffwechsels und zugleich die Körpertemperatur von Vögeln bei verschiedenen Umgebungstemperaturen, so zeigt sich dabei folgender, charakteristischer Verlauf (Abb. 1-3):

Über einen gewissen Bereich der Umgebungstemperatur reicht der Ruheumsatz aus, die Körpertemperatur trotz variabler Außentemperatur konstant zu halten. Dieser Temperaturbereich wird deshalb als **Thermoneutralzone** (TNZ) bezeichnet. Der Stoffwechsel in der Thermoneutralzone ist der Grund-, Basal- oder Standardstoffwechsel (BMR: **B**asal **M**etabolic **R**ate). Bei niedrigeren oder höheren Temperaturen dagegen steigt die Stoffwechselrate an. Bei Außentemperaturen unterhalb der sog. unteren kritischen Temperatur (UKT), wird zur Aufrechterhaltung der Körpertemperatur eine zusätzliche eigene Wärmeproduktion benötigt. Bei Außentemperaturen oberhalb der oberen kritischen Temperatur (OKT) dagegen sind zusätzliche Leistungen für das Abführen überschüssiger Körperwärme erforderlich, um eine Überhitzung des Körpers zu vermeiden.

Die Lage und Breite der Thermoneutralzone ist bei verschiedenen Arten unterschiedlich (Abb. 1-4). Hierbei besteht aber kein Zusammenhang zur Körpergröße, vielmehr gibt es einen engen Zusammenhang zum Lebensraum. So haben beispielsweise Schneeammer und Rotkardinal etwa gleiche Körpermasse (ca. 40 g), die arktische Schneeammer hat aber mit 9 °C eine erheblich niedrigere UKT als der

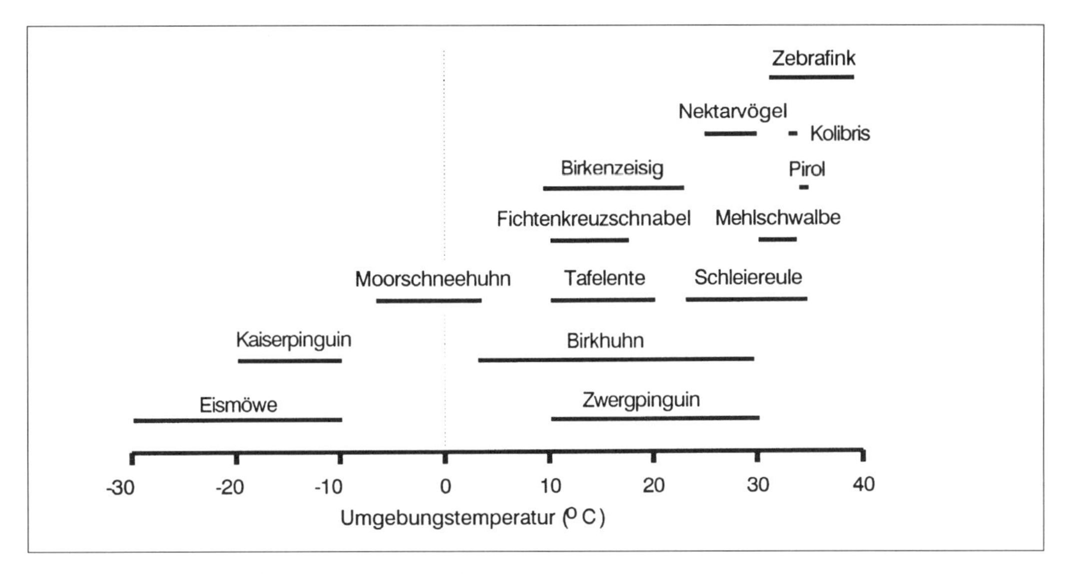

Abb. 1-4: Lage und Ausdehnung der Thermoneutralzone bei einigen Vogelarten.

in den gemäßigten Breiten Nordamerikas lebende Kardinal mit einer UKT von 18 °C.

Unabhängig von der Umgebungstemperatur besteht ein Zusammenhang zwischen Stoffwechselrate und der Phase der endogenen **Tagesrhythmik**. Während der nächtlichen «Ruhephasen» liegt der Stoffwechsel um durchschnittlich etwa 25% niedriger als während der «Aktivitätsphasen» (s. 1).

Vor allem ist die Stoffwechselrate des Vogels abhängig von der **Körpermasse**. Große, schwere Vögel haben einen höheren Gesamtstoffwechsel als kleine, leichte Vögel. Die Stoffwechselrate ist dabei über eine Potenzfunktion zu beschreiben, die in einem doppelt logarithmischen Koordinatensystem eine Gerade ergibt (Abb. 1-5). Die Neigung der Geraden ist kleiner als Eins, was bedeutet, daß kleine, leichte Vögel relativ zu ihrer Körpermasse eine höhere Stoffwechselrate haben als schwere, große Vögel. Diese Körpermasseabhängigkeit ist die Folge des Verhältnisses zwischen Körperoberfläche und Körpermasse: Große Vögel haben eine zu ihrer Körpermasse geringere relative Körperoberfläche, über die Körperwärme verloren bzw. abgegeben werden kann, als kleine Arten.

Die frühere Ansicht, daß Nichtsingvögel und Singvögel unterschiedliche gewichtsspezifische Stoffwechselraten haben, bestätigen sich in neueren, umfangreicheren Analysen nicht. Lediglich Kolibris zeigen gegenüber allen anderen Vögeln eine erheblich höhere Stoffwechselrate, was offensichtlich eine Anpassung an ihre energetisch sehr aufwendige Lebensweise ist.

Der Grundumsatz von Vögeln ist auch abhängig von der **Ernährungsweise**. Unter den Singvögeln beispielsweise zeigen Arten, die Fluginsekten jagen oder Nektar fressen, eine wesentlich höhere gewichtsspezifische Stoff-

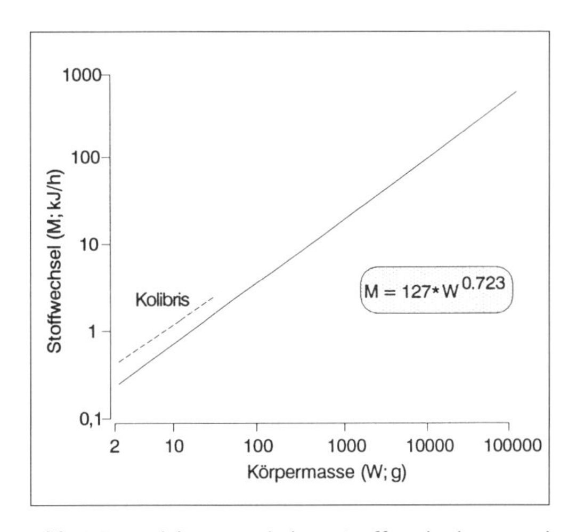

Abb. 1-5: Beziehung zwischen Stoffwechselrate und Körpermasse bei Vögeln. Die punktierte Linie stellt Werte von über 20 verschiedenen Kolibri-Arten dar, die deutlich über denen anderer Vogelarten (durchgezogene Linie) liegen (nach Prinzinger 1990).

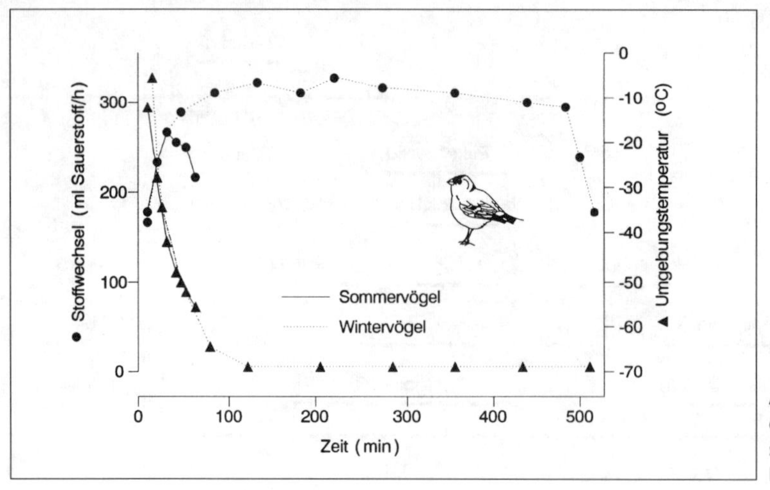

Abb. 1-6: Stoffwechselrate des amerikanischen Goldzeisig bei Abkühlung (nach Dawson u. Carey 1976).

wechselrate als solche, die nichtfliegende Insekten oder Sämereien fressen.

1.1.3 Überleben in Kälte

1.1.3.1 Absenken der Körpertemperatur

Viele Vögel leben in Lebensräumen, in denen die Umgebungstemperaturen zeitweise erheblich unterhalb der unteren kritischen Temperatur (UKT) sein können. In der Subarktis Alaskas oder Nord-Norwegens überwinternde Vögel erfahren im Winter regelmäßig Umgebungstemperaturen, die bis unter –30 °C sinken können. Zudem sind die Winternächte lang und kalt, die Tage dagegen kurz, und zeitweise kann Nahrungsmangel herrschen, z. B. bei ausgedehnter Schneebedeckung. Wie halten nun solche Kleinvögel ihre Körpertemperatur bei so niedrigen Außentemperaturen aufrecht? Welche Strategien haben sie entwickelt, um unter solchen Umgebungsbedingungen zu überleben?

Will man die physiologischen Anpassungsleistungen solcher Arten verstehen, ist es besonders hilfreich, Arten miteinander zu vergleichen, die in denselben Umgebungsbedingungen leben, sich aber in ihrer Ökologie unterscheiden. Birkenzeisig und Weidenmeise sind ein dafür interessantes Artenpaar, das gemeinsam in Nord-Norwegen bei denselben Umgebungsbedingungen überwintert.

Beim **Birkenzeisig** erfolgt unterhalb der UKT mit sinkender Umgebungstemperatur eine zusätzliche Wärmeproduktion. Bei tiefen Außentemperaturen ist die Stoffwechselrate auf bis das 5-fache des Basalstoffwechsels gesteigert. Diese zusätzliche Wärmeproduktion (**Thermogenese**) erfolgt beim inaktiven, ruhenden Vogel vor allem durch «Kältezittern». Die benötigte Wärme wird durch schnelle Muskelkontraktionen freigesetzt.

Vergleicht man den Verlauf der Stoffwechselrate, bei gleicher Test-Umgebungstemperatur, von Birkenzeisigen, die im Sommer bzw. Winter untersucht wurden, zeigen sich interessante Unterschiede. Die UKT liegt im Winter mit 7 °C erheblich tiefer als im Sommer mit durchschnittlich 23,5 °C. Dies ist Folge einer wesentlich besseren **Isolation** des Gefieders im Winter. Zudem ist im Winter der Umsatz in der Thermoneutralzone am Tag um etwa 40% höher als im Sommer; Wintervögel verfügen damit über eine effektivere Thermogenese. Zudem haben winterakklimatisierte Vögel offensichtlich die Fähigkeit, ihre Wärmeproduktion über einen längeren Zeitraum aufrechtzuerhalten. Dies zeigt sich in Untersuchungen an nordamerikanischen Goldzeisigen (Abb. 1-6). Während die Vögel im Sommer eine experimentelle Abkühlung auf –50 °C nur für gerade etwa eine Stunde über eine zusätzliche Wärmeproduktion «aushielten», konnten winterakklimatisierte Vögel auch für viele Stunden eine tiefe, andauernde Abkühlung der Umgebungstemperatur auf –70 °C durch anhaltend hohe Wärmeproduktion kompensieren.

Birkenzeisige senken ihre Körpertemperatur nachts um etwa 1–2 °C ab, was dem normalen Tagesgang entspricht, und erreichen damit eine nächtliche Energieeinsparung von etwa 25%. Bei **Weidenmeisen** dagegen erfolgt eine erheblich tiefere Absenkung der Körpertemperatur (Abb. 1-7). Für etwa 3 Stunden befinden sich Weidenmeisen in einem Zustand tiefen Schlafes mit nahezu konstanter niedriger Körpertemperatur. Aus diesem Zustand erfolgt noch vor

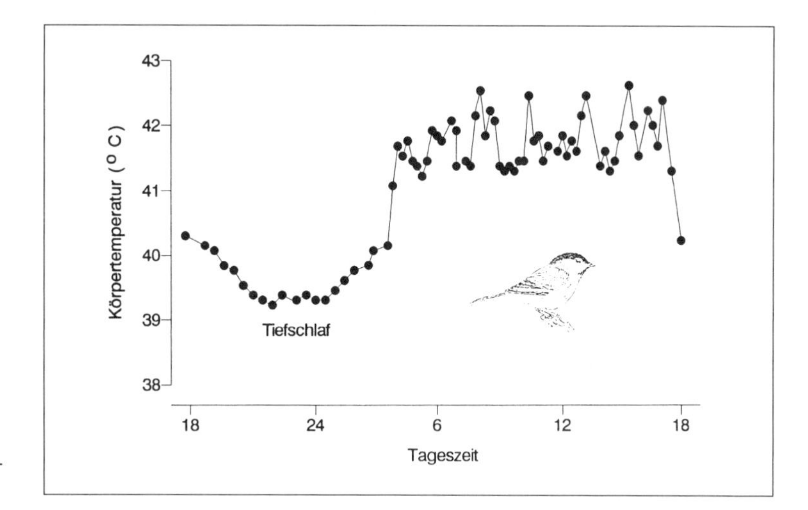

Abb. 1-7: Tagesgang der Körpertemperatur einer Weidenmeise (nach Reinertsen u. Haftorn 1983).

Tagesbeginn ein spontanes Aufwärmen und Aufwachen. Diese nächtliche Körpertemperaturabsenkung der Weidenmeise unter das Normalniveau der nächtlichen Absenkung ist nun aber abhängig von der Umgebungstemperatur (Abb. 1-8). Je kälter die Außentemperatur, umso tiefer senkt der Vogel seine Körpertemperatur ab. In diesem Zustand reagieren Weidenmeisen also nicht mehr homoiotherm (d.h. Beibehalten einer gleichbleibenden Körpertemperatur bei schwankender Umgebungstemperatur), sondern heterotherm. Das Ausmaß der nächtlichen «**Hypothermie**» ist also abhängig von der Außentemperatur. Unabhängig von der Tiefe der «Hypothermie» werden die jeweiligen Minimalwerte aber immer nahezu zur selben Nachtzeit erreicht (21–22 Uhr), was auf eine endogene Kontrolle des tageszeitlichen Verlaufs der «Hypothermie» schließen läßt. Im Sommer (lange Tage, kurze Nächte) war diese heterotherme Reaktion wesentlich schwächer als im Winter bei sehr kurzen Tagen und langen Nächten. Demnach zeigen diese Weidenmeisen eine saisonale physiologische Akklimatisation, die über die Tageslänge (Fotoperiode) gesteuert wird.

Worin liegt nun der Wert dieser Winterakklimatisation? Im Sommer, bei kurzen Nächten, ist nachts der Abbau von Energiereserven insgesamt gering; für Weidenmeisen besteht unter solchen Bedingungen keine Notwendigkeit, in eine tiefe, energiesparende «Hypothermie» einzutreten. Im Winter dagegen, mit langen Nächten, würden die Energiereserven, die sich der Vogel den Tag über angefressen hat, bei hoher Körpertemperatur und niedriger Außentemperatur nicht mehr für eine Nacht ausreichen. Das tiefere Absenken der Körpertemperatur spart hier Energie, da es eine wesentlich niedrigere Stoffwechselrate bedingt. Diese zusätzliche nächtliche Hypothermie reduziert den nächtlichen Kör-

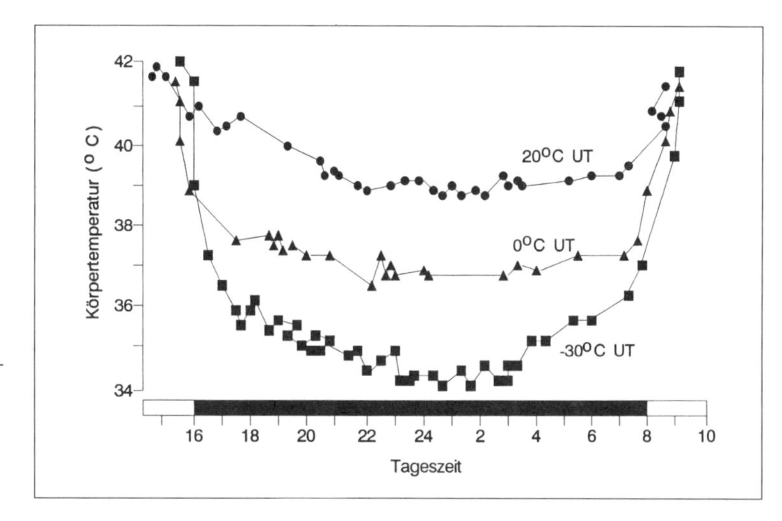

Abb. 1-8: Nächtliche Körpertemperatur von Weidenmeisen bei verschiedenen Umgebungstemperaturen (nach Reinertsen u. Haftorn 1983).

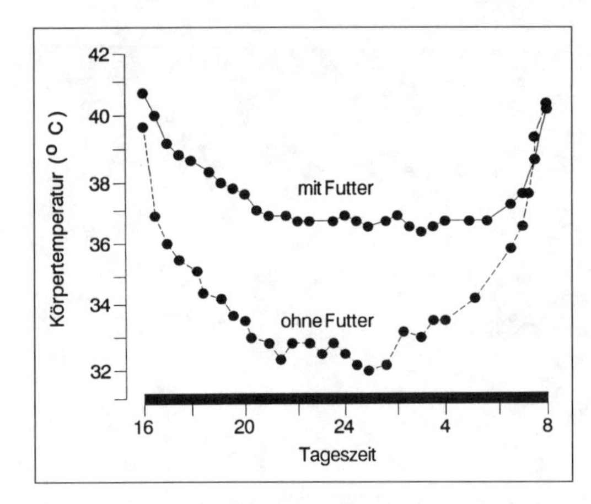

Abb. 1-9: Nächtliche Körpertemperatur von Weidenmeisen mit und ohne Futter bei 0 °C Umgebungstemperatur (nach Reinertsen u. Haftorn 1986).

permasseverlust um weitere etwa 10%, was zwar recht wenig erscheint, für einen solchen Kleinvogel zusammen mit weiteren Anpassungen aber sehr bedeutsam ist, und seine Überlebenswahrscheinlichkeit in solchen langen und kalten Nächten erheblich verbessert.

Simuliert man in den Versuchsbedingungen durch kurzen, 2–4-stündigen **Futterentzug** einen auch im Freiland möglichen Nahrungsmangel, so verstärkt sich die «hypotherme» Reaktion (Abb. 1-9). Auch bei Birkenzeisigen und vielen anderen Arten, die normalerweise bei ausreichend Futter nicht «hypotherm» reagieren, kommt es unter Futterentzug zu einer erheblichen nächtlichen Absenkung der Körpertemperatur.

Der Unterschied zwischen beiden Arten ist in der Ernährungsweise zu sehen. Weidenmeisen sind ganzjährig territorial und besiedeln relativ kleine Areale in Nadelwäldern, wo sie ihre Nahrung suchen. Nahrungsengpässe sind damit wahrscheinlicher als beim Birkenzeisig. Dieser lebt im Winter in Gruppen, die auf der Suche nach Nahrung weit umherstreifen und dabei sogar bis nach Mitteleuropa einfliegen können; sie können so lokalen Nahrungsengpässen ausweichen. Sie besitzen zudem einen Kropf, in dem sie einen gewissen Nahrungsvorrat halten können, ihr Körnerfutter ist schwerer aufschließbar als die tierische Kost der Weidenmeisen, wodurch das aufgenommene Futter «länger vorhält». Sie fressen im Winter besonders gern die energiereichen Knospen der Weiden und verwerten ihr Futter besser. Auch gehen sie im Gegensatz zu vielen anderen Arten noch bei sehr geringen Lichtintensitäten auf Nahrungssuche, verlängern also ihre Freßzeit. Gelangen Birkenzeisige dennoch in eine Mangelsituation, haben aber auch sie die Möglichkeit zur kurzfristigen nächtlichen «Hypothermie». Daß sie nicht «vorsorglich» in «Hypothermie» gehen, mag damit zu tun haben, daß das Absenken der Körpertemperatur auch Risiken hat. Es vermindert die Reaktionsbereitschaft und erhöht damit das Risiko, einem Räuber zum Opfer zu werden, und es ist mit einem zusätzlichen Energiebedarf während der «Aufwärmephase» verbunden.

1.1.3.2 Winterfett

Eine weitere physiologische Möglichkeit, die Überlebenswahrscheinlichkeit im Winter zu erhöhen, ist die Anlage von Winterfett.

Die Körpermasse freilebender Amseln zeigt einen auffälligen Jahresgang (Abb. 1-10), mit in den Wintermonaten erheblich höheren Werten als im Herbst bzw. Frühjahr. Die Untersuchung von toten Amseln aus den verschiedenen Monaten zeigt, daß die Ur-

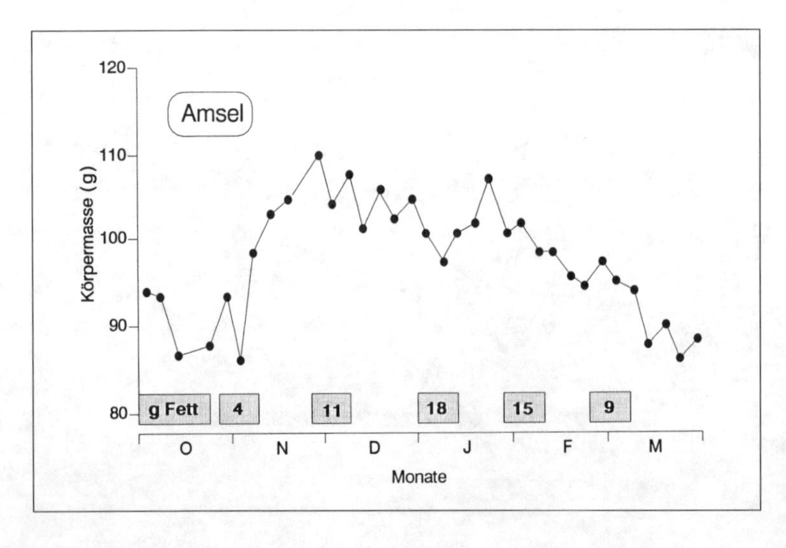

Abb. 1-10: Mittleres Körpergewicht überwinternder Amseln in Süddeutschland. Die Zahlen geben den Fettgehalt toter Amseln an (nach Biebach 1977).

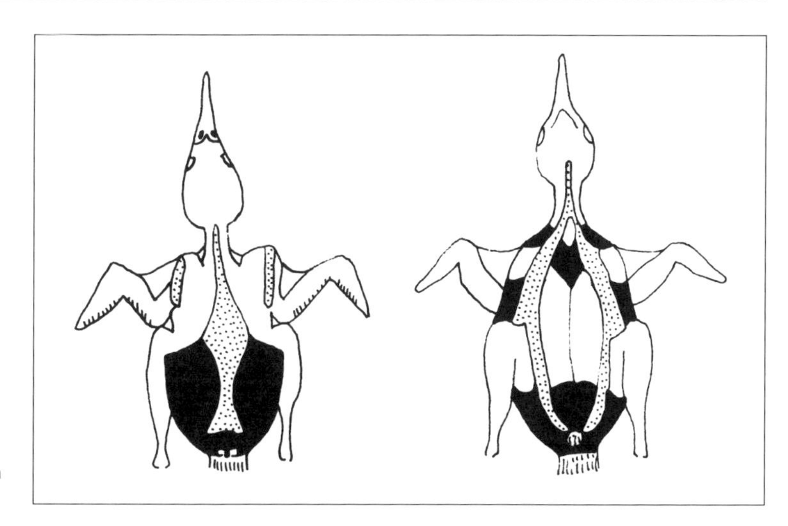

Abb. 1-11: Lage der subkutanen Fettpolster (schwarz) einer Amsel. Auch unter den gepunktet eingezeichneten Federfluren befindet sich eine Fettschicht (aus Biebach 1977).

sache für diese Masseveränderung vor allem die Anlage von **Fettdepots** ist.

Grundsätzlich bestehen zwei Möglichkeiten, wie solches Winterfett die Überlebenschance eines Vogels verbessern kann. Zum einen reduziert eine Fettschicht die Wärmeleitung des Gewebes und damit den Wärmeverlust, zum anderen ist ein solches Fettdepot ein wichtiger Energiespeicher.

Die Dicke der Fettschicht der Amsel beträgt maximal 2 mm, die Dicke der Luftschicht zwischen Haut und Gefiederoberfläche dagegen etwa 20 mm. Berücksichtigt man, daß die Wärmeleitzahl (Durchgang von Wärme je cm und Sekunde) von Luft etwa 8 mal niedriger ist als die von Fett, d. h. Luft etwa 8 mal besser isoliert, so wird deutlich, daß die zusätzlich isolierende Fettschicht gegenüber der Dicke der isolierenden Luftschicht recht gering ist. Zudem bedeckt diese Fettschicht nicht den ganzen Körper (Abb. 1-11), was ihre Bedeutung als Isolationsschicht weiter vermindert.

Die vornehmliche Rolle des Winterfetts ist deshalb die eines **Energiespeichers** für Mangelsituationen. Die Frage, wie lang nun eine Amsel mit einem gegebenen Fettvorrat ohne Nahrungsaufnahme überleben kann, ist aus ihrem Energiestoffwechsel abschätzbar. Solche Abschätzungen können jedoch niemals die wirkliche Freilandsituation beschreiben, und so bedient man sich bestimmter Annahmen.

Im einfachsten Fall ist anzunehmen, daß eine solche Amsel ganztägig ruht, d. h. keine lokomotorische Aktivität ausführt. Unter solchen Bedingungen errechnet sich für eine 100 g schwere Amsel mit 15 g Fett für einen typischen Januartag bei 0 °C und 8 Stunden Hellzeit ein täglicher Energiebedarf von 128 kJ.

Bei einem Brennwert des Fettes von 39,3 kJ/g errechnet sich für den Fettvorrat einer solchen Amsel ein Energievorrat von etwa 590 kJ. Sofern die Amsel also den ganzen Tag über ruhig sitzt, könnte sie mit dieser Energiereserve 590 kJ/128 kJ = 4,6 Tage überleben. In Wirklichkeit wird sie aber wenigstens z. T. aktiv sein, um nach Nahrung zu suchen. Der Energieverbrauch für solche Aktivitäten ist nun bei den meisten Vögeln nicht bekannt. Für durchschnittliche Lokomotion wird eine etwa 4-fach höhere Stoffwechselrate als in Ruhe angenommen (4 × 6 kJ = 24 kJ/Stunde). Unter der Annahme, daß diese Amsel die gesamte Hellzeit über aktiv ist, errechnet sich nun ein täglicher Energiebedarf von 272 kJ. Unter diesen Bedingungen reicht die Energiereserve von 15 g nur mehr für 2,2 Tage. Das Ausmaß der möglichen Ruhe ist also entscheidend für eine verlängerte Überlebensdauer unter Nahrungsmangel.

Dieser Kalkulation liegt eine Umgebungstemperatur von 0 °C zugrunde. Dabei werden etwa 27% der Stoffwechselenergie für die Regulation der Körpertemperatur benötigt. Der Aufwand für die Regulation der Körpertemperatur ist aber abhängig von der Umgebungstemperatur: bei –20 °C beträgt er bereits 46% der Stoffwechselenergie. Damit ist die Überlebenszeit mit Fettreserven auch abhängig von der Umgebungstemperatur. Amseln aus kälteren Gebieten haben deshalb im Winter durchschnittlich größere Fettreserven als solche aus milderen Gegenden.

Mit ihren Fettreserven begegnet die Amsel im Winter zwei Problemen: zum einen den langen, kalten Nächten, zum anderen Schlechtwetterperioden, in denen – nicht vorhersehbar – für einige Tage kaum Futter zur Verfügung steht. In solchen «Hungerzeiten» sind Amseln zudem ebenfalls zur graduellen Hypothermie fähig. Dies verlängert ihre Überlebenszeit zusätzlich um bis zu einem Tag. Hauptsäch-

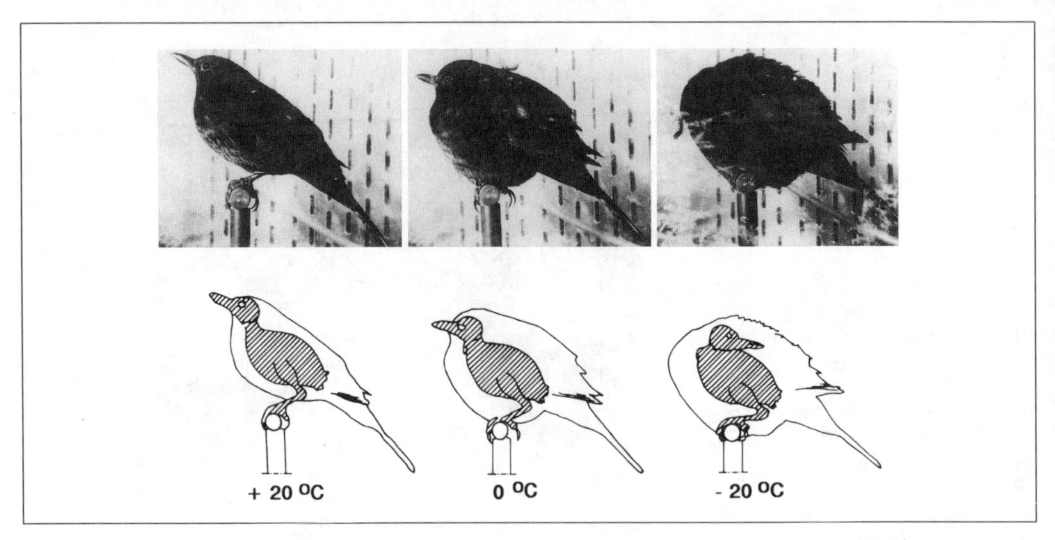

Abb. 1-12: Körperhaltung einer Amsel bei verschiedenen Umgebungstemperaturen. Der eigentliche Körper ist schraffiert dargestellt (nach MPG-Spiegel 2/1983; Aufnahmen: H. Biebach).

lich aber hängt ihr Überleben bei Nahrungsengpässen vom Ausmaß ihres Fettdepots ab.

Allerdings scheinen Vögel nicht die physiologisch maximal mögliche Depotfettmenge anzulegen, um ihre Überlebenszeit bei Nahrungsmangel zu maximieren. Vielmehr legen sie sog. optimale Reservemengen an. Diese sind ein Kompromiß aus dem Nutzen der Fettdepots, nämlich der Fähigkeit zum Fasten, und aus dem Risiko (den Kosten), das ein großes Fettdepot für den Vogel bedeutet. Ein hohes Körpergewicht vermindert die Beweglichkeit und erhöht das Risiko, einem Räuber zum Opfer zu werden.

1.1.3.3 Anpassungen im Verhalten

Neben den geschilderten physiologischen Möglichkeiten der Adaptation an das Überleben im Winter zeigen Vögel auch eine Reihe wichtigter Verhaltensweisen zur Thermoregulation.

Wie bereits erwähnt, liegt die untere kritische Temperatur von Birkenzeisigen im Winter erheblich tiefer als im Sommer. Auch zeigten im Winter nachts untersuchte Birkenzeisige bei sinkender Außentemperatur einen geringeren Anstieg ihrer Stoffwechselrate als tags untersuchte Birkenzeisige. Beides ist Folge einer wesentlich besseren Isolation des Gefieders im Winter. Erreicht wird dies durch Sträuben des Gefieders und eine rundlichere Körperhaltung.

Die Veränderung der **Körpergestalt** bei kühleren Umgebungstemperaturen ist besonders schön gezeigt in einem Experiment mit Amseln. Wurden Amseln bei verschiedenen Umgebungstemperaturen in einer Klimakammer fotografiert (Abb. 1-12), nahmen sie mit abnehmender Außentemperatur eine immer rundlichere Gestalt an. Sie verringerten so ihre Körperoberfläche, wodurch noch weniger Wärme an die Umgebung abfließen kann. Außerdem vermindern sie den Wärmeverlust weiterhin durch **Plustern** des Gefieders, wodurch sich die Dicke der isolierenden Federschicht zusätzlich vergrößert.

Manche Vogelarten nächtigen im Winter gemeinsam in **Schlafgruppen** mit engem Körperkontakt (Abb. 1-13). Dabei erfährt das Einzeltier einen um bis zu 50% geringeren Wärmeverlust gegenüber dem Einzelschlafen. Eine andere Möglichkeit, in kalten Winternächten den Wärmeverlust zu reduzieren, ist das Nächtigen in Höhlen, Spalten und Ritzen oder im dichten Geäst von Nadelbäumen, z. T. gemeinsam in Gruppen. H. Löhrl z. B. fand in einem Nistkasten 46 gemeinsam schlafende Zaunkönige.

Manche Rauhfußhühner (z. B. Schneehühner, Haselhuhn oder Auerhuhn) benutzen an kalten Wintertagen zum Ruhen Schneemulden oder graben sich sogar selbst Schneehöhlen, letzteres beim Auerhuhn aber erst bei sehr tiefen Außentemperaturen (Abb. 1-14). Dabei ist die Dicke des Höhlendachs abhängig von der Außentemperatur: Bei höheren Temperaturen wird die Dicke der Höhlendecke so gewählt, daß herannahende Räuber noch gehört

Abb. 1-13: Pulk von 15 schlafenden Gartenbaumläufern im Winter. Von den 15 beteiligten Vögeln sind 9 erkennbar (Aufnahme: H. Löhrl).

werden können und eine Flucht möglich ist. Bei sehr niedrigen Temperaturen kann die Höhlendecke bis 20 cm dick sein. In der Höhle stellt sich ein wesentlich wärmeres Mikroklima ein mit Temperaturen, die oberhalb der unteren kritischen Temperatur und damit im Thermoneutralbereich liegen können. Unter solchen Bedingungen braucht das Auerhuhn keine zusätzliche Stoffwechselleistung für die Wärmeproduktion zu erbringen.

Der energetische Vorteil des Schlafens an so geschützten Plätzen ergibt sich insbesondere dadurch, daß der Wärmeverlust durch Luftbewegungen (Konvektion) erheblich reduziert ist. Die Vögel vermeiden «Zugluft».

Wie vorteilhaft dies ist, zeigte eine Untersuchung am Amerikanischen Goldzeisig. Diese Vögel nächtigen, ähnlich wie unsere Tannenmeisen, an den dichtesten Stellen von Nadelbaumzweigen. Dort herrschen zwar in etwa dieselben Lufttemperaturen wie außerhalb der Zweige, die Windgeschwindigkeit ist aber auf nahezu Null reduziert. Dadurch verringert sich der Wärmeverlust, und der nächtliche Energieverbrauch der Tiere ist um etwa 20% niedriger als in Schlafplätzen ohne einen solchen Windschutz.

1.1.4 Überleben bei Nahrungsmangel – Torpor

Nahrungsengpässe treten nicht nur bei solchen Arten auf, die in kalten Klimazonen überwintern. Auch «mitten im Sommer» kann es für Arten, die sich von fliegenden Insekten ernähren, z. B. Mehlschwalbe, Mauersegler

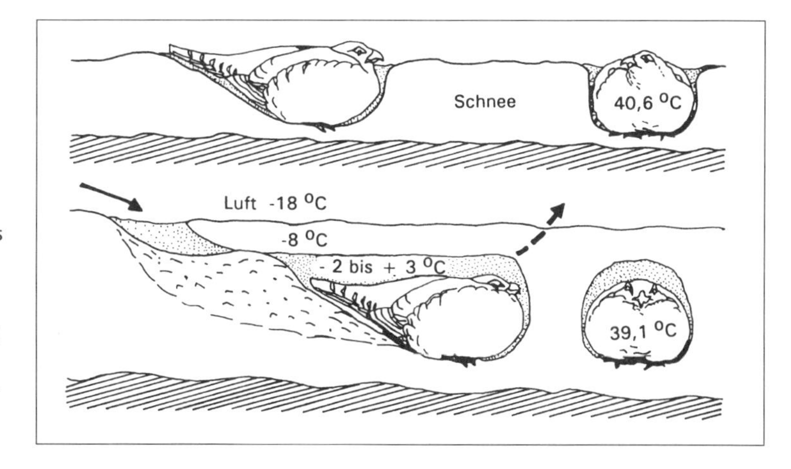

Abb. 1-14: Übernachten des Auerhuhns im Schnee. An sehr kalten Wintertagen graben sich Auerhühner im Schnee ein. Angegeben sind die Umgebungstemperaturen sowie die Körpertemperaturen der Vögel (nach Klaus et al. 1986).

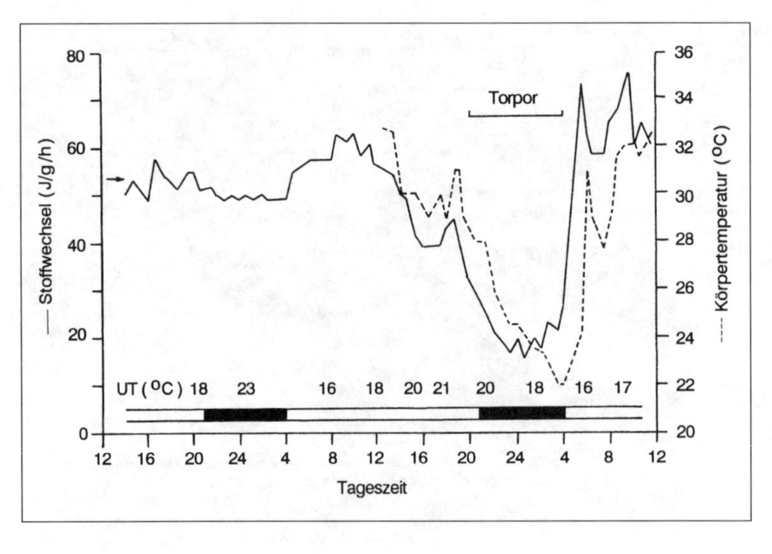

Abb. 1-15: Stoffwechsel und Körpertemperatur von zwei 13tägigen Mehlschwalben, die über den Versuchszeitraum kein Futter erhielten. Pfeil: durchschnittliches Stoffwechselniveau erwachsener Mehlschwalben in der nächtlichen Ruhephase. UT: Umgebungstemperatur. Schwarze Balken: Dunkelphase (nach Prinzinger u. Siedle 1986).

oder Ziegenmelker, witterungsbedingt erhebliche Nahrungsengpässe geben.

Mehlschwalben sind weit verbreitet. Ihr Areal erstreckt sich vom Mittelmeer bis zum Nordkap, und sie brüten in den Alpen bis in Höhen von etwa 2500 m, im Himalaja sogar bis 4600 m. Sie ernähren sich ausschließlich von fliegenden Kleinstinsekten, dem sog. Luftplankton. Bei Schlechtwetterperioden kann für sie deshalb z. T. für 1–2 Wochen fast völliger Nahrungsmangel herrschen. Wie kommt die Mehlschwalbe mit solchen Bedingungen zurecht, zumal solche Nahrungsengpässe für sie nicht vorhersehbar sind?

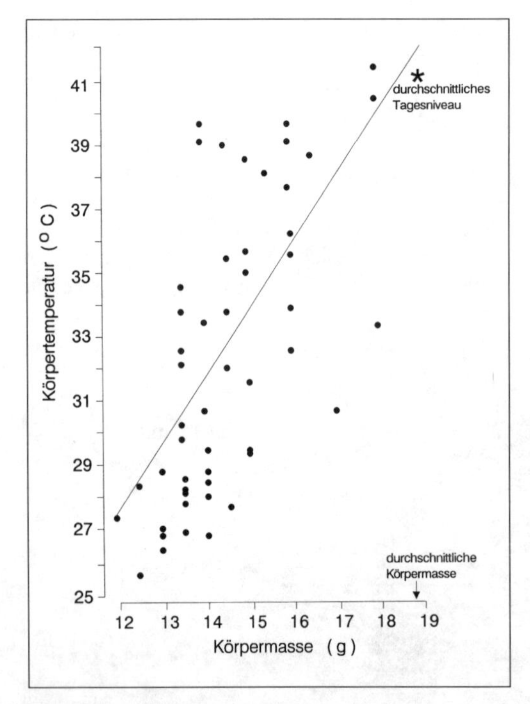

Abb. 1-16: Nächtliche Körpertemperatur schlafender Mehlschwalben in Abhängigkeit vom Körpergewicht (nach Siedle u. Prinzinger 1988).

Betrachtet man die Stoffwechselrate der Mehlschwalbe im Vergleich zu anderen Singvogelarten, so zeigt sich, daß sie einen viel geringeren Grundumsatz hat, der für einzeln nachts ruhende Mehlschwalben bei nur etwa 42% der Stoffwechselrate vergleichbar großer Arten liegt. Diese Stoffwechselrate ist die geringste, die für Vögel ähnlicher Körpermasse (ca. 20 g) gemessen worden ist, und bedeutet, daß Mehlschwalben einen wesentlich geringeren Energiebedarf haben als ähnlich schwere Arten. Ruhen Mehlschwalben in Gruppen im Nest, reduziert sich der Ruheumsatz des Einzelvogels nochmals um etwa 34%.

Haben Mehlschwalben vor einer Nacht keine Möglichkeit, ausreichend Nahrung aufzunehmen, so zeigen sie nachts eine ausgeprägte heterotherme Reaktion (Abb. 1-15). Anders als im schwach hypothermen Zustand der Weidenmeise oder Amsel können Mehlschwalben ihre Körpertemperatur sehr tief absenken. Sie verfallen in einen tiefen Lethargiezustand, in dem sie auf Außenreize kaum mehr reagieren, aus dem sie aber spontan und ohne negative Auswirkungen auf ihr Befinden wieder aufwachen. Sie befinden sich in **Torpor**. In diesem torpiden Zustand ist die Stoffwechselrate auf sehr niedrige Werte abgesenkt (um etwa 70% reduziert); der torpide Vogel benötigt kaum Energie und kann so noch mit geringen Energiereserven überleben. Diese heterotherme Reaktion ist in ihrem Ausmaß abhängig vom jeweiligen Ernährungszustand (Abb. 1-16): je geringer das abendliche Gewicht der Tiere, umso

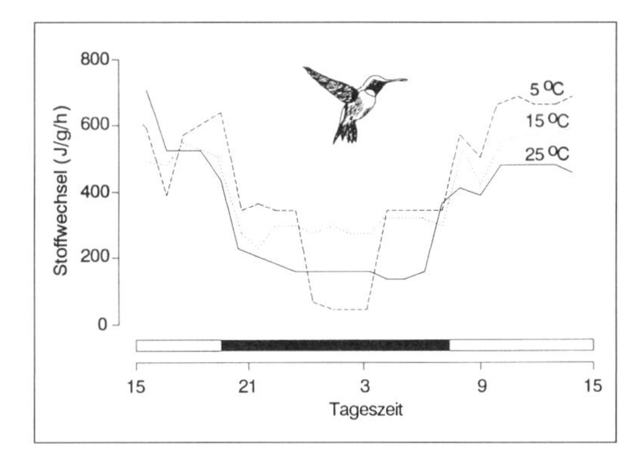

Abb. 1-17: Tagesgang des Stoffwechsels des Rubinkehlkolibris bei verschiedenen Umgebungstemperaturen. Schwarzer Balken: Dunkelphase (nach Krüger et al. 1982).

tiefer erfolgt die nächtliche Absenkung der Körpertemperatur. Das Eintreten in den Torpor wird bei der Mehlschwalbe also nicht allein durch niedrige Außentemperaturen ausgelöst, sondern ist abhängig vom Ernährungszustand. Bei schlechtem Ernährungszustand kann Torpor sogar bei recht hohen Außentemperaturen auftreten. Ein unterer Schwellenwert für das Eintreten in Torpor bei Mehlschwalben sind etwa 15 g Körpermasse (Normalgewicht etwa 19 g). In gutem Ernährungszustand gehen Mehlschwalben dagegen auch bei Temperaturen von weniger als –5 °C niemals in Torpor. Torpor erfolgt bei der Mehlschwalbe als «letzter Ausweg» mit dem Zweck, den nächtlichen Energieverbrauch so gering wie möglich zu halten.

Anders ist dies bei sehr kleinen Vogelarten, wie den Kolibris und Nektarvögeln, die mit z. T. nur 3 g Körpermasse (z. B. Schwarzkinnkolibri) nur über geringe Energiereserven verfügen. Zudem ist ihre gewichtsspezifische Stoffwechselrate sehr hoch.

Kolibris gehen deshalb regelmäßig spontan nachts in Torpor (Abb. 1-17). Der Eintritt in den Torpor folgt bei den Kolibris einem endogenen Tagesrhythmus und ist unabhängig von der Außentemperatur oder dem Ernährungszustand. Im Zustand des Torpors erfolgt eine Absenkung der Körpertemperatur von tags 38–40 °C auf nachts minimal 18–20 °C. Gegenüber dem Wachzustand ist der Stoffwechsel im torpiden Zustand um bis zu 90% reduziert. Interessant dabei ist, daß die Körpertemperatur aber wie bei torpiden Säugern niemals unter 18 °C abgesenkt wird. Dies läßt auf eine Regulation der Körpertemperatur auch im torpiden Zustand schließen.

Während also diese sehr kleinen Vögel ganz regelmäßig in eine endogen kontrollierte Torpidität eintreten, erfolgt dies bei größeren Arten nur unregelmäßig, in «Notzeiten». Eine Ursache für diesen Unterschied scheint dabei in dem Problem zu liegen, aus einem solchen Torpor wieder «aufzuheizen». Denn, die Kosten der Aufwärmung sind umso größer, je schwerer ein Vogel ist. Je größer also eine Art ist, umso langsamer erfolgt das Aufwachen aus der Lethargie, und umso langsamer und kostenintensiver ist es, alle Körperteile wieder aufzuwärmen. Stoffwechselphysiologisch ist der Aufwachzustand zudem sehr kritisch, wodurch sich für größere Arten ein größeres Risiko ergibt. Torpor als Möglichkeit, Energie zu sparen, ist deshalb nur für kleine bis mittelgroße (etwa < 100 g) Arten sinnvoll.

1.1.5 Vögel in heißer Umgebung

Manche Vogelarten müssen verhindern, daß ihre Körpertemperatur infolge von Muskelarbeit oder Aufenthalt in großer Hitze zu stark ansteigt; sie müssen vermeiden, in einen Zustand lethaler **Hyperthermie** zu gelangen.

Eine wichtige Anpassung ist allein schon die recht hohe Körpertemperatur von Vögeln. Vergleicht man die Körpertemperatur von Vögeln und Säugetieren im Tagesgang der Umgebungstemperatur in einem Wüstenlebensraum (Abb. 1-18), so zeigt sich, daß Vögel über eine

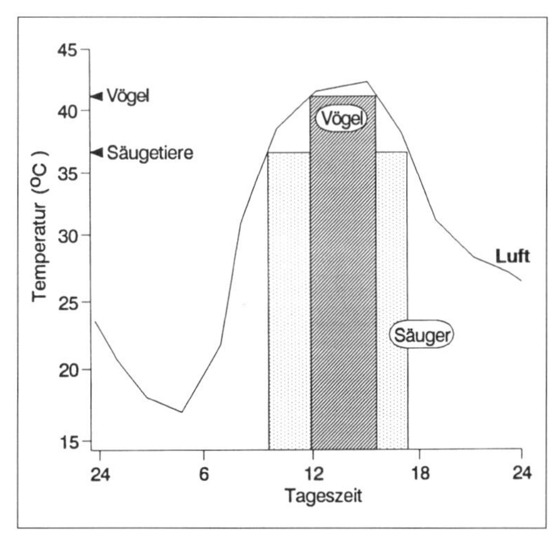

Abb. 1-18: Die mittlere Körpertemperatur von Vögeln ist höher als die von Säugetieren. In heißer Umgebung sind deshalb Vögel einer hohen äußeren Wärmebelastung (Lufttemperatur liegt über der Körpertemperatur) kürzer ausgesetzt als Säugetiere (nach Serventy in Farner u. King 1971).

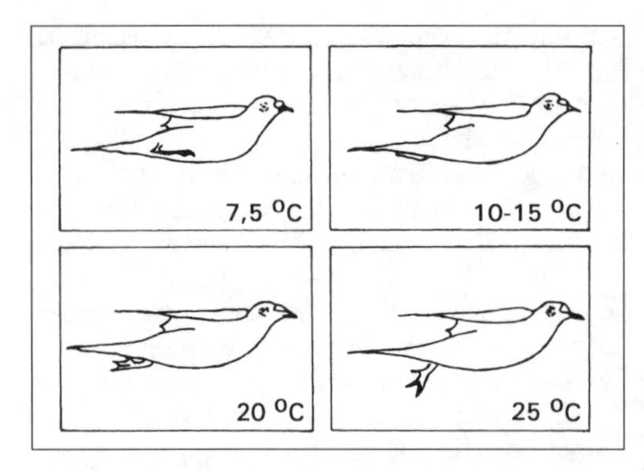

Abb. 1-19: Haltung der Beine fliegender Tauben in Abhängigkeit von der Umgebungstemperatur (nach Nachtigall 1987).

wesentlich kürzere Zeit eines Tages Umgebungstemperaturen ausgesetzt sind, die über ihrer Körpertemperatur liegen, als Säuger. Die Zeit, in der ein Wärmeeinstrom in den Körper stattfinden kann (ist dann der Fall, wenn die Körpertemperatur niedriger als die Umgebungstemperatur ist) und hier zu einer Erhöhung der Körpertemperatur führt, ist damit bei Vögeln allein schon durch ihre recht hohe Körpertemperatur reduziert. Bei mäßiger Umgebungstemperatur ergibt sich durch die hohe Körpertemperatur bei Vögeln ein großer Gradient zwischen Außen- und Innentemperatur, der die Abgabe überschüssiger Stoffwechselwärme erleichtert.

Vögel verfügen weiterhin über eine gewisse **Toleranz** gegenüber Hyperthermie. Eine Zunahme der Körpertemperatur um wenige Grad wird schadlos überstanden; Haussperlinge z. B. mit einer Normaltemperatur von 41 °C ertragen eine Körpertemperaturerhöhung von bis zu 44,7 °C ohne Schädigung. Die Grenztemperatur der Toleranz liegt bei etwa 46 °C. Die Fähigkeit, in gewissem Umfang «Wärme zu speichern», mag gerade auch für solche Vögel wichtig sein, die in Lebensräumen leben, wo die Tage heiß, die Nächte aber sehr kalt sein können, z. B. in Wüsten.

Entscheidend für das Vermeiden von Hyperthermie sind die verschiedenen **Mechanismen der Wärmeabgabe**. Prinzipiell verfügen Vögel über zwei Möglichkeiten, überschüssige Wärme an die Umgebung abzugeben, zum einen die evaporative Wärmeabgabe, bei der die Kühlung des Körpers durch Verdunstung von Wasser erfolgt, zum anderen die nicht-evaporative Wärmeabgabe, bei der die Wärmeabgabe nicht an die Abgabe von Wasser gebunden ist. Nicht-evaporative Wärmeabgabe erfolgt über Strahlung und/oder Konvektion.

Bei einer Hauttemperatur, die über der Außentemperatur liegt, kann Wärme durch elektromagnetische **Strahlung** an die Umgebung abgegeben werden. Die abführbare Wärmemenge ist abhängig von der Differenz zwischen Haut- und Umgebungstemperatur, von der Hautfläche und den spezifischen Strahlungseigenschaften der Umgebung. Wärmeabgabe über Strahlung ist deshalb besonders effizient bei einem hohen Temperaturgradienten zwischen Haut und Umgebung.

Konvektion ist die Wärmeabgabe über die Bewegung von Teilchen in der umgebenden Luft. In ruhiger Luft erwärmt sich die unmittelbare Umgebung der Haut. Hierdurch verringert sich die Dichte der Luft, die so erwärmte Luftschicht steigt auf und wird durch kühlere Luft an der Haut ersetzt. Diese sog. freie Konvektion ist dabei wiederum vor allem abhängig vom Temperaturgradienten zwischen Haut und Umgebung und von der Größe der Oberfläche. In bewegter Luft, sei es durch Wind oder hervorgerufen über die Eigenbewegung des Vogels, erfolgt der Austausch der Luftschichten wesentlich rascher. Die Wärmeabgabe über diese sog. erzwungene Konvektion ist zusätzlich abhängig von der Luftgeschwindigkeit. Windexponierte oder fliegende Vögel können so erheblich mehr Wärme an die Umgebung abführen bzw. verlieren als geschützt oder ruhig sitzende. Während es also in kalter Umgebung vorteilhaft ist, «Zugluft» zu vermeiden (s. o., z. B. Auerhuhn), stellen sich in warmer Umgebung Vögel oft in den Wind. Das Aufsuchen von Schatten ist zudem eine weitere Möglichkeit, die Wärmeabgabe über Strahlung oder Konvektion zu vergrößern. Auch eine entsprechende Körperhaltung kann die Wärmeabgabe erleichtern.

Ein wichtiger Ort, über den Wärme an die Umgebung abgeführt werden kann, sind die **Beine**. Bei den meisten Vögeln sind die Beine und Füße die einzigen, nicht mit Kleingefieder überdeckten Hautregionen. Sie gestatten sowohl Wärmeabgabe in warmer Umgebung als auch Reduktion des Wärmeverlustes in kalter Umgebung. Zur Wärmeabgabe werden die Beine exponiert (Abb. 1-19), in kalter Umgebung dagegen werden sie «eingezogen». Zudem kann dann die Temperatur der Beine/

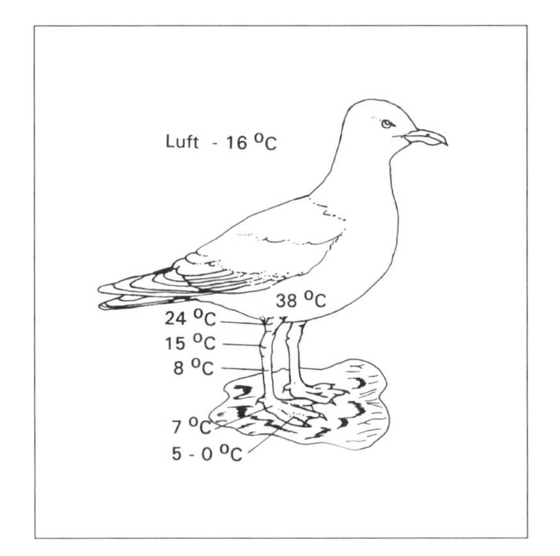

Abb. 1-20: Die Bein- und Fußtemperaturen einer Möwe bei niedriger Lufttemperatur sind wesentlich niedriger als ihre Kerntemperatur von etwa 38 °C (nach Eckert 1986).

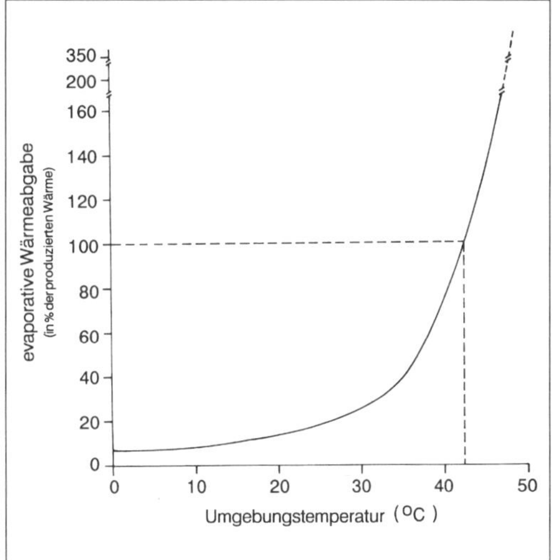

Abb. 1-21: Anteil der evaporativen Wärmeabgabe an der Wärmeproduktion in Abhängigkeit von der Umgebungstemperatur (nach Calder u. King in Farner u. King 1974).

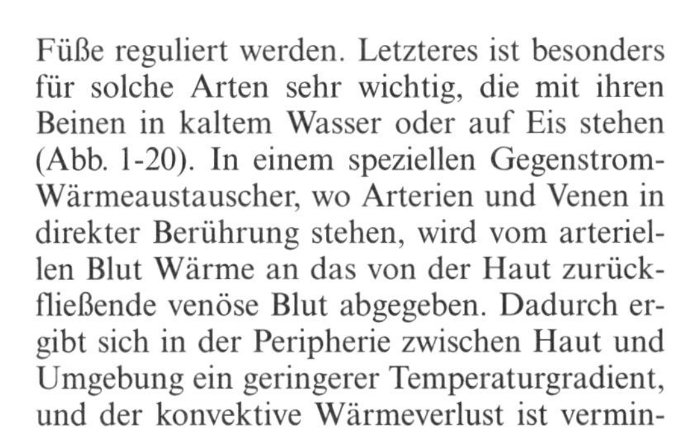

Füße reguliert werden. Letzteres ist besonders für solche Arten sehr wichtig, die mit ihren Beinen in kaltem Wasser oder auf Eis stehen (Abb. 1-20). In einem speziellen Gegenstrom-Wärmeaustauscher, wo Arterien und Venen in direkter Berührung stehen, wird vom arteriellen Blut Wärme an das von der Haut zurückfließende venöse Blut abgegeben. Dadurch ergibt sich in der Peripherie zwischen Haut und Umgebung ein geringerer Temperaturgradient, und der konvektive Wärmeverlust ist vermindert. Umgekehrt wird das zurückfließende, kühle venöse Blut im Wärmetauscher erwärmt, so daß ein Transport von «Kälte» zurück in das Körperinnere verhindert wird.

Eine weitere Regulation des Wärmetransports ist über die **Strömungsgeschwindigkeit** des Blutes möglich, wodurch insbesondere die Wärmeabgabe über die Beine oder andere Hautstellen erleichtert wird. Je langsamer das Blut durch die Haut fließt, um so größer ist der

Abb. 1-22: Hechelnde Dohlen (Aufnahme: R. Prinzinger).

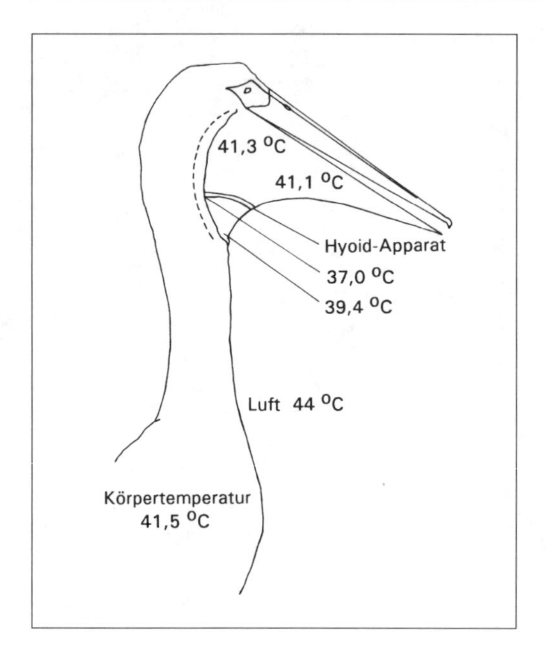

Abb. 1-23: Temperaturen in verschiedenen Abschnitten des Kehlsackes beim Pelikan während des Hechelns bei hoher Lufttemperatur. Der Kehlsack wird durch Kontraktionen des Hyoid-Apparates bewegt (nach Calder u. King in Farner u. King 1974).

Wärmeübergang zwischen Blut und Haut, um so mehr Wärme kann abgeführt werden.

Strahlung wie Konvektion als Möglichkeiten der Wärmeabgabe versagen bei sehr hohen Außentemperaturen. Mit zunehmender Umgebungstemperatur nimmt deshalb die Bedeutung der **evaporativen Wärmeabgabe** zu (Abb. 1-21). Oberhalb der Körpertemperatur ist sie die einzige wirksame Möglichkeit, Wärme abzuführen. Zunehmende Wärmeabgabe durch Evaporation bedeutet aber auch einen zunehmenden Wasserverlust, der bei fehlenden Trinkmöglichkeiten zur Dehydratation (Wasserentzug, Austrocknung) des Körpers führen kann. Die evaporative Wärmeabgabe setzt sich zusammen aus der Wasserabgabe über die Haut und über die Atmungsorgane. Die evaporative Wärmeabgabe ist deshalb so effektiv, weil Wasser über eine hohe Verdampfungswärme verfügt. Sie beträgt z. B. bei 40 °C 2,4 kJ/g, d. h. bei der Abfuhr von 1 g (1 ml) Wasser können bei 40 °C 2,4 kJ Energie abgeführt werden.

Der hauptsächliche Ort der Wasserabgabe beim Vogel sind die **Atmungsorgane**. Mit zunehmender Umgebungstemperatur steigern Vögel ihre Atemfrequenz: Haussperlinge beispielsweise atmen bei 30 °C 57 mal pro Minute, bei 43 °C dagegen 160 mal. Dieses sog. **Hecheln** (Abb. 1-22) erfolgt meist erst oberhalb 41–44 °C, also nach Überschreiten der normalen Körpertemperatur.

Eine andere Möglichkeit der evaporativen Wärmeabgabe ist das **Kehlsackflattern**, das z. B. bei Pelikanen oder Fregattvögeln recht auffällig ist. Hierbei wird Wärme über die Schleimhäute des Kehlsackes abgeführt (Abb. 1-23). Gegenüber dem Hecheln hat das Kehlsackflattern zwei Vorteile. Zum einen ist damit keine Steigerung der Atemfrequenz verbunden; das Risiko einer Hyperventilation wird umgangen. Zum anderen ist der Energieaufwand und somit die zusätzliche Wärmezufuhr für das Bewegen des Kehlkopfsackes über die Hyoid-Region wesentlich geringer als beim Hecheln, wo ja der gesamte Atemapparat in Bewegung versetzt werden muß.

Eine besondere Form der Wärmeabgabe ist das sog. **Beinkoten** mancher Störche und Neuweltgeier. Bei hohen Temperaturen (vor allem im afrikanischen Winterquartier) bespritzen Weißstörche z. B. ihre Beine mit einem dünnflüssigen Harn (Abb. 1-24). Durch Verdunstung des Wassers erfolgt eine Kühlung der Beine, die, wie am Amerikanischen Wald-

Abb. 1-24: Weißstorch mit durch trockene Harnsäure des Kotes weiß gefärbten Beinen (Aufnahme: R. Prinzinger).

storch gezeigt, die Körpertemperatur um wenigstens etwa 1 °C absenken kann.

1.1.6 Thermoregulation und Jugendentwicklung

Die Körpertemperatur des Embryos im Ei ist streng abhängig von der Bebrütungstemperatur durch den Elternvogel. Auch nach dem Schlüpfen steigt die Körpertemperatur der Nestlinge erst allmählich auf den Wert erwachsener Vögel an (Abb. 1-25). Mit zunehmendem Alter nimmt die Fähigkeit zur Thermoregulation zu. Während die Körpertemperatur junger Nestlinge deutlich von der Umgebungstemperatur abhängt, verhalten sich die älteren Nestlinge nahezu ideal homoiotherm (Abb. 1-26). Die Entwicklung der thermoregulatorischen Fähigkeit ist dabei bei verschiedenen Arten verschieden.

Der **Haussperling** zeigt zunächst über etwa 1/3 seiner Nestlingszeit nur eine geringe thermoregulatorische Kapazität, die anschließend zunehmend besser wird. Bei der **Mehlschwalbe** dagegen ist diese thermoregulatorische Fähigkeit schon während der ersten Nestlingstage besser als beim Haussperling. Anschließend erfolgt bei ihr eine sprunghafte Änderung. Die halbwüchsigen Nestlinge haben dann schon die thermoregulatorischen Fähigkeiten der Altvögel erreicht. Dieser Unterschied ist wohl darin begründet, daß bei Nahrungsmangel junge Mehlschwalben z. T. recht lang im Nest ohne Nahrung und Hudern der Altvögel ausharren müssen, wogegen junge Haussperlinge eine viel stetigere Betreuung erfahren. Mit zunehmendem Alter verfügen nestjunge Mehlschwalben auch über größere Fettreserven, wodurch ihre Fastenkapazität (d. h. Hunger zu widerstehen) zunimmt. Ältere Nestlinge sind so in der Lage, bis 5 Tage ohne Nahrungsaufnahme zu überstehen. Als «letzte» Möglichkeit sind junge Mehlschwalben unter Hungerbedingungen ab dem 11. Lebenstag auch zu Torpor fähig. Junge Mauersegler können unter solchen Bedingungen sogar mehr als eine Woche ohne Versorgung durch die Eltern auskommen.

1.1.7 Täglicher Energiebedarf freilebender Vögel

Während die Stoffwechselraten vieler Vogelarten in relativer Ruhe durch entsprechende Laboruntersuchungen schon recht gut bekannt sind, und somit die Grundlage zum Verständnis der Anpassungsleistungen an die Bedingungen in ihrer physikalischen Umwelt gegeben ist, werden wir die Anpassungsstrategien aber wirklich erst verstehen, wenn der Energieverbrauch und Energiebedarf der Arten in ihrer natürlichen Situation im Freiland bekannt ist, wo vielfältige Aktivitäten zusammenkommen. Die Untersuchung des Energiebedarfs freilebender Vögel hat deshalb in jüngster Zeit einen großen Aufschwung erfahren. Zwei Methoden werden hierzu vor allem benutzt: die Aufstellung von «Zeit- und Energie-Budgets» und der Einsatz von «Isotopen-Wasser»:

Für die Erstellung von **Zeitbudgets** genügt der Einsatz eines Fernglases und Notizbuches. Über eine längere Beobachtungszeit werden

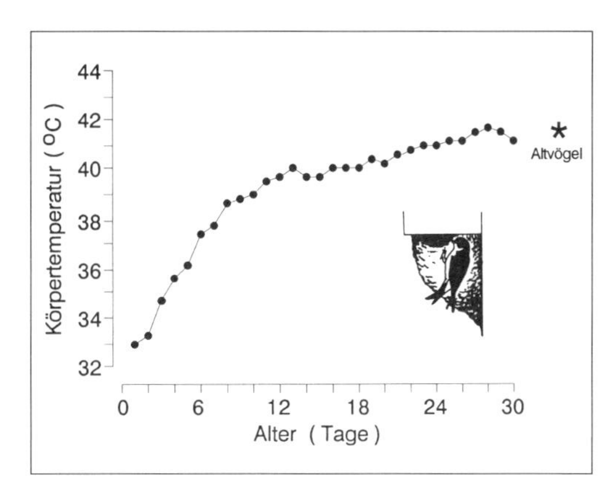

Abb. 1-25: Ontogenese der Körpertemperatur von jungen Mehlschwalben (nach Siedle u. Prinzinger 1988).

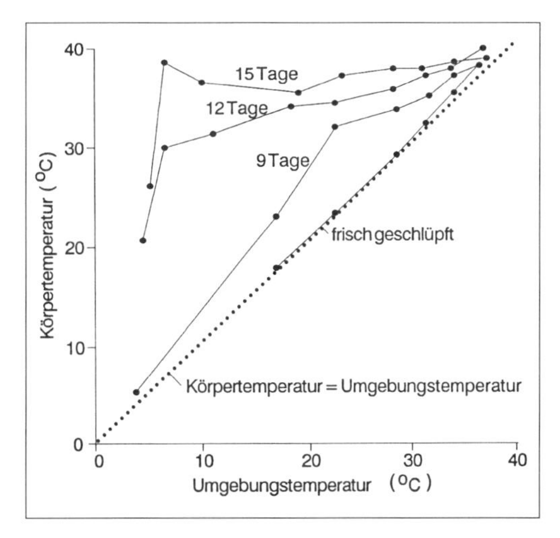

Abb. 1-26: Körpertemperatur von Zaunkönigen in Abhängigkeit von Außentemperatur und Lebensalter (nach Cleffmann 1979).

Tab. 1-1: Energetische Kosten einzelner Verhaltensweisen, wie sie zur Umrechnung von Zeit- in Energiebudgets verwendet werden (nach Goldstein 1988), ausgedrückt als Vielfaches des Grundstoffwechsels (BMR).

Aktivität	energetische Kosten (BMR)
Fliegen	
gute Flieger (z. B. Schwalben)	2,7–6,8
Streckenflug anderer Arten	7,5–15,2
kurze Flüge (beim Rotkehlchen)	23
Gleitflug	1,3–7
andere Bewegungen (abh. von Geschwindigkeit/Art der Bewegung)	1,5–5
Sitzen	1,2–2,6
Fressen	1,7–2,2
Gesang	1,7–2,8
Baden	2–10
Balz	1,6–2,3

sorgfältig die zeitlichen Anteile der einzelnen Verhaltensweisen protokolliert. Aus dem Produkt aus zeitlichem Anteil der einzelnen Verhaltensweisen und ihren spezifischen energetischen Kosten (Tab. 1-1) läßt sich anschließend ein **Energiebudget** erstellen (TEB; **T**ime-**E**nergy-**B**udget).

Diese Kosten der einzelnen Verhaltensweisen sind aber nur als grobe Abschätzungen zu sehen, die meist aus Laboruntersuchungen abgeleitet worden sind. Wenig bekannt sind bisher z. B. jahreszeitliche Unterschiede in den Kosten einzelner Verhaltensweisen sowie Unterschiede in den Kosten einzelner Verhaltensweisen zwischen verschiedenen Vogelarten.

Eine direkte Methode zur Ermittlung des täglichen Energiestoffwechsels ergibt sich heute aus dem Einsatz von doppelt radioaktiv markiertem (schwerem) Wasser $D_2{}^{18}O$, der sog. **DLW-Technik** (**D**ouble-**L**abelled **W**ater). Das Prinzip dieser Methode ist folgendes:

Einem Vogel wird beim Erstfang eine bestimmte Dosis schweres Wasser injiziert. Nach einer Zeit der Äquilibrierung, in der sich dieses markierte Wasser gleichmäßig im Körper des Vogels verteilen kann, wird eine erste Blutprobe entnommen. Anschließend wird der Vogel freigelassen. Beim Wiederfang nach z. B. einem Tag wird eine weitere Blutprobe genommen. Aus der relativen Konzentrationsabnahme der beiden Isotopen (D bzw. ^{18}O) aus dem markierten Wasser zwischen den beiden Blutentnahmen läßt sich dann die Stoffwechselrate bestimmen. Grundlage für diese Kalkulation ist folgender stoffwechselphysiologischer Zusammenhang (Abb. 1-27): Deuterium (D) kann den Körper nur über abgegebenes Wasser verlassen, ^{18}O dagegen sowohl über Wasserabgabe als über das ausgeatmete Kohlendioxid (CO_2). Dadurch ist die Konzentrationsabnahme von ^{18}O relativ stärker als die von Deuterium. Die Differenz zwischen der Konzentrationsabnahme an Deuterium und ^{18}O ist somit proportional der Menge an produziertem und abgegebenem CO_2. Und diese ist ein Maß für die Stoffwechselrate in der Zeit zwischen den beiden Blutentnahmen.

Nachteile dieser Methode sind ihre hohen Kosten für die Analyse der Blutproben und der erforderliche Wiederfang der Vögel, der vielfach auf große Schwierigkeiten stößt. Zudem ist die DLW-Methode ein grobes integratives Maß über alle Stoffwechselleistungen während der Expositionszeit (meist mindestens ein halber Tag). Differenzierte verhaltensspezifische Messungen sind damit im Freiland nur ausnahmsweise möglich. TEB- wie DLW-Methode gestatten die Kalkulation des täglichen Energiebedarfs freilebender Vögel (**DEE**; **D**aily-**E**nergy-**E**xpenditure).

Erwartungsgemäß zeigt auch der DEE eine Abhängigkeit von der Körpermasse. Gegenüber dem Verlauf des Ruhestoffwechsels aber ist die Gerade für den DEE meist weniger steil. Relativ zum Stoffwechsel in der Ruhephase ist also der tägliche Energiebedarf freilebender Vögel bei großen Arten geringer als bei kleinen Arten. Er beträgt für einen 10 g schweren Vogel 3,1 × BMR, für einen 1000 g schweren Vogel dagegen nur 1,8 × BMR. Im Verlauf eines Jahres ist der tägliche Energiebedarf freilebender Vögel oft sehr variabel

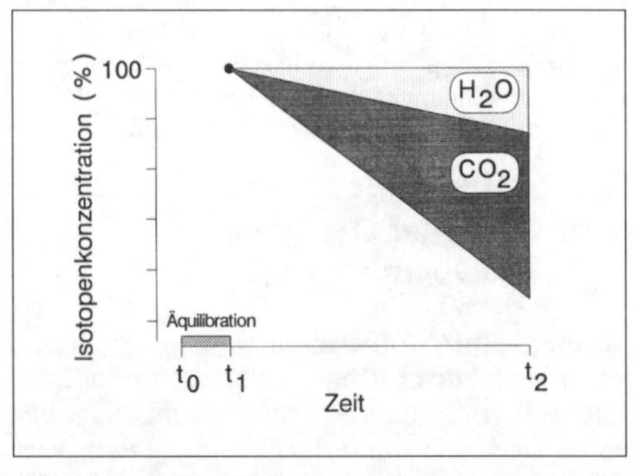

Abb. 1-27: Prinzip der Methode des Einsatzes von doppelt markiertem Wasser zur Bestimmung des Energiestoffwechsels freilebender Vögel (Näheres s. Text).

(Abb. 1-28). Dies spiegelt vor allem den jahreszeitlich unterschiedlichen Anteil der verschiedenen Verhaltensweisen wider. Der Grundstoffwechsel zeigt dagegen meist nur eine geringe jahreszeitliche Variation.

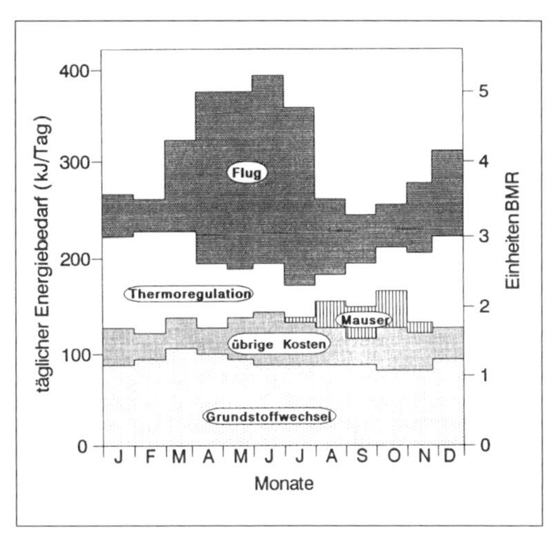

Abb. 1-28: Täglicher Energiebedarf von Turmfalken und Anteil verschiedener Faktoren im Verlauf eines Jahres. Neben den absoluten Kosten ist der tägliche Energiebedarf in Einheiten des Grundstoffwechsels (BMR) angegeben (nach Masman 1986).

1.2 Ernährungsbiologie

Ihren täglichen Energiebedarf decken Vögel durch ihre Nahrungsaufnahme. Die Untersuchung der Nahrungswahl und der Ernährungsstrategie, d. h. der Umstände, wie Vögel ihre tägliche Nahrungsaufnahme bewerkstelligen, ist somit ein wichtiger Aspekt zum Verständnis der Ökologie einer Art. Zudem ist die Kenntnis der Ernährungsökologie eine wesentliche Grundlage für Überlegungen zu den Stoff- und Energiekreisläufen ganzer Ökosysteme.

Die Nahrung der Vögel ist äußerst vielseitig. Im Gegensatz zu Säugetieren z. B. gibt es unter den Vögeln wohl nur wenige echte Nahrungsspezialisten. Zu denen sind am ehesten Gänse, Rauhfußhühner, Fruchttauben oder manche Nektarfresser zu rechnen, die sich ganzjährig bis ausschließlich von nur ganz wenigen Nahrungsobjekten ernähren können. Die Mehrzahl der Arten weist einen insgesamt recht breiten Speisezettel auf.

Allerdings trifft diese Aussage nur zu, wenn man die gesamte Lebenszeiternährung einer Art oder auch eines Einzeltieres betrachtet. Denn, in Abhängigkeit von z. B. Jahreszeit, Lebensraum, unterschiedlichem physiologischen Bedarf (für z. B. Jugendentwicklung, Mauser, Brut, Zug) kann der Speisezettel einer Art neben einer großen Variabilität gerade auch durch recht hohe Spezialisierung auf jeweils nur vergleichsweise wenige Nahrungsobjekte gekennzeichnet sein.

Während beispielsweise die Altvogelnahrung vieler insekten-fressender Singvögel eine breite Palette von Weichtieren umfassen kann, besteht die Nahrung für ihre kleinen Nestlinge oftmals nur aus Blattläusen. Andere Beispiele sind der Unterschied zwischen Sommer- und Winternahrung bei vielen Arten (z. B. Kohlmeise) oder eine jahreszeitliche Umstellung der Ernährung zur Zugzeit. Gartengrasmücken beispielsweise, die sich zur Brutzeit vornehmlich von Insekten ernähren, nehmen zur Zugzeit gerade auch Beeren und andere fleischigen Früchte auf.

Die Einteilung von Arten in z. B. Pflanzenfresser (Herbivore), Fruchtfresser (Frugivore), Körnerfresser (Granivore), Insektenfresser (Insektivore), Fleischfresser (Carnivore) oder Allesfresser (Omnivore) ist somit nur bedingt möglich.

Insgesamt spielt bei Vögeln die tierische Nahrung eine wesentlich größere Rolle als bei Säugetieren. Dies hängt möglicherweise mit den hohen Stoffwechselleistungen der Vögel zusammen, die in besonderem Maße hochwertige und leicht aufschließbare Nahrung erfordern, wie sie tierisches Protein ideal liefert.

Nach Nahrung suchende Arten sind dabei mit einigen generellen Entscheidungsproblemen konfrontiert:

- Welche Nahrung fresse ich?
- Welche Strategie der Nahrungssuche wähle ich?
- Wo suche ich nach Nahrung?
- Wie lange verweile ich an einem Nahrungsort bzw. wann muß ich den Ort wechseln?

1.2.1 Optimale Ernährung

Die Analyse der Ernährungsweisen von Tieren ist bestimmt von der Annahme, daß natürliche Selektion solche Individuen begünstigt, die sich möglichst effizient ernähren, d. h. die sich

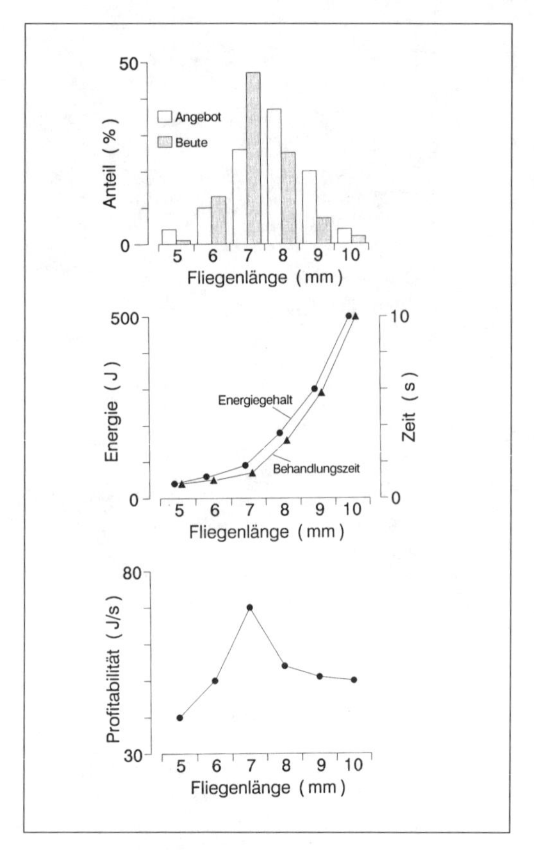

Abb. 1-29: Nahrungswahl von Bachstelzen (Näheres s. Text; nach Davies 1977).

so ernähren, daß ihre Überlebensaussichten und ihr Fortpflanzungserfolg maximiert sind.

Jegliches Verhalten ist verbunden mit den **Kosten** für dieses Verhalten, z. B. in Form von Zeit und Energieaufwand, die dafür zu investieren sind. Dem steht der unmittelbare **Gewinn** daraus (hier Nahrungsaufnahme) gegenüber. Ein Tier sollte sich im einfachsten Fall so entscheiden, daß der Nettogewinn (Nutzen abzüglich Kosten) maximiert wird. Die «optimale» Ernährungsweise ist somit immer abhängig von den spezifischen Umständen, wie z. B. Nahrungsangebot, Jahreszeit, Lebensraum u. v. a. m., in denen sich das nahrungssuchende Tier gerade befindet. Wie Tiere ihre Ernährung unter den jeweils verschiedenen Umständen maximieren, ist jedoch vielfach noch wenig bekannt. Im folgenden werden deshalb grundlegende Komponenten vorgestellt, denen Vögel bei ihrer Nahrungswahl ausgesetzt sind.

Nach den zahlreichen Nahrungslisten mag es scheinen, als sei die vom Vogel aufgenommene Nahrung einfach der Spiegel dessen, was der Lebensraum anbietet. Dies ist jedoch im einzelnen wohl niemals der Fall. Vielmehr erfolgt aus dem Angebot an Nahrung eine Auswahl. Der nahrungssuchende Vogel selektiert nur bestimmte Objekte. Damit stellt sich die Frage, nach welchen Eigenschaften eine solche Nahrungswahl erfolgt.

Eine in der Beurteilung der Beutewahl wichtige Kenngröße ist die **Profitabilität** (P) der Beute. Hierunter versteht man das Verhältnis aus Energieaufnahme je Beuteobjekt (E) und der benötigten Zeit für die Suche nach diesem Objekt (S) und der Zeit für seine Handhabung (H; z. B. Öffnen, Hantieren im Schnabel), d. h. $P = E / (S + H)$ [J/s]. Mit dieser Überlegung sollte ein Tier also die jeweils profitabelste Beute wählen als die, die ihm je Zeiteinheit den höheren Energiegewinn liefert als eine Alternativnahrung.

Ist die Beutedichte sehr hoch, minimiert sich die Zeit für die Nahrungssuche bzw. ist vernachlässigbar. Betrachtet man zudem für die weiteren Überlegungen nur einen Beutetyp, bei dem sich die Beuteobjekte nur in ihrer Größe und damit in ihrem Energiegehalt, nicht jedoch in ihrer Nährstoffqualität oder Auffälligkeit unterscheiden, so ist damit in diesem einfachsten Fall die Profitabilität nur mehr abhängig vom Energiegehalt der Nahrung und dem Aufwand (Zeit) für ihre Handhabung ($P = E / H$).

Größere Beuteobjekte sind energiereicher als kleinere. Mit zunehmender Körperlänge der Beute steigt aber auch die Zeit, die die Vögel für deren Handhabung benötigen. Kleine Objekte können sehr viel rascher aufgenommen werden, beinhalten aber weniger Energie, große, energiereiche Objekte dagegen erfordern wesentlich mehr Zeit für die Aufnahme. Die profitabelste Beutegröße ergibt sich daraus als ein Kompromiß (Abb. 1-29). Je Zeiteinheit können Bachstelzen den höchsten Gewinn dann erzielen, wenn sie bei diesem Beutetyp mittelgroße Objekte fressen.

Es ist jedoch wichtig festzuhalten, daß solche Überlegungen immer nur für **einen** bestimmten Beutetyp zutreffen. Andere Beutetypen können ganz unterschiedliche Optimierungsformen aufweisen.

Im Wattenmeer nahrungssuchende Rotschenkel fraßen um so mehr von Wattwürmern (*Nereis diversicolor*), je dichter diese für sie profitablen Beuteobjekte auftraten. Bei einem guten Angebot an großen *Nereis* fraßen sie von diesen und nur ganz gelegentlich von den ebenfalls zahlreich vorhandenen kleineren Würmern. Bei geringer Dichte an großen Würmern wurden dann jedoch auch vermehrt die kleineren, weniger profitablen Würmer gefressen. Demnach war also die Aufnahme an kleineren Würmern nur abhängig vom Angebot an großen, profitableren Würmern. Diese «Alles-oder-Nichts-Entscheidung» läßt sich an einer Modellrechnung verdeutlichen.

Bei seiner Nahrungssuche auf einer Schlickbank im Wattenmeer begegnet ein Rotschenkel abwechselnd kleinen und großen Wattwürmern. Die kleinen Objekte sind energiearm (4 J/Objekt) und benötigen eine Freßzeit von 1 s, die großen dagegen sind mit 80 J/Objekt wesentlich energiereicher, benötigen aber für ihre Aufnahme 2 s. In Situation 1 erfährt der Rotschenkel über eine Suchperiode von 40 s bei hoher Dichte kleiner Würmer auch eine größere Zahl an großen Würmern. In Situation 2 dagegen findet er bei gleicher Suchzeit und gleicher Dichte kleiner Würmer eine nur geringe Dichte an großen Würmern. Frißt der Rotschenkel in Situation 1 nacheinander alle kleinen und alle großen Beuteobjekte, so beträgt seine Aufnahmerate (Energie/sec) 6,7 J/s. Frißt er dagegen lediglich die fünf großen Objekte, erreicht er eine maximale Aufnahmerate von sogar 8,0 J/s. Auch wenn er nur wenige zusätzliche kleine Würmer aufnimmt, bleibt sein «Gewinn» unter diesem Wert. In dieser Situation, bei einem guten Angebot an großen, profitablen Beuteobjekten, ist seine Aufnahmerate also dann maximiert, wenn er sich nur für die großen Würmer entscheidet. Anders dagegen ist die Situation 2. Maximale Aufnahmerate (wenn auch geringer als in Situation 1) erreicht der Rotschenkel hier nur, wenn er alle Beuteobjekte entlang seines Suchpfades frißt.

Aus diesen Überlegungen wird deutlich, daß eine Selektion nach der profitabelsten Beute dann den Gewinn maximiert, wenn diese in ausreichender Dichte vorhanden ist. Bei geringer Dichte an solcher Beute nimmt dagegen die Suchzeit bis zum Auffinden der Beute so zu, daß es sich dann lohnt, auch die weniger profitable Beute zu fressen, und nicht nur nach den profitabelsten Objekten zu suchen.

Im Gegensatz zu einer selektiven Nahrungsaufnahme benötigt ein völlig unselektiv fressender Räuber nur wenig Zeit für die Suche nach Nahrungsobjekten. Dafür aber ist seine Aufnahmerate meist geringer, da er eben nebeneinander profitable wie wenig profitable Objekte frißt. Diese völlig unspezifische Nahrungswahl ist nur bei geringer Dichte an profitabler Beute lohnend.

Aus diesen Modellüberlegungen ergeben sich drei wichtige Voraussagen zu einer solchen optimalen Nahrungswahl:

1. Profitable Nahrung wird weniger profitabler vorgezogen.
2. Selektive Nahrungswahl erfolgt dann, wenn profitable Nahrung häufig vorhanden ist.
3. Ein Räuber sollte weniger profitable Beute ignorieren, auch wenn diese «unprofitable» Beute häufig ist.

Diese Vorhersagen zur optimalen Ernährungsweise von Tieren haben J. Krebs und Mitarbeiter in Oxford/England an Kohlmeisen im Laborexperiment geprüft. Über ein Fließband erhielten einzelne Kohlmeisen abwechselnd große (profitable) und kleine (wenig profitable) Mehlwurmstücke. Über die Laufgeschwindigkeit des Transportbandes wurden vier verschiedene Nahrungsdichten eingestellt (Nahrung/Zeit). Bei geringer Dichte an kleinen und großen Beutestückchen fraßen die Kohlmeisen von beiden Objekten etwa gleich viel. Anders dagegen, wenn jeweils ausreichend viel an großen Beutestücken vorhanden war. Ungeachtet der Dichte an kleiner Beute fraßen sie immer fast ausschließlich nur die großen Mehlwurmstücke, auch wenn diese weit weniger häufiger waren als die kleinen Stücke.

Im Experiment fiel allerdings auf, daß immer auch ein kleiner Anteil an «unprofitabler» Beute gefressen wurde. Es darf vermutet werden, daß die Kohlmeisen jeweils eine gewisse Zeit brauchen, um die «Profitabilität» einer Beute zu erkennen. Sie müssen wohl gleichsam etwas davon probieren, bevor sie sich entscheiden.

1.2.2 Immer optimiert?

Für die bisherigen Überlegungen zur Nahrungswahl von Vögeln galt die vereinfachte Annahme, daß sich die Alternativnahrung nur in ihrer Größe (Energiegehalt) und in ihrer Häufigkeit, nicht jedoch in anderen Kriterien unterschieden hat.

Die Nahrungswahl und Nahrungsaufnahme kann jedoch noch von vielen anderen Faktoren abhängen. Sie kann beeinflußt sein von der Auffälligkeit der Objekte, von ihrer Erreichbarkeit, von ihrer Nährstoffqualität, ihrer Verdaulichkeit oder dem Gehalt an z. B. Abwehrstoffen. Die Nahrungsaufnahme und Nahrungswahl können aber auch von den spezifischen, alters- oder jahreszeitlich verschiedenen Ansprüchen der Individuen oder auch

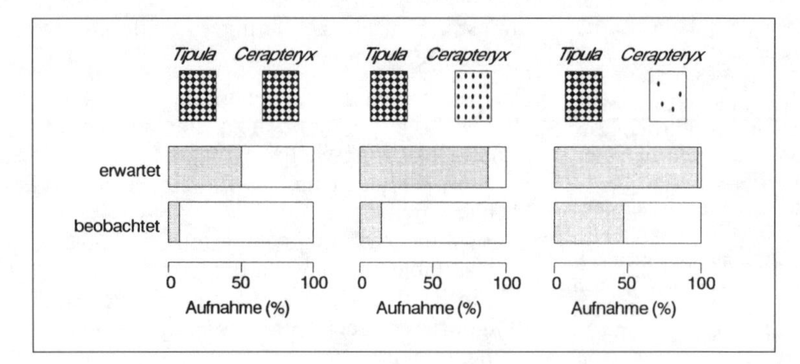

Abb. 1-30: Nahrungswahl von Staren, denen an einer Futterstelle Tipula- und Cerapteryx-Larven in unterschiedlicher Dichte angeboten wurden (nach Tinbergen 1981).

deren Erfahrung mitbestimmt werden oder von dem Risiko, bei der eigenen Nahrungssuche selbst Opfer zu werden.

Folglich muß eine aktuell beobachtete Nahrungswahl nicht zwingend immer «optimal» sein. Sie stellt wohl eher einen Kompromiß dar aus vielen zu berücksichtigenden Faktoren.

1.2.2.1 Qualität der Nahrung

Bei im Wattenmeer nahrungssuchenden Rotschenkeln wurde oft beobachtet, daß sie trotz guten Angebots an Wattwürmern und/oder Muscheln besonders gern den kleinen Wattkrebs (*Corophium* sp.) fraßen. Dabei nahmen sie um so weniger von den Würmern zu sich, je mehr Wattkrebse verfügbar waren. Bilanziert man die Profitabilität beider Objekte, erweist sich aber *Corophium* als die in jedem Fall wesentlich weniger profitable Beute: Während von *Nereis* etwa 890 J/min aufgenommen werden können, sind es bei *Corophium* gerade etwa 350 J/min. Ganz offensichtlich spielt hier die Maximierung der Energieaufnahme nur eine geringe Rolle. Vielmehr scheinen gerade andere Faktoren wichtig zu sein. Vorstellbar ist, daß *Corophium* für Rotschenkel leichter verdaulich ist als *Nereis*, daß *Corophium* einen für den Rotschenkel essentiellen Nährstoff enthält, oder aber daß *Corophium* zu bestimmten Zeiten besser erreichbar ist. So zeigte sich, daß *Corophium* besonders an warmen Tagen gefressen wurde, dann, wenn bei höherer Umgebungstemperatur die an der Schlickoberfläche aktiveren Wattkrebse von nahrungssuchenden Rotschenkeln besser wahrgenommen werden konnten.

Auch Stare verhalten sich nicht immer «modellgerecht»: Sowohl in der natürlichen Situation wie im Experiment verfütterten Stare an ihre Jungen vornehmlich die Larven des Schmetterlings *(Cerapteryx graminis)*, auch wenn die bekanntermaßen beliebten Larven der Wiesenschnaken (*Tipula paludosa*) in wesentlich höherer Dichte angeboten waren (Abb. 1-30). Offensichtlich spielten auch hier andere als rein energetische Gründe eine Rolle.

In Salzwiesen der Nordsee fressen Ringelgänse nur von recht wenigen Nahrungspflanzen. Diese Selektion ist jedoch nicht die Folge unterschiedlicher Wuchsformen der einzelnen Pflanzen. Sie bleibt auch bei künstlicher Fütterung im Labor erhalten. Wonach mögen die Gänse ihre Nahrung wählen? Einen wichtigen Hinweis dazu ergab die Beobachtung, daß in den Poldern Hollands besonders solche Flächen von den Gänsen beweidet werden, die vorher eine künstliche mineralische Stickstoffdüngung erhielten. So war die Nutzung solcher gedüngter Flächen um etwa 42% höher als die ungedüngter Flächen. Damit lag die Vermutung nahe, daß der Proteingehalt der Gräser einen Einfluß auf die Nahrungswahl haben könnte. Laboruntersuchungen bestätigten diese Annahme. Erhielten die Gänse unterschiedlich gedüngtes und somit unterschiedlich proteinreiches Gras, fraßen die Gänse um so mehr davon, je proteinreicher das Gras war. Auch für andere vornehmlich herbivore Arten, z. B. Moorschneehühner, ist bekannt, daß sie ihre Nahrung gerade nach dem Gehalt an Protein wählen.

Doch auch für insektivore Arten ist neuerdings unter experimentellen Bedingungen gezeigt, daß sie ihre Nahrung nach deren unterschiedlicher Nährstoffqualität unterscheiden und selektionieren können.

Gartengrasmücken erhielten in langen Versuchsserien jeweils zwei Alternativfuttermischungen zur

Wahl, die sich immer nur im spezifischen Nährstoffgehalt (Protein, Fett, Kohlenhydrate) unterschieden, nicht jedoch in ihrer äußeren Form, ihrem Aussehen, ihrer Struktur, ihrer Farbe oder dem Wassergehalt.

Unterschieden sich die Futtermischungen in ihrem Proteingehalt, wählten die Gartengrasmücken bei geringem bis mittlerem Proteingehalt der Wahlmischungen immer die jeweils proteinreichere Kost. Bei in beiden Futtern jeweils recht hohem Proteingehalt dagegen, wurden beide Mischungen etwa gleich häufig gefressen (Abb. 1-31). Hier darf vermutet werden, daß nur dann die proteinreichere Nahrung bevorzugt wird, wenn bei insgesamt geringem Proteinangebot die Gefahr einer Mangelernährung (Unterversorgung) besteht. Unterschieden sich die Alternativmischungen in ihrem Fettgehalt oder Kohlenhydratgehalt, fraßen die Gartengrasmücken immer jeweils bevorzugt an dem «höherwertigen» Futter. Daß es sich hierbei tatsächlich um eine Auswahl nach dem Gehalt an Nährstoffen handelte, und die Wahl nicht nur von dem unterschiedlichen Energiegehalt der Alternativfutter bedingt war, zeigte sich in Experimenten mit äquikalorischem Futter und, sehr eindrucksvoll in den Wahlsituationen, in denen der Energiegehalt der präferierten Futtermischungen sogar geringer war.

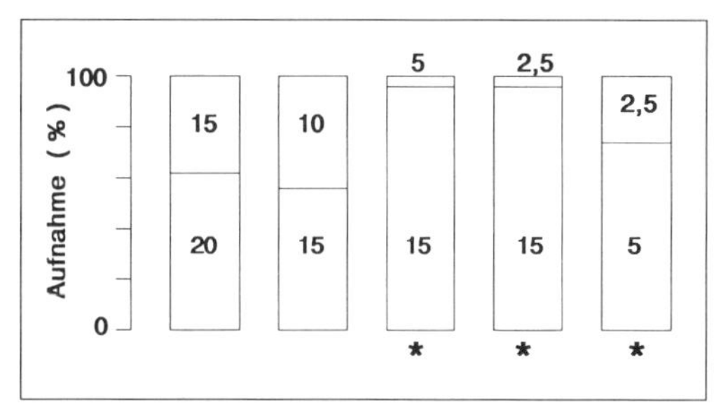

Abb. 1-31: Nahrungswahl von Gartengrasmücken, denen verschiedene Protein-Wahlfuttermischungen angeboten wurden. Die Zahlen in den Säulen geben den relativen Proteingehalt der Naßsubstanz an, bei konstantem Gehalt an Fett, Zuckern und Wasser. Die Sterne unter den Säulen kennzeichnen statistisch gesicherte Unterschiede in der Nahrungsaufnahme (nach Bairlein 1990).

Die Nahrungswahl und Nahrungsaufnahme von Vögeln kann nun nicht nur vom Energiegehalt und/oder dem Gehalt an den Hauptnährstoffen (sog. Makronährstoffe: Proteine, Fette, Kohlenhydrate) beeinflußt sein, sondern auch von den Mikronährstoffen (z.B. essentielle Nährstoffe wie Mineralien und Vitamine) oder sog. Nicht-Nährstoffen. Zu letzteren sind vornehmlich Giftstoffe oder spezifische Abwehrstoffe von tierischer und pflanzlicher Nahrung zu rechnen, aber auch der Anteil an unverdaulichen Nahrungsbestandteilen.

So wählten amerikanische Pieperwaldsänger im Experiment immer die Insektennahrung, die den geringsten Chitinanteil hatte.

Nicht wenige Insekten oder ihre Larven produzieren spezifische Abwehrstoffe, die sie vor Fraß schützen sollen. Kleinschmetterlinge der Gattung *Zygaena* (Widderchen) z.B. bilden als Fraßschutz Blausäure-Zuckerverbindungen, die sie sehr wirksam vor Fraß durch Kleinvögel schützen.

Ein weiteres Beispiel liefert der Weidenblattkäfer (*Melasoma vigintipunctata*). Diese Blattkäfer treten in Auengebieten oftmals so massenhaft auf, daß der Fraß ihrer Larven zu einer nahezu vollständigen Entlaubung der betroffenen Bäume führen kann. Obwohl die schwarz gefärbten Larven gerade auch zur Brutzeit in Massen auftreten und zudem sehr auffällig sind, werden sie von insektivoren Vogelarten völlig gemieden. Ursache hierfür ist, daß diese Larven bei Berührung eine große Zahl kleiner Bläschen ausstülpen, die angefüllt sind mit einem von der Larve produzierten Abwehrsekret, einem Abkömmling der Salicylsäure, das beim Vogel eine sofortige Verschmähreaktion auslöst. Experimentell sind zur Auslösung dieser Verschmähreaktion schon geringste Mengen dieses Stoffes ausreichend (Abb. 1-32). Damit sind auch schon die kleinsten *Melasoma*-Larven ausreichend vor Fraß geschützt. Umgekehrt bedeutet dies auch einen Schutz für die Vögel, da solche Stoffe vielfach nicht nur abwehrend, sondern für Vögel auch toxisch sind. Junge Blaumeisen waren in ihrer Nestlingsentwicklung negativ beeinflußt, wenn sie Mehlwürmer bekamen, die mit Tannin versetzt waren. Diese Substanz kommt in Eichenblättern vor und wird von Eichenwickler (*Tortrix viridana*)-Larven, eine wichtige Auf-

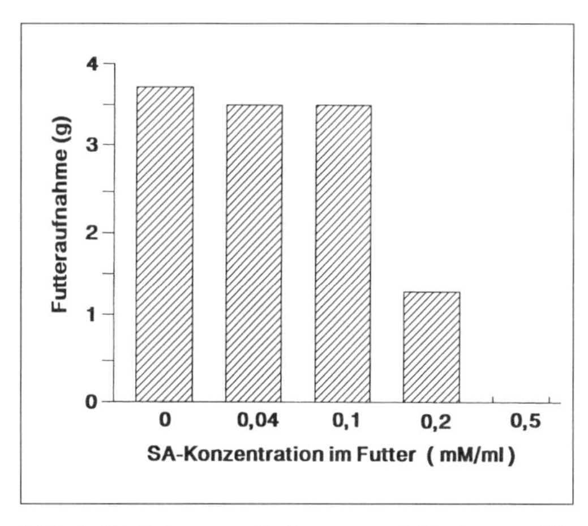

Abb. 1-32: Nahrungsaufnahme von Mönchsgrasmükken in Abhängigkeit von der Konzentration an Salicylsäurealdehyd im Futter (Bairlein u. Floren, unveröff.).

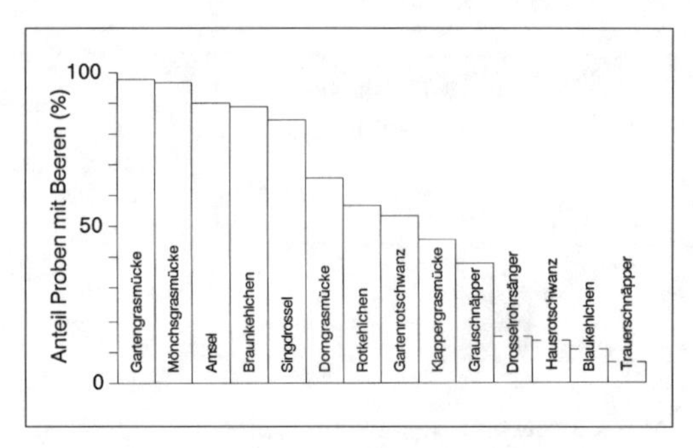

Abb. 1-33: Frugivorie rastender Kleinvögel während des Herbstzuges am Bodensee. Dargestellt ist der Anteil an Kotproben, die Beerenanteile enthielten (nach Brensing 1977).

zuchtnahrung von Blaumeisen, über ihre Eichenblattnahrung aufgenommen.

Bei Pflanzenfressern ist die Nahrungswahl vielfach gerade abhängig vom Gehalt der Pflanzen an solchen sog. **sekundären Pflanzenstoffen**.

Auerhühner beispielsweise wählen im Winter als bevorzugte Nahrung solche Fichtennadeln, in denen der Gehalt an Tanninen niedrig ist. Sie vermeiden damit, zusätzliche Stoffwechselenergie für das Ausscheiden (Detoxifikation) dieser für sie leicht toxischen Pflanzenstoffe aufwenden zu müssen.

Wie bereits gezeigt, ist die Nahrungswahl bei Gänsen vom Proteingehalt der Pflanzen bestimmt. Dennoch läßt sich beobachten, daß sie nicht selten Pflanzen vermeiden, deren Gehalt an Protein oder auch Kohlenhydraten sehr hoch ist. Ursache hierfür ist der unterschiedliche Phenolgehalt der verschiedenen Pflanzen. Pflanzen mit einem natürlicherweise oder experimentell höheren Gehalt an diesen Pflanzenstoffen werden kaum gefressen.

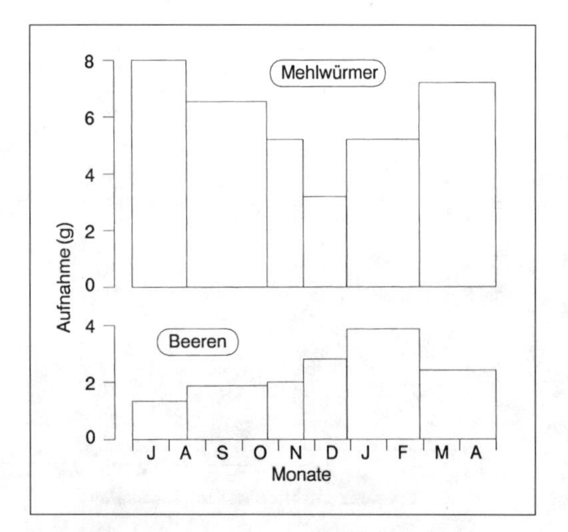

Abb. 1-34: Jahreszeitliche Änderungen der Nahrungswahl gekäftigter Gartengrasmücken. Zu allen Zeiten erhielten die Vögel Mehlwürmer wie Beeren ad libitum (nach Berthold 1976).

Ein besonders interessantes Fallbeispiel für die Analyse der Wechselbeziehungen zwischen Nahrungsqualität und Nahrungswahl bzw. Nahrungsaufnahme ist die zeitweise **fakultative Frugivorie** mancher Zugvogelarten.

Gartengrasmücken ernähren sich zur Brutzeit vornehmlich von Insekten und anderen Arthropoden. Zur herbstlichen Wegzugzeit dagegen fressen sie in besonderem Maße Beeren und andere fleischige Früchte (z. B. Schwarzen Holunder u. v. a. m.). Gerade in Rastgebieten des Mittelmeerraumes ernähren sie sich nahezu ausschließlich von solchen Beeren und Früchten (z. B. Pistazien: *Pistacia lentiscus*, Brombeeren: *Rubus fruticosus*, Feigen: *Ficus carica*). Auch andere, bekanntermaßen «insektivore» Arten weisen z. T. erhebliche vegetabilische Reste in Nahrungsproben zur Zugzeit auf (Abb. 1-33). Dieses vermehrte Fressen von Beeren wurde vielfach damit erklärt, daß mit dem abnehmendem Angebot an Insekten im Spätsommer und Herbst auf die dann zahlreich verfügbaren Beeren als Ersatznahrung ausgewichen wird, d. h. daß diese Beeren also nur deshalb gefressen werden, weil sie reichlich im Angebot sind und die Insektennahrung zurückgeht. Zweifelsohne ist die Aufnahme von solchen Beeren davon abhängig, daß sie auch verfügbar sind. Dennoch ist es nicht allein die Verfügbarkeit, die diese saisonale Frugivorie mitbestimmt. So fütterte P. Berthold von der Vogelwarte Radolfzell gekäfigte Garten- und Mönchsgrasmücken fortwährend mit einem immer gleichbleibenden Futter aus Mehlwürmern, getrockneten Insekten und Beeren. Trotz dieser jahreszeitlich unveränderten, gleichmäßig guten Verfügbarkeit der verschiedenen Komponenten zeigten die Vögel ein spontanes, jahreszeitlich unterschiedliches Interesse an Insekten und Beeren (Abb. 1-34). Ursache für den jahreszeitlichen Wechsel zwischen Insektennahrung und Beeren ist somit wohl eher eine endogen kontrollierte, jahreszeitlich unterschiedliche Präferenz für tierische und vegetabilische Nahrung. Ähnliche Ergebnisse liegen inzwischen auch von einigen nordamerikanischen Singvögeln vor.

Zudem erfolgt auch eine selektive Wahl von Beeren. Bei einem über die Zugzeit auf Helgoland gleichbleibendem Angebot an Brombeeren und Beeren des Schwarzen Holunders wählten Gartengrasmücken zunächst die Brombeeren, später dagegen vornehmlich den Schwarzen Holunder. Weiterhin zeigen sich bei gleichem Angebot an Beeren in einem Gebiet vielfach ausgeprägte artspezifische Unterschiede in der Beerenwahl, die sich nicht allein mit deren «Verfügbarkeit» erklären lassen. Auch gekäfigte Gartengrasmücken wählen aus einer Palette verschiedener, gleich häufig angebotener Beeren nur ganz bestimmte Beeren aus. Besonders gern fressen sie dabei von den Beeren des Schwarzen Holunders. Diese unterschiedliche Präferenz läßt sich nun aber weder mit einem unterschiedlichen Gehalt an Nährstoffen der verschiedenen Beeren, noch mit deren Farbe, Aussehen, Größe, Energiegehalt oder Profitabilität vollständig erklären. Hier müssen andere Eigenschaften der verschiedenen Beeren beteiligt sein. Die Analyse ist jedoch sehr komplex, da die Nahrungswahl von Tieren von zahlreichen Faktoren beeinflußt sein kann (Abb. 1-37).

Die Nahrungswahl freilebender wie gekäfigter Amseln zeigt keinerlei deutlichen Zusammenhang zum Gehalt an Nährstoffen. Wurden jedoch einem Kunstfutter verschiedene künstliche Geschmackskomponenten beigemischt, vermieden die Amseln manche Geschmackstypen vollständig. Sie waren in der Lage, das Futter nach seinem Geschmack zu diskriminieren.

Von besonderer Bedeutung in der Beerenwahl könnten auch in den Beeren enthaltene **Toxine** (giftige sekundäre Pflanzenstoffe) sein, die Vögel gezielt vermeiden. Allerdings wissen wir hierzu noch recht wenig, und zudem ist die Definition eines solchen Pflanzenstoffes als «Toxin» meist auf den Säugetierorganismus (einschließlich uns Menschen) bezogen. Nicht zwingend darf dieselbe Wirkung aber auch für Vögel angenommen werden. Die Aufnahme von Tollkirschen (*Atropa belladonna*) führt im Säuger meist zu erheblichen Vergiftungserscheinungen, nicht jedoch bei vielen Vogelarten.

Amseln z. B. können Tollkirschen regelmäßig und ohne Schaden fressen. Auch kann die vermeintlich toxische oder abwehrende Wirkung solcher Pflanzenstoffe bei den einzelnen Vogelarten ganz verschieden sein. Die Rote Zaunrübe (*Bryonia dioica*), beispielsweise, ist eine in Hecken häufige Pflanze, die zahlreiche rote Beeren produziert. Diese sind für Säugetiere giftig und werden auch von Amseln vollständig gemieden. Kohlmeisen hingegen fressen sie sehr gern und ohne Schaden zu nehmen.

Bei der Beurteilung der Rolle solcher sekundärer, toxischer Pflanzenstoffe muß zusätzlich berücksichtigt werden, daß wohl gerade Vögel auch über hochwirksame Detoxifikationsmechanismen verfügen können, die es ihnen gestatten, das aufgenommene Toxin rasch wieder auszuscheiden oder unwirksam zu machen. Gänse z. B., die über ihre Pflanzennahrung regelmäßig auch «giftige» Substanzen aufnehmen, können diese Gifte dadurch unwirksam machen, daß sie zusätzlich etwas Erde fressen. Die Toxine werden an die in der Erde enthaltenen Huminsäuren gebunden, wodurch sie ihre Giftigkeit verlieren und zudem rasch ausgeschieden werden. Darüberhinaus können verschiedene biochemische Entgiftungsvorgänge beteiligt sein.

Die Bedeutung von sekundären Pflanzeninhaltsstoffen für die Ernährung von Pflanzenfressern (im weitesten Sinne) wird bisher meist unter dem Aspekt einer toxischen oder abwehrenden Funktion dieser Stoffe gesehen. Einige jüngere Untersuchungen weisen jedoch auch auf eine ganz andere Funktion hin.

Auf dem Frühjahrszug durch Nordwest-Amerika ziehende Dachsammern fressen regelmäßig frisches Gras, ohne daß der Grund hierfür klar war. Erhielten gekäfigte Weibchen im Frühjahr neben ihrer üblichen Körnerkost noch frisches Gras, erreichten sie erheblich früher reproduktive Ovariengewichte als Kontrolltiere, die kein Gras erhielten. Bei Männchen traten solche Effekte nicht auf. Auch war die Körpermasse der Versuchs- und Kontrollvögel nicht verschieden. Demnach scheint die aufgenommene Energiemenge nicht entscheidend gewesen zu sein. Vielmehr wird vermutet, daß im frischen Gras Substanzen enthalten sind, die entweder als Bausteine für die körpereigenen Geschlechtshormone der Weibchen verwendet werden können, oder die in besonderer Weise die Hormonproduktion der Weibchen anregen und das Gonadenwachstum beschleunigen.

Ein weiterer Hinweis auf eine mögliche stimulierende Wirkung von sekundären Pflanzenstoffen ergab sich aus Untersuchungen zur zugzeitlichen Frugivorie bei Gartengrasmücken. Freilebende wie gekäfigte Gartengrasmücken zeigen eine ausgeprägte zugzeitliche Depotfettbildung (s. 1.4.3). Durch den Aufbau großer Fettpolster für ihren Zug können sie, wie viele andere Weitstreckenzieher auch, ihre Körpermasse innerhalb weniger Tage nahezu verdoppeln. Während des Zuges verbrauchte Fettreserven werden in Rastgebieten rasch wieder ergänzt («aufgetankt»). Diese Situation läßt sich auch im Labor unter kontrollierten Ernährungsbedingungen simulieren. Erhalten schwere (fette) Gartengrasmücken täglich nur wenig Futter, nehmen sie an Körpermasse ab, da sie nun vorwiegend von ihren körpereigenen Energie-(Fett-)reserven leben. Anschließende Vollfütterung führt zu einem raschen, erneuten Aufbau von Körpermasse. Während dieser erneuten Fettdeposition zeigen sich nun aber interessante Zusammenhänge zur verabreichten Nahrung. Erhielten die Vögel zu einer bekanntermaßen guten Insektennahrung zusätzlich Beeren des Schwarzen Holunders, nahmen sie rascher an Masse zu und erreichten ihr Höchstgewicht früher als bei reiner Insektenkost. Auch im Freiland sind an z. B.

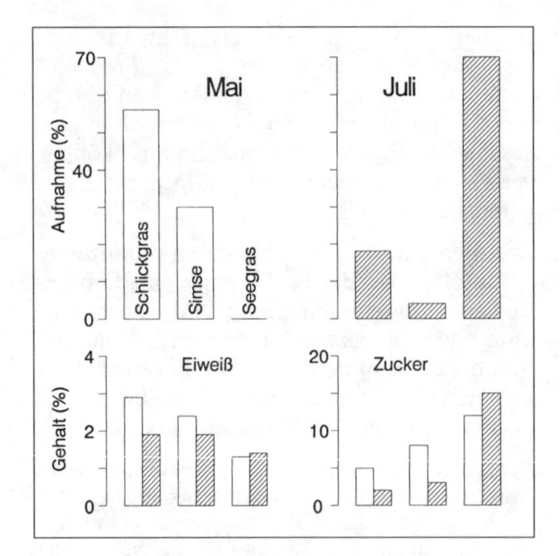

Abb. 1-35: Nahrungswahl von Kanadagänsen im Mai und Juli und Eiweiß- und Zuckergehalt der Nahrungspflanzen in beiden Monaten (nach Buchsbaum u. Valiela 1987).

Schwarzem Holunder oder (im Mittelmeerraum) an Feigen gefangene Gartengrasmücken durchschnittlich schwerer und nehmen rascher an Masse zu als in Gebieten, wo sie nur Insekten zur Verfügung haben.

Wie diese beschleunigende Wirkung durch solche Früchte zustande kommt ist jedoch noch unklar. Möglicherweise sind daran eben ganz bestimmte Pflanzeninhaltsstoffe beteiligt. Neben dem Einfluß sekundärer Pflanzenstoffe könnte auch die spezifische Qualität der pflanzlichen Nährstoffe eine wichtige Rolle spielen. So besteht das Depotfett von Vögeln zu einem hohen Anteil aus ungesättigten Fettsäuren, die für den Vogel essentiell sind (z. B. Linolensäure). Solche ungesättigten Fettsäuren sind besonders reichlich in manchen pflanzlichen Fetten zu finden. Und tatsächlich sind Gartengrasmücken in der Lage, ihre Nahrung nicht nur nach deren Gesamtgehalt an Fett zu diskriminieren, sondern auch nach der Fettsäurezusammensetzung der Lipide. Erhielten Gartengrasmücken im Versuch in gleicher Menge zwei Futtermischungen mit gleichem Fettgehalt, aber unterschiedlicher Fettsäurezusammensetzung, so wählten sie die Nahrung mit dem höchsten Anteil an ungesättigten Fettsäuren.

Für die nordamerikanische Weißkehlammer wurde gezeigt, daß auch die spezifische Zusammensetzung der Proteine eine wichtige Komponente in der Nahrungswahl sein kann. Erhielten die Vögel im Wahlversuch jeweils zwei Futtermischungen, die sich nicht in ihrem Proteingehalt, sondern nur im Gehalt einer einzigen Aminosäure (den Bausteinen der Proteine) unterschieden, so wählten sie immer das Futter mit dieser Aminosäure (Glutathion). Besonders ausgeprägt war dieses Wahlverhalten während der Mauser, wo Glutathion eine wichtige Rolle bei der Federbildung hat.

Die Beobachtung, daß Gartengrasmücken oder Weißkehlammern den Wert ihrer Nahrung nicht nur nach dem Energiegehalt oder Nährstoffgehalt beurteilen können, sondern gerade auch die spezifische Zusammensetzung der einzelnen Nährstoffe eine wichtige Rolle spielt, macht deutlich, daß der «Nutzen» eines Nahrungsobjekts nicht nur nach seiner einfachen energetischen Profitabilität (Energiegewinn je Zeiteinheit) beurteilt werden darf, sondern auch von einer Reihe weiterer, differenzierter Eigenschaften abhängig ist.

1.2.2.2 Physiologischer Zustand und Nahrungswahl

Ein weiterer wichtiger Aspekt ist der physiologische Zustand und damit der physiologische Bedarf des nahrungssuchenden Vogels. So ist anzunehmen, daß Tiere, die vor der Nahrungssuche längere Zeit gehungert haben (z. B. bei Schlechtwetterphasen), ihre Nahrung nach anderen Gesichtspunkten wählen als satte Tiere. Auch die Anzahl im Nest zu versorgender Jungvögel oder deren Ernährungszustand kann die Nahrungswahl beeinflussen.

Stare füttern ihre Jungen oftmals mit den Larven der Wiesenschnake *Tipula*. Diese Larven sind aber für Stare weniger attraktiv als z. B. die Larven mancher Kleinschmetterlinge (s. o.). Haben Stare nur wenige Junge im Nest und sind diese satt, werden solche *Tipula*-Larven nur zu etwa 50% verfüttert. Bei hungrigen Nestlingen oder großen Bruten beträgt ihr Anteil aber 70–100%.

Von besonderer Bedeutung ist der **Jahreszyklus** einer Art. Bei Zugvögeln z. B. wechseln sich Brut, Mauser und Zug ab, die jeweils ganz spezifische Stoffwechselleistungen erfordern. Diese wiederum können die Ernährung erheblich beeinflussen.

Zugdisponierte Gartengrasmücken können mit der Aufnahme von Beeren nicht nur ihr Körpergewicht stabilisieren, sondern nehmen dabei sogar zu. Dies ist jedoch nicht so bei Vögeln, die sich «außerhalb» ihrer Zugzeit befinden. Zwar werden auch dann im Experiment Beeren «gezwungenermaßen» gefressen, doch sind die Gartengrasmücken trotz ähnlicher Aufnahme nicht fähig, damit ihre Körpermasse zu halten; sie verlieren Gewicht.

Kanadagänse wählen im Mai in den Rastgebieten besonders proteinreiches Schlickgras (Abb. 1-35).

Anders ist es im Juli in den Brutgebieten. Nun fressen sie vornehmlich das besonders kohlenhydratreiche Seegras, das sie noch im Mai weitgehend verschmäht hatten. Ursache hierfür ist der unterschiedliche physiologische Bedarf. Während im Mai für die Vorbereitung zum Brüten besonders die Deposition von Proteinen notwendig ist, benötigen die Gänse im Sommer für ihren täglichen Energiebedarf vornehmlich die leicht verdaulichen Kohlenhydrate.

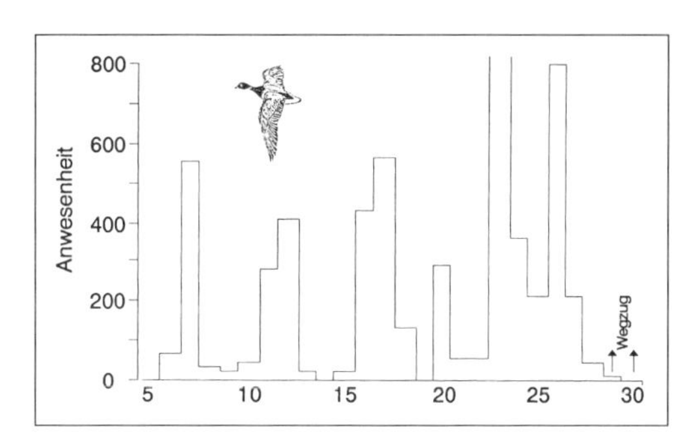

Abb. 1-36: Anwesenheit von Ringelgänsen auf einer Salzwiese im Mai (nach Drent 1980).

1.2.2.3 Weidewirtschaft bei Gänsen

Nahrungssuchende Gänse verlassen sich nun nicht einfach nur auf das jeweilige Angebot an Fraßpflanzen, sie können ihre Fraßpflanzen sogar «bewirtschaften».

In Holland fressen Ringelgänse in den Salzmarschen gern an Strandwegerich (*Plantago maritima*). Detaillierte Freilandbeobachtungen zeigten, daß sie dabei aber immer nur einen Teil des Wegerichs abfressen, etwa 35% des zwischenzeitlichen Zuwachses. Der Grund hierfür wurde deutlich in einem Experiment. Wegerich, der regelmäßig experimentell beschnitten wurde, entwickelte sich dann immer wieder besonders gut, wenn gerade etwa 40% der zugewachsenen Biomasse abgezwickt wurden. Und dieser zuwachsende Teil hatte den höchsten Proteinanteil. Zudem verlängerten das Beschneiden wie auch Abfraß die Periode hohen Proteingehalts in den Wegerichsprossen. Hieraus wird deutlich, daß diese Gänse ihre Fraßpflanzen so beweiden können, daß sie den besten Gewinn davon haben. Dies beinhaltet auch, daß die Gänse der Fraßpflanze Zeit zum Zuwachs geben müssen. Um dies zu erreichen, wechseln diese Gänse ganz regelmäßig zwischen verschiedenen Weidegebieten (Abb. 1-36). Erst nach durchschnittlich 4,7 Tagen kehren sie an einen früherer Fraßplatz zurück. Zwischenzeitlich waren dort wieder durchschnitlich 2,8 g/m^2 Wegerich-Biomasse zugewachsen, von der die Gänse etwa 2 g abweiden, bevor sie diesen Weideplatz wieder verlassen.

Hieraus ergibt sich auch eine praktische Konsequenz für den Naturschutz. Natürlicherweise scheinen Gänse ihre Weideplätze nicht zu überweiden. Solange ausreichend Ausweichflächen vorhanden sind, wechseln sie regelmäßig zwischen diesen verschiedenen Weideplätzen und optimieren damit ihren Weideertrag. Anders dagegen ist die Situation, wenn in einer Landschaft nur mehr ganz wenige Fraßplätze für solche Gänse übrig sind. Dann sind die Gänse gezwungen, auf diesen wenigen Fraßplätzen zu verweilen, was zwangsläufig zu Fraßschäden und Überweidung führen kann.

1.2.2.4 Weitere Faktoren bei der Nahrungswahl

Die Nahrungswahl und Nahrungsaufnahme ist von einer Vielzahl von Faktoren abhängig (Abb. 1-37), wie energetische Profitabilität, spezifische Qualität, Verdaulichkeit, physiologischer Bedarf des Individuums beziehungsweise seiner Brut oder dem Angebot an einem bestimmten Futterplatz. Folglich ist mit den einfachen Vorstellungen der Theorie der optimalen Ernährungsweise («optimal foraging») sehr vorsichtig umzugehen. Zwar schafft ein solches Modell die Grundlage für Hypothesen und Vorhersagen, die dann durch Beobachtung und Experimente geprüft werden können, Generalisierungen und darauf aufbauende Vergleiche zwischen Arten sind aber ohne detaillierte Kenntnisse zum Lebenszyklus einer Art problematisch. Denn auch das Geschlecht oder das Alter können die Nahrungswahl und Nahrungsaufnahme beeinflussen.

So ist z. B. das Nahrungsspektrum junger Austernfischer wesentlich vielfältiger (breiter) als das der Alttiere, die sich vielfach nur auf eine oder ganz wenige Beute spezialisieren. Zudem fressen Austernfischer erst mit zunehmendem Alter an der profitabelsten Beute. Möglicherweise haben Jungvögel erst zu lernen, mit der größeren, profitablen Beute umzugehen, oder sie werden von den Altvögeln zunächst noch von dieser profitablen Nahrung verdrängt. Auch junge Teichrallen erweisen sich z. B. im September als weit weniger erfahren im Umgang mit profitabler Beute als die Altvögel, ein Unterschied, der dann im Dezember nicht mehr besteht.

1.2.3 Wahl des Nahrungsorts

Am Beispiel der Ringelgänse wird deutlich, daß diese Gänse ihre Nahrungsplätze so aufsuchen, daß sie dort den jeweils maximalen

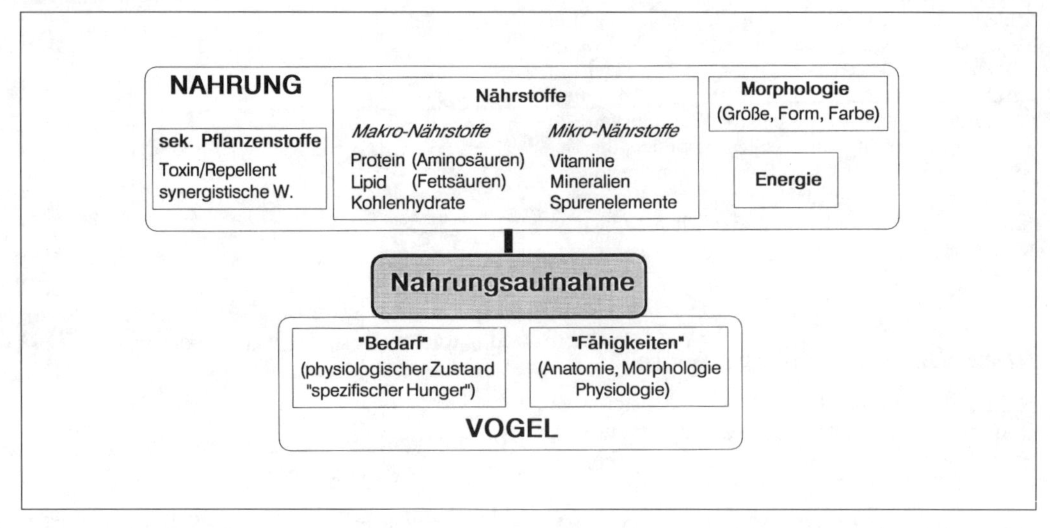

Abb. 1-37: Die Nahrungsaufnahme von Vögeln ist von vielen Faktoren beeinflußt.

Gewinn für ihre Ernährung erreichen. Ein zweifelsohne sehr wichtiger Faktor ist die insgesamt überhaupt vorhandene Biomasse. Je nahrungsreicher bei gleicher Qualität ein Lebensraum ist, um so mehr Tiere können dort ihrer Nahrungssuche nachgehen. So sind beispielsweise mehr nahrungssuchende Gänse da zu finden, wo mehr fressbare Biomasse ist, und Rotschenkel findet man dort mehr, wo die Dichte an Wattkrebsen höher ist. Auch ist z. B. an nährstoffreichen, eutrophen Gewässern die Artenhäufigkeit und Dichte von Wasservögeln wesentlich höher als an nährstoffarmen Gewässern.

Frißt ein Individuum an einem bestimmten Ort oder fressen an einem solchen nahrungsreichen Ort viele Individuen, wird dieser auch zunehmend ausgebeutet. Zugleich kann die Aggregation vieler Individuen zu einer gegenseitigen Beeinflussung bei der Nahrungssuche führen. Für einen nahrungssuchenden Vogel stellt sich somit die Frage, wie lange es sich denn lohnt, an einem solchen Ort zu verweilen, und wann es besser ist, an einen anderen Ort zu wechseln, auch wenn dessen Nahrungsangebot nicht bekannt ist und es Zeit kostet, dorthin zu wechseln.

Bachstelzen fressen sehr gern Dungfliegen (Scotophagidae) an Kuhfladen. Kommt eine solche Bachstelze an einen Dunghaufen mit zahlreichen Fliegen, ist ihr dortiger Fangerfolg zunächst wegen des «Überraschungseffektes» sehr hoch, nimmt jedoch schon kurz danach rasch ab, da sich die Fliegen nun zerstreut haben. Folglich wird der Dunghaufen nun durch abnehmende Beutedichte immer weniger attraktiv. Nach durchschnitttlich etwa 13 s verließen Bachstelzen einen solchen Haufen, um einen anderen aufzusuchen, mit dann erneut hohem Erstfangerfolg. In den Beobachtungen zeigte sich weiterhin, daß diese Strategie des raschen Ortswechsels tatsächlich erfolgreicher ist als die Alternative, nämlich zu warten, bis die Fliegen aus ihren Grasverstecken wieder an den Dunghaufen zurückkehren.

Experimentell überprüft wurde das Wahlverhalten zwischen verschiedenen Futterplätzen mit Kohlmeisen. Kohlmeisen wurden in einer Voliere gehalten, in der an einem künstlichen Baum verschiedene Futternäpfe angebracht waren. Ein Teil der Futternäpfe war für die Meisen leicht zugänglich, der andere Teil dagegen nur schwer, da diese mit je einem Deckel abgedeckt waren, die die Meisen erst entfernen mußten, um an das Futter zu gelangen. Je länger die Meisen benötigten, die einzelnen Futterquellen zu erschließen (Transitzeit), umso länger war ihr Aufenthalt dort: An den «einfachen» Näpfen hielten sich die Meisen durchschnttlich 46 s auf, an den anderen dagegen 74 s. Dies bedeutet, daß dann, wenn die Kosten (der Aufwand) für das Erschließen einer Nahrungsquelle hoch sind, ein Futterplatz intensiver genutzt wird, als wenn die Kosten gering sind, wo der Vogel eher zum wiederholten Ortswechsel neigt. Bei gleicher Transitzeit wird ein Freßplatz umso rascher verlassen, je weniger profitabel seine Nahrung ist.

Zahlreiche Freilandbeobachtungen zur Ernährung von Vögeln belegen, daß das Beutespektrum, das gefressen wird, abhängig ist vom Lebensraum. Auch hierzu erlaubt uns das Modell der optimalen Ernährungsweise eine Vor-

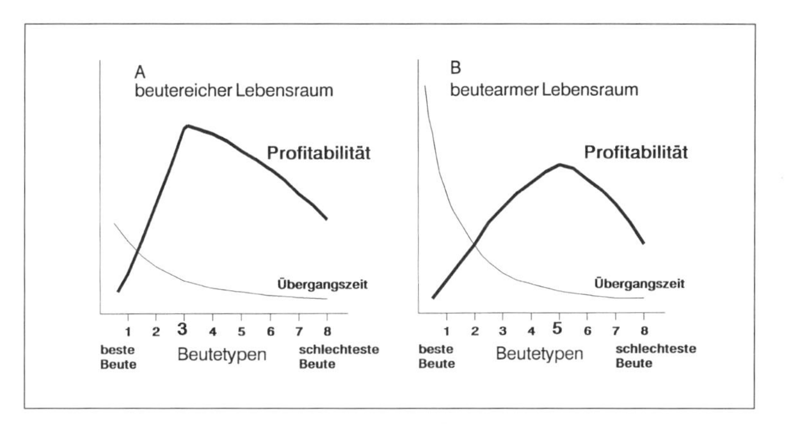

Abb. 1-38: Modell der Nahrungswahl in Lebensräumen mit unterschiedlichem Nahrungsangebot. Im beutearmen Lebensraum, wo lohnende Beute selten ist, enthält das optimale Beutespektrum mehr Beutetypen als im beutereichen Lebensraum (nach Krebs u. Davies 1981).

hersage (Abb. 1-38). In einem nahrungsreichen Lebensraum gibt es viel an profitabler wie wenig profitabler Beute (A). Bedingt durch die hohe Dichte an Nahrung ist die Zeit, die ein Vogel braucht, ein nächstes Objekt zu finden (Transitionszeit), jeweils gering, auch dann, wenn er recht selektiv frißt. Ein Optimum des Gewinns (Profitabilität) ergibt sich hier, wenn der Vogel nur die profitabelsten Objekte frißt. Anders dagegen ist es in einem weniger guten Nahrungsraum, mit einer damit geringen Dichte an der besonders profitablen Nahrung (B). Hier wäre selektives Fressen von nur den wenigen profitablen Beutestücken mit einer immensen zusätzlichen Suchzeit verbunden. Erst bei unselektiver Nahrungswahl verringert sich die Transitionszeit. Das Optimum der Profitabilität wird hier nur erreicht, wenn der Vogel gerade auch von der weniger profitablen Beute frißt. In einem «schlechten» Nahrungshabitat ist somit das Beutespektrum variabler als in einem «guten» Nahrungsraum.

1.2.4 Einzelgänger versus Gruppe

Ein einzeln nahrungssuchender Vogel wird bestrebt sein, seine Nahrung und seinen Nahrungsort situationsbedingt möglichst effizient zu wählen. An «profitablen» (nahrungsreichen) Plätzen wird es so unweigerlich zu einer Aggregation solcher Vögel kommen. Dies kann dann jedoch zu erheblichen Komplikationen für die Effizienz der Nahrungssuche führen.

Weißkopfseeadler beispielsweise können sich so in großer Zahl an besonders fischreichen, eisfreien Gewässern im Norden der USA konzentrieren. Bedingt durch ein gewisses Maß an Aggressivität nehmen mit zunehmender Anzahl anwesender Individuen die innerartlichen Auseinandersetzungen zu, mit der Konsequenz, daß dann der Jagderfolg des einzelnen Individuums rasch abnimmt. Sind z. B. 30 Seeadler gleichzeitig an einem solchen Gewässer, beträgt der Jagderfolg des einzelnen Adlers gerade noch etwa 20% seines Erfolges als Einzelgänger.

Einzelgänger bei der Nahrungssuche erfahren aber dort einen entscheidenden Nachteil, wo bei schwer vorhersagbaren Nahrungsquellen und/oder wechselnder Nahrungsqualität oft nach neuen Nahrungsgründen gesucht werden muß. Hier ist die Nahrungssuche in Gruppen von großem Vorteil, erhöht sie auch für das Einzeltier die Chance, überhaupt einen neuen Nahrungsplatz zu finden.

Einzelgänger bei der Nahrungssuche, d. h. solitär jagende Arten, sind vielfach solche, die sich von animalischer Kost ernähren, die meist, wie viele Insekten, nur in geringer Dichte vorkommt, gleichmäßig verteilt oder auch schwer zu fangen ist.

Anders dagegen ist dies bei den etwa 50% aller Vogelarten, die ihre Nahrung in **Schwärmen** suchen. Ihre Nahrung ist vielfach nicht gleichmäßig verteilt, sondern tritt geklumpt auf (z. B. Früchte, Sämereien), dort wo sich dann zwangsläufig eine große Zahl an Individuen einfindet. Die Art der Nahrung und ihre Verteilung hat somit einen großen Einfluß auf die Strategie der Einzeljagd im Verhältnis zur Schwarmjagd.

Daß sich dies sogar innerhalb eines Tages ändern kann, zeigt ein Beispiel der Bachstelze. Um Störeinflüsse auf die Dungfliegen durch andere Artgenossen zu minimieren, sind nahrungssuchende Bachstelzen vielfach streng territorial und verteidigen hartnäckig einzelne Dunghaufen. Hierdurch maxi-

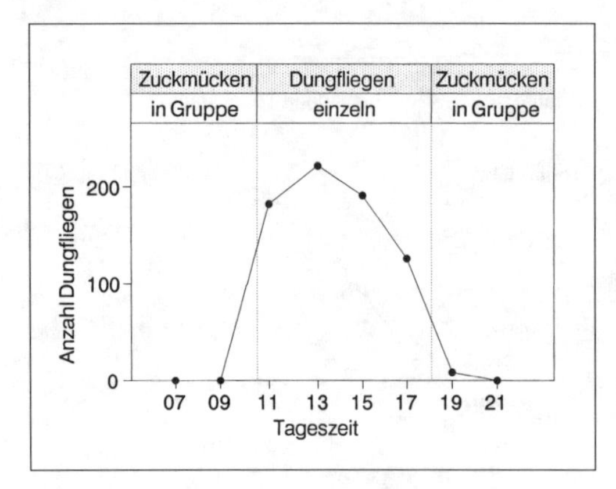

Abb. 1-39: Abhängigkeit des Sozialverhaltens nahrungssuchender Bachstelzen vom Angebot an verschiedener Beute (nach Davies 1977).

miert sich ihr eigener Jagderfolg in einem solchen Nahrungsterritorium. Das Festhalten an einem solchen Nahrungsrevier und die Verteidigung von Dungfladen ist aber nur solange sinnvoll, wie auf den Dunghaufen ausreichend Fliegen sind. Im Verlauf eines Tages sind nun Dungfliegen nicht immer verfügbar. Maximale Dungfliegendichte herrscht vom späten Vormittag bis späten Nachmittag (Abb. 1-39). Nur zu dieser Zeit sind die Bachstelzen territorial und gehen einzeln auf Nahrungssuche. Morgens und abends dagegen weichen die Bachstelzen auf Zuckmücken (Chironomiden) aus. Diese treten in großen Schwärmen an Gewässern auf, wo sie leicht von den Bachstelzen erbeutet werden. Bei

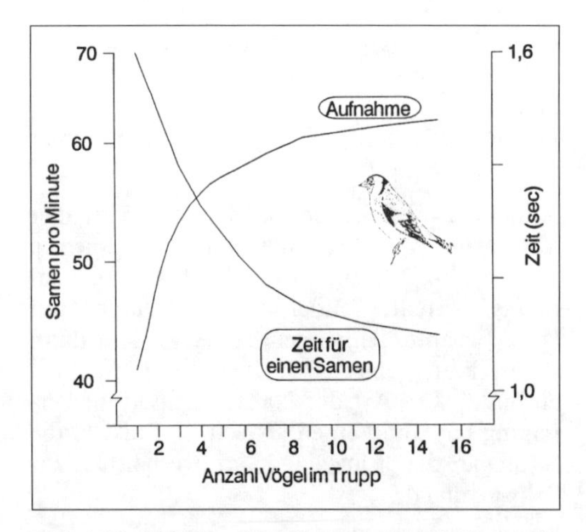

Abb. 1-40: Aufnahme von Samen beim Stieglitz in Abhängigkeit von der Truppgröße während der Nahrungssuche. Zunehmende Truppgröße verringert den individuellen Aufwand der Sicherung gegenüber Räubern und erhöht so die individuelle Effektivität der Nahrungsaufnahme (nach Glück 1986 und 1987).

der Jagd nach Chironomiden kommt es dann zu Ansammlungen gemeinsam jagender Bachstelzen.

Gemeinschaftliche Nahrungssuche ist bei vielen Vogelarten weitverbreitet. Trotz rascherer Ausbeutung von Nahrungsressourcen und gegenseitiger Beeinflussung bei der Nahrungssuche bietet die Nahrungssuche im Schwarm auch wichtige Vorteile.

Pelikane beispielsweise kreisen durch ihr synchrones Schwimmen in einem halboffenen Kreisverband Fischschwärme ein und sind so bei ihrer Fischjagd wesentlich effizienter als bei der Einzeljagd nach dieser schwimmenden Beute.

Ein wichtiger Aspekt ist, daß im Schwarm Beute oft leichter aufgestöbert werden kann als von einem Einzeltier. Gemeinsam nahrungssuchende Flamingos wirbeln mehr Nahrung vom Sediment ihrer Nahrungsgewässer auf und erhöhen so die Dichte an filtrierbaren Nahrungsobjekten (z. B. Kleinkrebsen). Auch das oftmals zu beobachtende gemeinsame «Fußtrampeln» vieler Gründelenten, z. B. Stockenten, gilt wohl besonders dem Aufstöbern von Nahrung. Gehäuft, aber zufällig verteilt vorkommende Nahrungsquellen können im Schwarm ebenfalls leichter entdeckt werden als bei Einzelsuche. Ein besonders interessanter Fall ist dabei das morgendliche Auskundschaften von Nahrungsplätzen bei überwinternden Bergfinken. Morgens verlassen zunächst kleine Trupps von Bergfinken den gemeinsamen Schlafplatz, um dann nach einiger Zeit zurückzukehren. Anschließend folgt die gesamte Schlafgemeinschaft einem dieser «Spähertrupps» zu einem gemeinsamen Nahrungsgebiet.

Nahrungssuche im Schwarm gilt aber vornehmlich als **Schutzverhalten** gegenüber Räuber.

Stieglitze gehen z. B. auf unkrautsamenreichen Ruderalflächen gern gemeinsam auf Nahrungssuche. Dabei kann ein Einzelvogel mehr Samen aufnehmen, wenn er sich in einer Gruppe befindet, da die Zeit, die er für die Aufnahme eines Samenkornes benötigt, geringer wird (Abb. 1-40). Erklärbar wird dies über das sog. **Wachsamkeitsverhalten**. Ein im Schwarm nahrungssuchender Stieglitz muß weniger oft seine Umgebung durch Aufblicken gegenüber einem möglichen Räuber (z. B. Sperber) sichern als ein Einzelgänger; eine Mehrzahl an Individuen ist zudem wesentlich aufmerksamer als ein Einzelvogel. Somit bleibt jedem einzelnen Vogel im Schwarm mehr Zeit für eine ungestörte Nahrungsaufnahme. Sein eigenes Risiko, einem Räuber zum Opfer zu werden, ist reduziert, da die Gesamtaufmerksamkeit der Gruppe erhöht ist. Räuber werden von einer solchen Gruppe früher erkannt, und der Jagderfolg des Räubers ist, bezogen auf das einzelne Schwarmmitglied, geringer. Doch die Schwarmgröße darf nicht zu groß werden. Mit zunehmender Schwarm-

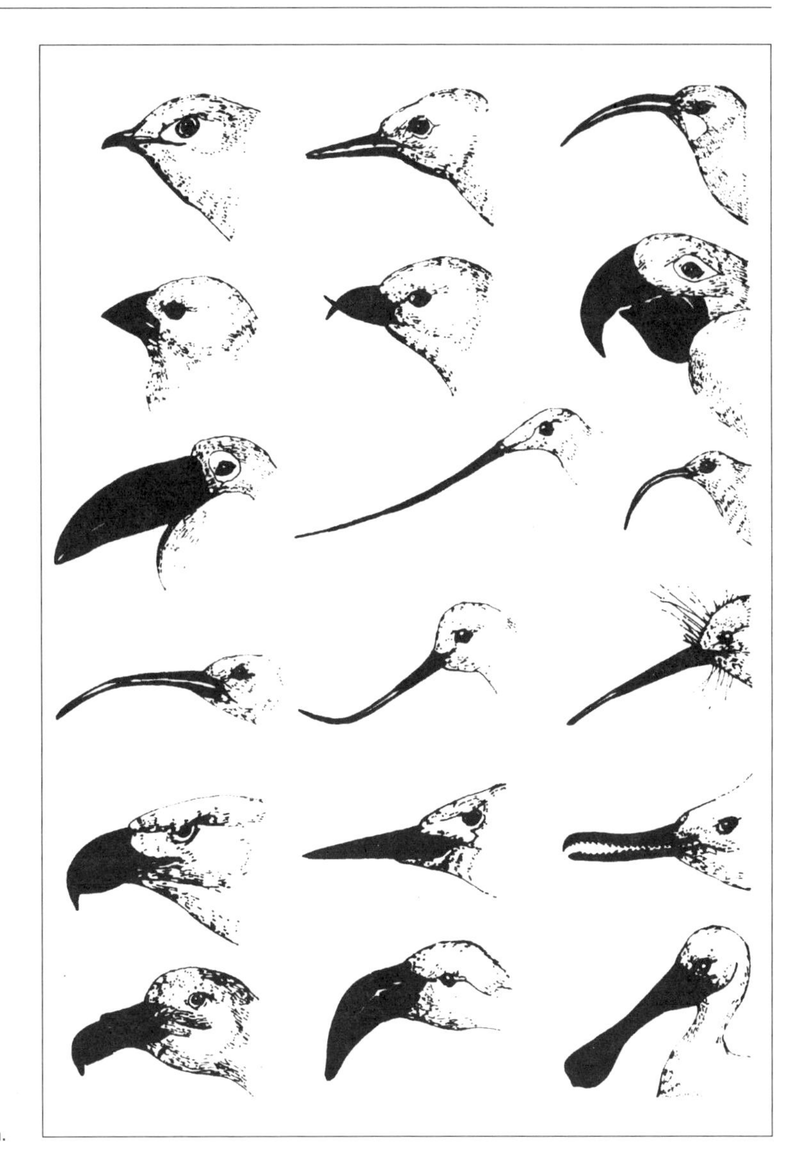

Abb. 1-41: Verschiedene Schnabelformen bei Vögeln.

größe steigen aggressive Auseinandersetzungen innerhalb der Gruppe, und es kann zu Konkurrenz um die Nahrung kommen, insbesondere bei Nahrungsknappheit. Bei gutem Nahrungsangebot ist die Zeit für die Nahrungsaufnahme auch in einem größeren Schwarm unabhängig von der Gruppengröße, wogegen bei geringem Angebot an Sämereien nahrungssuchende Stieglitze ihre höchste Effizienz erreichen, wenn sie in kleinen Trupps von 3–6 Individuen zusammen sind.

1.2.5 Schnabel – Instrument der Nahrungsaufnahme

Instrument der Nahrungsaufnahme ist der Schnabel. Nahrungswahl und Ernährungsweise sind damit entscheidend bestimmt vom Schnabelbau. Die Schabelform der Vögel ist sehr variabel. Nicht nur, daß sich die Vertreter ganz verschiedener Vogelfamilien vielfach grundlegend in ihrer Schnabelform unterscheiden (Abb. 1-41), auch innerhalb einer Vogelfamilie kann es zahlreiche Formvariationen geben.

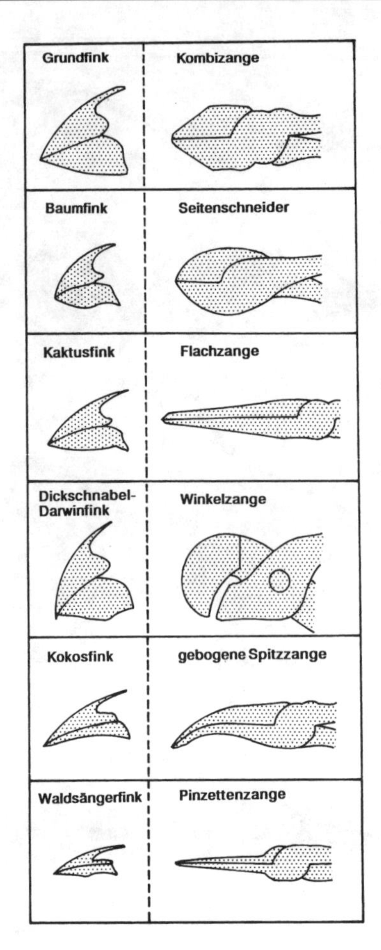

Abb. 1-42: Vergleich der Schnabelformen von Darwin-Finken mit technischen Zangen (nach Grant 1986 und 1991).

Die verschiedenen Schnabelformen und Schnabelgrößen sind dabei nichts anderes als der Ausdruck ganz unterschiedlicher mechanischer Eigenschaften desselben Instruments, ganz ähnlich den vielen verschiedenen Zangen, die wir im täglichen technischen Bereich verwenden (Abb. 1-42). Schnabelgröße und Schnabelform bestimmen die Erreichbarkeit von Nahrung.

So können Limikolen mit langen Schnäbeln tiefer im Boden sitzende Nahrung erreichen, kurzschnäblige dagegen nur solche nahe an oder auf der Bodenoberfläche. Auch die Größe der Nahrung ist durch Schnabelgröße und Schnabelbau bestimmt. Während die relativ kurzschnäbligen Birkenzeisige vornehmlich kleine Samen fressen, bevorzugen die dick- und großschnäbligen Kernbeißer die großen Sämereien (Abb. 1-43). Unter den Kreuzschnäbeln fressen die mehr feinschnäbeligen Bindenkreuzschnäbel an den zarteren Lärchenzapfen, die Kiefernkreuzschnäbel dagegen besitzen in Anpassung an die sehr hartschaligen Kiefernzapfen einen sehr kräftigen Schnabel, mit dem sie die Samenstände der Zapfen erreichen können. Fichtenkreuzschnäbel nehmen eine Mittelstellung ein. Auch die zahlreichen Insektenfresser weisen sehr feine Unterschiede im Schnabelbau auf, die ganz eng mit ihrer Vorzugsnahrung korrelieren.

Das wohl bekannteste Beispiel, wie die unterschiedlichen mechanischen Eigenschaften des Schnabels die Nahrungswahl beeinflussen, sind die **Galapagos-Finken** (Darwin-Finken). Aus nur einer Stammart hat sich hier über eine adaptive Radiation, eine Formenaufspaltung eines Grundtyps, eine Vielzahl an ganz unterschiedlichen Schnabelformen innerhalb ganz verwandter Arten etabliert (Abb. 1-44): vom dünnschnäbligen Insektenfresser, dem Waldsängerfink bis zum dickschnäbligen Verzehrer von besonders harten Sämereien, dem Großgrundfink.

Auch ist an diesen Darwin-Finken eindrucksvoll gezeigt, wie sich innerhalb einer Population enge Beziehungen zwischen Eigenschaften der Nahrung, dem Schnabelbau und der Nahrungswahl ergeben können. Auf der Galapagos-Insel Daphne kommen vom Mittelgrundfink sowohl dickschnäblige, große und kräftige Individuen vor wie gleichzeitig kleinere, dünnschnäbligere Vertreter. Während die großen Vertreter sowohl die großen harten Samen wie auch die kleinen weichen Sämereien fressen können, sind die kleinerer Formen auf kleine weiche Samen angewiesen, da sie nur diese effizient aufnehmen können.

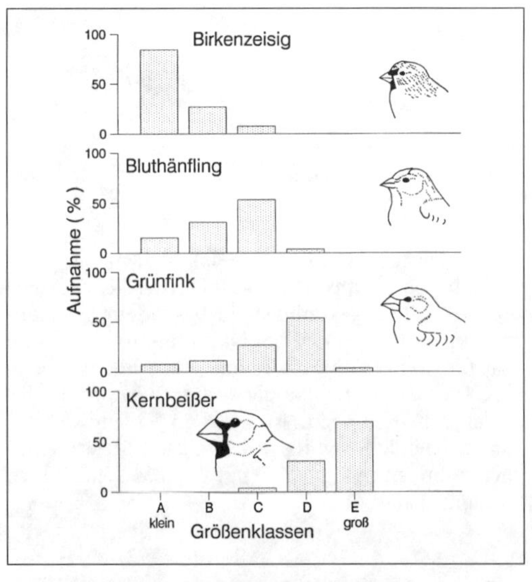

Abb. 1-43: Nahrungswahl von Finkenvögeln. A – E: verschiedene Größenklassen von Sämereien (nach Newton 1972).

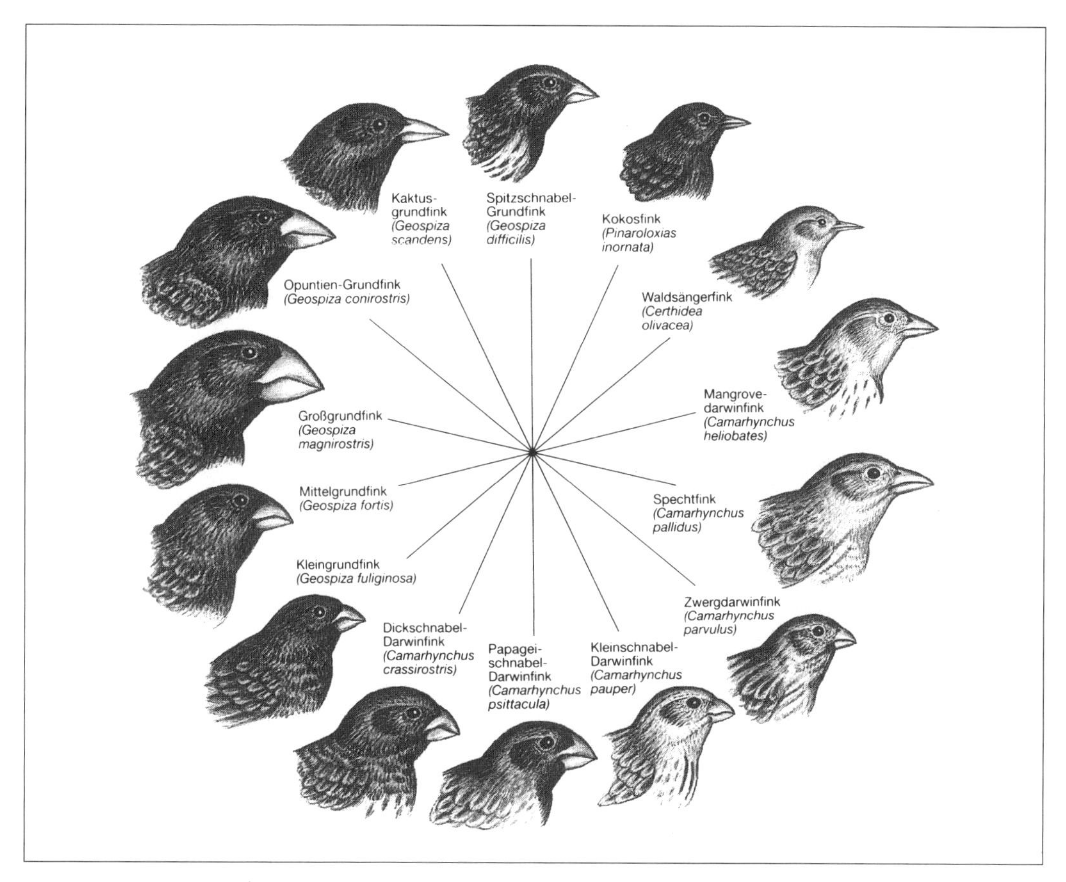

Abb. 1-44: Adaptive Radiation der Darwin-Finken auf den Galapagos-Inseln. Ausgehend von einer Stammform haben sich unter den Einflüssen des jeweiligen Lebensraumes unterschiedliche Schnabelformen entwickelt (aus Grant 1991; mit Genehmigung des Verlags).

In normalen, feuchten Jahren gibt es ein breites Angebot an kleinen weichen Sämereien. Anders dagegen ist dies in trockenen Jahren, wo es nur wenige weiche Samen gibt, dafür aber viele große und hartschalige. In solchen trockenen Jahren treten dann erhebliche Verluste unter den kleinen Vertretern auf, da sie mit ihren zarteren Schnäbeln keinen Zugriff auf die hartschaligen Samen haben. Die großen Formen dagegen sind kaum benachteiligt. Unter so wechselnden Umständen kann sich also die Häufigkeitsverteilung von Schnabelmorphen innerhalb einer Population recht rasch verändern, infolge einer gerichteten Selektion.

1.2.6 Verdauungstrakt – physiologische Anpassungen

Ort der Verdauung und der Resorption der aufgenommenen Nahrung ist vor allem der Magen, der Mitteldarm und der Enddarm. Bei Körnerfressern spielt zusätzlich der Kropf als Speicherorgan eine wichtige Rolle. Bei Insektenfressern ist er nur rudimentär vorhanden.

Je nach Nahrungstyp können Vögel über einen sehr muskulösen Kaumagen verfügen oder auch nur über einen sehr dünnwandigen Drüsen-Magen (z. B. Nektarfresser). Der Dünndarm ist im allgemeinen bei granivoren und herbivoren Arten sehr lang, bei insektivoren oder carnivoren Arten dagegen kürzer und am kürzesten bei Nektarfressern. Blinddärme, in denen Nahrung durch Gärung aufgeschlossen wird, sind besonders bei herbivoren Arten ausgeprägt, z. B. Gänsen, Rauhfußhühnern und Straußartigen, als besondere Anpassung an ihre schwer aufschließbare und nährstoffarme Kost (Abb. 1-45).

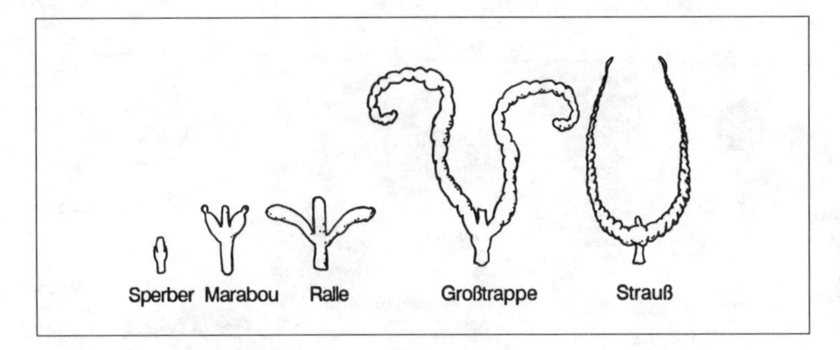

Abb. 1-45: Blinddärme verschiedener Vogelarten (nach McLelland 1989).

Der Magen-Darmtrakt ist nun aber keinesweg nur ein statisches Gebilde. Vielmehr zeigt er durchaus auffällige **adaptive Veränderungen**.

Bartmeisen besiedeln die großen Schilfflächen z. B. am Neusiedler See. Hier ernähren sie sich im Sommer vornehmlich von zahlreichen Insekten und nur gelegentlich von Sämereien. Anders dagegen ist dies im Winter (Oktober – März). Nun stehen den Bartmeisen im Schilf fast nur noch die Schilfsamen als Nahrung zur Verfügung, und so sind sie zu dieser Zeit auch weitgehend granivor (Abb. 1-46). Mit dieser jahreszeitlichen Umstellung in der Ernährung geht nun auch eine jahreszeitliche Umstellung im Magenaufbau einher. Während im Sommer der Magen recht klein und weichhäutig ist, und nur vereinzelt Magensteinchen vorkommen, ist der «Wintermagen» ein kräftiger Muskelmagen, der stark an Masse zugenommen hat und zahlreiche Magensteinchen zum Zerreiben der Sämereien enthält. Zudem ist die Innenauskleidung des Magens, das Keratinoidhäutchen, im Winter zu dicken, harten Reibeplatten umgebildet.

Ähnliches wurde auch am amerikanischen Braunkopfkuhstärling gefunden, bei dem mit zunehmendem Anteil an samenreicher Kost der Magen ebenfalls schwerer ist als bei nahezu ausschließlicher Insektennahrung. Beim Trauerseidenschnäpper ist der Magen im Sommer bei vielfältiger Beerennahrung etwa zweimal schwerer als im Winter, wenn nahezu ausschließlich Mistelbeeren gefressen werden.

Herbivore Gänse und Enten haben mit die längsten Mitteldärme, in Anpassung an ihre nur schwer aufschließbare pflanzliche Nahrung. Im Zuge der jahreszeitlichen Umstellung in der Ernährung (s. o.) kann auch die Dünndarmlänge erheblichen Variationen unterliegen. So haben im Frühjahr durch Nordamerika ziehende arktische Schneegänse einen wesentlich längeren Darm als zu anderen Jahreszeiten. Dies wird insbesondere damit in Verbindung gebracht, daß sie in Vorbereitung ihres Rückzuges in die noch schneebedeckten arktischen Brutgebiete zum einen geeignete Energievorräte (Fett) für den Flug anlegen müssen, zum anderen aber auch noch zusätzliche Reserven für das erste Ausharren nach der Ankunft in den Brutgebieten benötigen. Der für die Deposition solcher Körpervorräte hohe Nährstoffbedarf läßt sich mit einem längeren Dünndarm und der damit verbundenen erhöhten Verdauungs- und Resorptionskapazität der Nährstoffe besser erreichen.

Auch in Gefangenschaft gehaltene Stare weisen unter vegetabilischer Ernährung einen um etwa 20% längeren Dünndarm auf als bei animalischer Kost gehaltene Vögel.

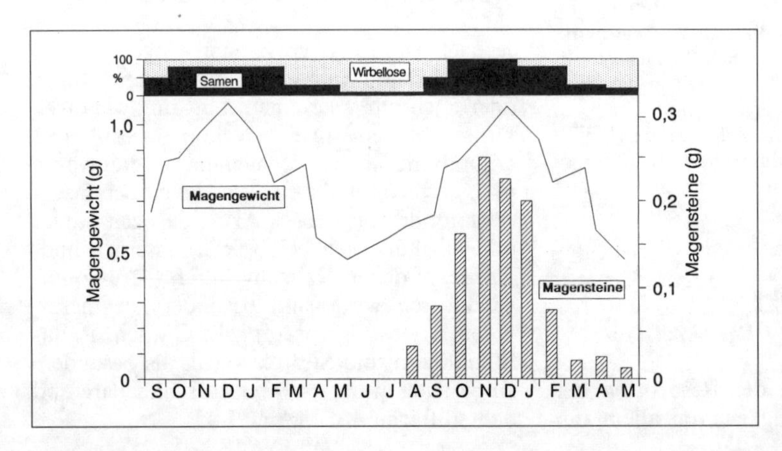

Abb. 1-46: Jahreszeitliche Verteilung vegetabilischer und animalischer Nahrung bei der Bartmeise und Veränderungen des Magengewichtes sowie das Auftreten von Magensteinen im Jahresablauf (nach Spitzer 1972).

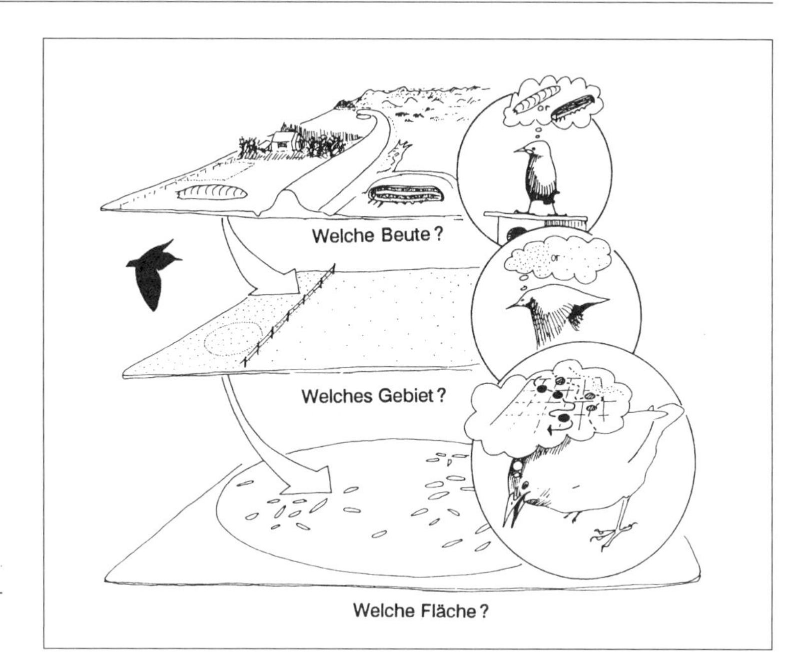

Abb. 1-47: Entscheidungsebenen für einen nahrungssuchenden Vogel (aus Tinbergen 1981).

Neben solchen morphologisch-anatomischen Anpassungen können ganz offensichtlich auch kurzfristige **physiologische Anpassungen** auftreten.

Gartengrasmücken, die auf Futter gehalten wurden, dem entweder nur wenig verdauliches Protein oder Fett beigemengt war, verloren zunächst rasch an Körpermasse, um anschließend bei gleichbleibend niedrigem Nährstoffgehalt wieder zuzunehmen. Erreicht wird dies vor allem durch eine kompensatorische Erhöhung der täglichen Nahrungsaufnahme.

1.2.7 Gibt es die optimale Ernährungsweise?

Zieht man ein Fazit, so zeigt sich, daß das Modell der optimalen Ernährungweise in seiner einfachsten Grundform (Maximierung des Energiegewinns, maximale energetische Profitabilität) wohl zu einfach ist, um die komplexen Ernährungsgewohnheiten wildlebender Tiere ausreichend zu erklären.

Möglicherweise ist es für viele Arten vorteilhafter, eher omnivore (polyspezifische) Ernährer (Generalisten im weitesten Sinn) zu sein, als hohe (Dauer)Spezialisten, die sich vielleicht nur von einem einzigen Nahrungstyp ernähren. Spezifische, saisonale Aspekte oder auch zeitlich wechselnde Ernährungsbedürfnisse mögen fakultativ durchaus zu einer hohen Spezialisierung führen. Damit könnten fallweise die Vorteile des Spezialisten gegenüber dem Generalisten nutzbar werden, nämlich höhere Effektivität in Suche und Handhabung, ohne eine gewisse Flexibilität aufzugeben. Im Lichte dieser hohen Flexibilität scheint die Frage nach der Einordnung der Vögel nach ganz bestimmten Ernährungstypen (z. B. Körnerfresser, Allesfresser, Nektarfresser, Insektenfresser u. a.) nur bedingt sinnvoll. Vielmehr gilt es, die spezifischen Umstände einer beobachteten Ernährungsweise zu berücksichtigen. Die Nahrungswahl und Ernährungsstrategie scheint dabei insbesondere einem differenzierten hierarchischen Entscheidungsprozess zu folgen, der die jeweils aktuellen Belange berücksichtigt.

So hat beispielsweise ein Star zunächst zu entscheiden, welche Beute er fressen möchte, anschließend wo er diese sucht und schließlich wie er sie sucht (Abb. 1-47). «Richtige» Ernährung ist somit mehr ein situationsbedingt flexibles als ein statisch modellhaftes Verhalten.

1.3 Habitatwahl

Die Beobachtung, daß eine bestimmte Vogelart nicht alle Lebensräume einer Landschaft besiedelt, sondern z. T. nur in ganz wenigen

Abb. 1-48: Luftbild der Fangstation «Mettnau» am Bodensee mit ihren verschiedenen Biotopen: A: geschlossene Gebüschzone aus vorwiegend Faulbaum; B: aufgelockerter Übergangsbereich zu C mit vorwiegend Faulbaum; C: Erlenbruchwald; D: lockere, grasdurchwachsene Gebüschzone mit «Savannencharakter»; E: Pfeifengras-Seggenzone; F: mittelhohes Schilf, nicht ständig im Wasser; G: Gebüsche auf einem natürlichen Strandwall des Bodensees; H: hohes Schilf an der Wasserkante (Aufnahme: G. Sokolowski; freigegeben vom Regierungspräsidium Freiburg und Nr. 38/1630–3; aus Bairlein 1981).

Bereichen vorkommt, ist trivial. Aber es ist wenig bekannt, wie diese Auswahl des besiedelten Lebensraumes erfolgt. Interessante Fragen zum Verständnis der Ökologie einer Art sind:

- Weshalb kommt eine Art nur in einem bestimmten Lebensraum vor?
- Welche Eigenschaften eines Lebensraumes mißt ein Vogel überhaupt?
- Welche Faktoren beeinflussen diese Lebensraumwahl?

Im folgenden werden Beispiele zur Habitatwahl von Vogelarten vorgestellt und daran allgemeine Prinzipien abgeleitet.

Habitat ist dabei der Lebensraum einer Art; das Habitat ist damit bestimmt von der Summe der abiotischen und biotischen Eigenschaften des Ortes für die betrachtete Art. Im Gegensatz dazu, wenn auch oft synonym verwendet, ist der Begriff **Biotop** zu verstehen, der die Lebensraumeigenschaften für eine Gemeinschaft verschiedener Arten, eine Biozönose, beschreibt.

Ganz allgemein ist die Habitatwahl bestimmt von den Eigenschaften des Ortes, den Strukturen für z. B. Nestanlage, Singplätze, Nahrungssuche und Schutz, dem Nahrungsangebot, den anderen Organismen, die in Konkurrenz um eine Habitatnutzung treten können, und auch von den anatomisch-morphologischen Eigenschaften der Individuen selbst.

Dabei muß die Analyse der Habitatwahl von Vogelarten in verschiedenen «Dimensionen» gesehen werden kann.

Der Schwarzspecht kommt in seiner **geografischen** Verbreitung selbstverständlich nur dort vor, wo es ausreichend Wälder gibt, in denen er entsprechende Nist- und Nahrungsräume vorfindet, und nicht z. B. auf großflächigen Grasländern oder in der Tundra. Innerhalb der Wälder trifft man ihn aber auch nicht überall an, sondern regional nur in den alten Laubmischwäldern, also dort, wo entsprechende Laubbäume zur Verfügung stehen. Doch auch innerhalb der Laubmischwälder ist sein Vorkommen lokal bestimmt von dem Vorkommen an geeignet dicken und alten Bäumen, und schließlich kann auch die Selektion nur eines ganz bestimmten Baumtypus (z. B. Buche) ein weiterer Schritt einer feinen Differenzierung der Habitatwahl sein (**Mikrohabitat**).

Eine differenzierte Betrachtung ist besonders bei der Untersuchung der Habitatwahl von

Zugvögeln erforderlich, die während ihres Zuges eine Reihe von Entscheidungen zu ihrer Habitatwahl treffen müssen.

Für die Analyse und Diskussion um die Habitatwahl von Vogelarten sollte also jeweils die betrachtete Dimension berücksichtigt sein: je grober die Skala, desto grober sind Aussagen zur Habitatwahl. Je detaillierter die Aussagen sein sollen, desto mehr müssen die differenzierten Habitatansprüche einbezogen werden.

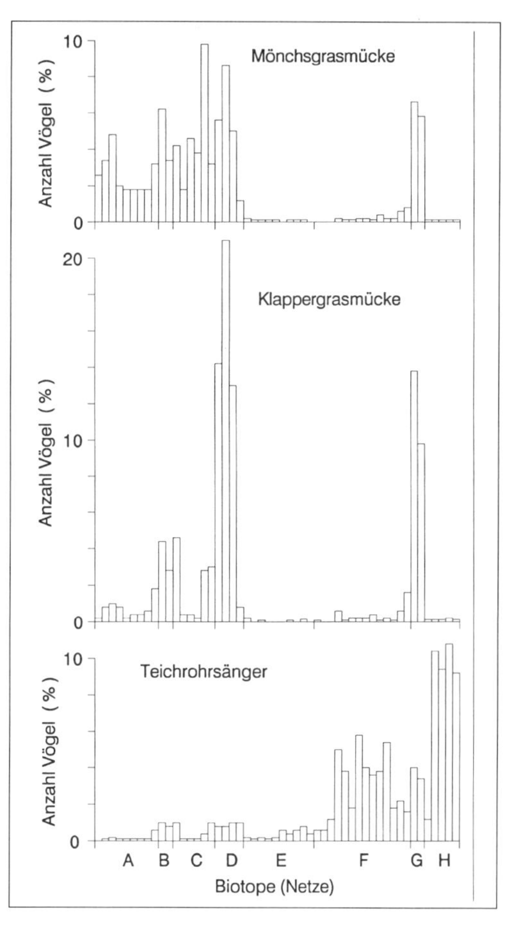

Abb. 1-49: Verteilung der Fänglinge rastender Kleinvögel am Bodensee über verschiedene Lebensräume (vgl. Abb. 1-48; nach Bairlein 1981).

1.3.1 Habitatwahl rastender Kleinvögel

Rastende Zugvögel sind nicht gleichmäßig über die einzelnen Lebensräume eines Rastgebietes verteilt, sondern zeigen ausgeprägte Habitatpräferenzen.

Dies verdeutlicht eine Analyse von durchziehenden Kleinvögeln auf der Mettnau-Halbinsel im Bodensee. Dort werden seit vielen Jahren während des Herbstzuges regelmäßig und in standardisierter Form rastende Kleinvögel mit Netzen gefangen, die in verschiedenen Lebensräumen aufgestellt sind (Abb. 1-48). Die gefangenen Kleinvögel der 40 näher untersuchten Arten verteilen sich aber nicht gleichmäßig auf die Netze. Vielmehr treten die einzelnen Arten nur in ganz bestimmten Netzabschnitten auf, mit einer hohen artspezifischen Stetigkeit von Jahr zu Jahr in nahezu immer ähnlicher Weise (Abb. 1-49). Bei der Klappergrasmücke beispielsweise fangen sich bis zu 30% der jährlichen Fänglinge in nur einem einzigen, 6 m breiten Netz innerhalb einer lockeren trockenen Zone mit einzelnen Weiden, Kiefern und einem Grasunterwuchs, ganz ähnlich einer «Savanne». Ein interessantes Beispiel ist auch die Blaumeise. Während der Zugzeit tritt sie bevorzugt gerade auch in der Schilfzone auf. Dieses Habitat unterscheidet sich grundlegend vom Habitat zur Brutzeit, wo Blaumeisen die verschiedensten Wälder besiedeln. Das zunehmende «Einwandern» solcher Blaumeisen in die Schilfflächen zur Zugzeit zeigt sich besonders in einer zeitlichen Analyse der Habitatwahl.

In Illmitz am Neusiedler See stehen solche Fangnetze in nur zwei verschiedenen Lebensräumen, zum einen in einem kleinen Wäldchen, zum anderen innerhalb des riesigen Schilfgürtels. Früh im Herbst werden dort die Blaumeisen vor allem in dem Wäldchen gefangen, später dagegen nahezu ausschließlich nur noch in der Schilfzone (Abb. 1-50). Es darf vermutet werden, daß es gerade das Nahrungsangebot ist, das die Blaumeisen zum Einwandern in die Schilfbereiche bewegt. In dem sich zunehmend über den Herbst entlaubenden Wäldchen wird das Angebot an Insekten rasch schlechter. Schilf dagegen

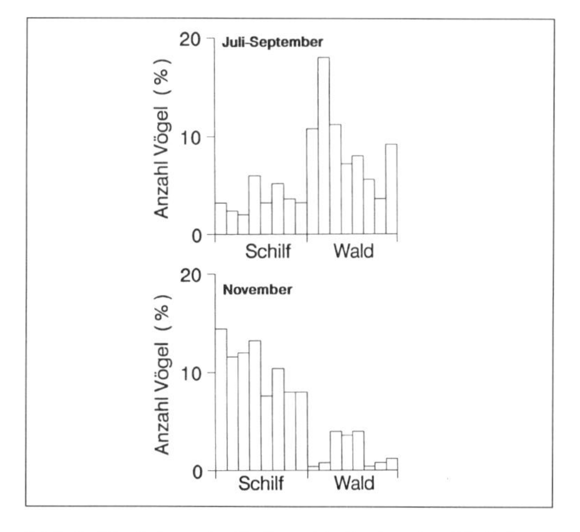

Abb. 1-50: Saisonale Unterschiede in der Verteilung von Blaumeisen am Neusiedler See (nach Bairlein 1981).

stellt den Blaumeisen dann eine wesentlich bessere Nahrungsgrundlage zur Verfügung, da viele Insekten dorthin zur Überwinterung einwandern bzw. in den Schilfhalmen überwintern.

Solche Verschiebungen in der Habitatwahl zeigen auch andere Arten. Mönchsgrasmücken wandern mit zunehmender Durchzugzeit immer mehr in die dichte Faulbaumzone sein, und Zilpzalpe werden später im Jahr zu einem nicht unerheblichen Anteil auch im Schilf gefangen. Wiederum kann hierfür das jeweilige Nahrungsangebot verantwortlich gemacht werden. Mönchsgrasmücken fressen zur herbstlichen Zugzeit sehr gern die Beeren des Faulbaumes. Diese sind in einer dichten Faulbaumzone länger reichlich verfügbar als außerhalb, wo die mehr einzelstehenden Büsche eher abgeerntet sind. Beim Zilpzalp dürfte es die Verfügbarkeit an Kleininsekten sein. Wie bereits erwähnt, nimmt das Insektenangebot in einem sich entlaubenden Wald oder Gebüsch im Herbst rasch ab, und spät durchziehende Individuen finden hier dann kaum mehr Insekten. Anders ist es dagegen im Schilf. Nicht nur, daß dorthin sogar manche Insektenarten einwandern, nicht wenige machen hier im Herbst auch noch einmal eine Vermehrung durch, wodurch das Insektenangebot im Schilf gegenüber der Gebüschzone wesentlich höher ist.

In all diesen Beispielen wird eine enge Beziehung zwischen Habitatwahl und dem jeweiligen Nahrungsangebot deutlich. Doch muß eine jahreszeitliche Umstellung in der Habitatwahl nicht nur damit zusammenhängen.

Rauchschwalben z. B. besiedeln zur Brutzeit Gebäude und Felsen und ernähren sich von Luftplankton. Auch zur Zugzeit ist dies ihre Nahrung. Doch nun besiedeln sie in großen Schwärmen die Schilfgebiete, weil sie nur hier die Strukturen für ihre großen gemeinsamen Schlafplätze finden. Auch wird an diesem Beispiel ein weiterer zeitlicher Wechsel in der Habitatnutzung deutlich: tags in der Luft, nachts im Schilf.

Ein anderes Beispiel tageszeitlicher Habitatwahl liefert uns wiederum die Analyse der Fangverteilung rastender Kleinvögel in Illmitz am Neusiedlersee.

In den frühen Morgenstunden fangen sich nur wenige Rotkehlchen im Schilf; sie halten sich noch überwiegend in benachbarten Gehölzen auf. Mit zunehmender Tageszeit wandern immer mehr Rotkehlchen ins Schilf ein, und am frühen Nachmittag wird die Mehrzahl im Schilf gefangen. Gegen Abend erfolgt dann wieder die Rückwanderung in die benachbarten Gehölzlebensräume. Dieses tageszeitlich unterschiedliche Auftreten in der Schilfzone bzw. dem Wäldchen ist wohl wiederum die Folge des unterschiedlichen Nahrungangebotes, jedoch beeinflußt von den anatomisch-morphologischen Fähigkeiten der Arten, sich dort auch energetisch günstig aufzuhalten. Schilf kann mit seinen vielen nahezu nur vertikalen Strukturen als «extremer» Lebensraum aufgefaßt werden. Horizontale Strukturen gibt es nur in der z. T. wenig ausgeprägten Krautschicht direkt über dem Wasser oder in der sehr dichten Knickschicht des Schilfes. Dieser Lebensraum erfordert, wie weiter unten noch gezeigt wird, ganz bestimmte Anpassungen im Körperbau (morphologische Anpassungen). «Buschvögel» wie Rotkehlchen, Blaumeise oder Zaunkönig und Zilpzalp scheinen diese Vorraussetzung nicht mitzubringen. In ihrem «normalen» Lebensraum herrschen horizontale Strukturen vor. So ist es also durchaus vorstellbar, daß diese «Waldvögel» einfach nicht gut genug angepaßt sind, um neben der Zeit der Nahrungsaufnahme im Schilf dort auch ihre Ruhezeiten zu verbringen. Sie wechseln tageszeitlich zwischen Nahrungs- und Ruheplätzen.

Dieses feine Wechselspiel zwischen anatomischen Grundlagen des Körperbaus (Morphologie) und der Habitatwahl soll am Beispiel einiger typischer Schilfbewohner, den Rohrsängern (*Acrocephalus*) und Schwirlen (*Locustella*) nun etwas genauer betrachtet werden.

1.3.2 Ökomorphologie

Rohrsänger und Schwirle besiedeln die Verlandungszonen an Gewässern. Solche Verlandungsgesellschaften weisen bei meist recht niedriger Vegetationshöhe nur eine geringe vertikale Strukturierung auf. Durch die Summierung an vielen vertikalen Elementen stellen sie einen extremen Lebensraum dar, der nur von wenigen Vogelarten genutzt wird, und trotz einer zeitlichen Entwicklung (Sukzession) und räumlichen Verschiebung besteht über lange Zeiträume ein beständiges Nebeneinander verschiedener Pflanzengesellschaften mit einem Gradienten abnehmender Feuchtigkeit mit zunehmender Entfernung vom Gewässerrand. Mit zunehmender Verlandung wird der Untergrund trockener und es siedeln sich z. B. zunehmend mehr Gebüsche an. Die Rohrsänger und Schwirle eroberten sich diesen Lebensraum durch spezifische Anpassungen im Körperbau, in der Fortbewegungsweise und im Nestbau.

Längs des Gradienten abnehmender Feuchtigkeit zeigen die verschiedenen Rohrsängerarten ganz un-

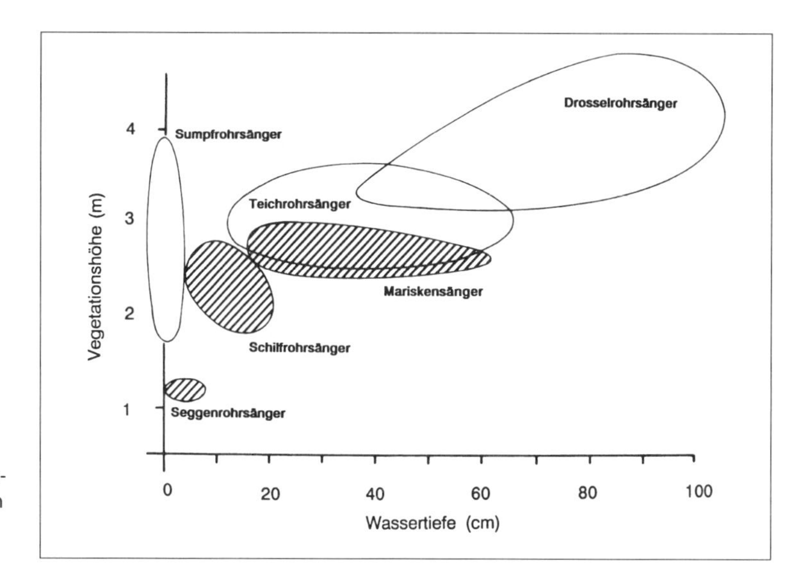

Abb. 1-51: Beziehung zwischen Wassertiefe und Vegetationshöhe in den Revieren von Rohrsängerarten (nach Leisler 1981).

terschiedliche horizontale Habitatselektion. Untersucht man die Standorteigenschaften in den Revieren der einzelnen Arten, so zeigt sich eine ausgeprägte Abhängigkeit zwischen ihrem Auftreten und der Vegetationshöhe sowie Wassertiefe (Abb. 1-51). Jede der Arten findet sich vorwiegend in ganz bestimmtem Pflanzenwuchs. Hohes, im Wasser stehendes Schilf bevorzugt der Drosselrohrsänger, der Seggenrohrsänger dagegen besiedelt niedrige Bereiche mit geringer Wassertiefe. Den trockensten Habitat wählt der Sumpfrohrsänger. Kaum Überlappung in den Revieren gibt es dabei innerhalb der sog. einfarbigen bzw. innerhalb der gestreiften Rohrsänger; deutliche Überlappung aber besteht zwischen Mariskensänger und Teichrohrsänger. Die drei einfarbigen Rohrsänger (Drossel-, Teich-, Sumpfrohrsänger) besiedeln vornehmlich an vertikalen Elementen reiche Zonen, die drei gestreiften Arten (Schilf-, Seggenrohrsänger, Mariskensänger) dagegen sind mehr Bewohner des dichteren Unterwuchses.

Eine wichtige Basisanpassung an die Besiedlung eines Lebensraums ist die **Nestanbringung**.

Während die einfarbigen Rohrsänger ihre Nester kunstvoll zwischen vertikale Trägerhalme flechten

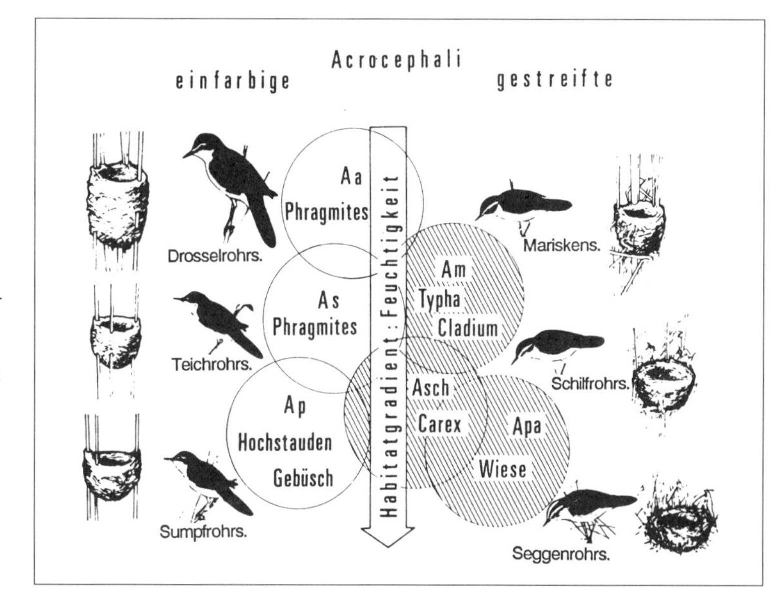

Abb. 1-52: Die ökologische Sonderung der 6 mitteleuropäischen Rohrsängerarten durch unterschiedliche horizontale Habitatselektion (Kreise) entlang eines Habitatgradienten (Pfeil) abnehmender Feuchtigkeit von seeseitig (oben) nach landwärts (unten), sowie typische Nestanbringungen der einzelnen Arten (aus Leisler 1977).

Abb. 1-53: Sitzhaltung eines einfarbigen Rohrsängers auf weitgehend vertikalen Unterlagen. Beachte die Lage des unteren Stemmbeines (aus Leisler 1977).

(z. B. Schilfhalme, Stengel von Brennesseln oder anderen Hochstauden), setzen die gestreiften Rohrsänger ihre Nester generell mehr auf Unterlagen auf und «stecken» sie in die Vegetation (Abb. 1-52).

Die zweite entscheidende Anpassung ist die Fähigkeit zur **Bewegung an vertikalen Halmen** und Stengeln. Nach theoretischen Überlegungen sollten Vögel ohne einen typischen Stützschwanz (wie ihn z. B. Spechte, Kleiber oder Baumläufer aufweisen) sich dann an senkrechten Halmen günstig bewegen können, wenn sie über lange, stark beugbare Beine, lange Hinterzehen und starke Krallen verfügen.

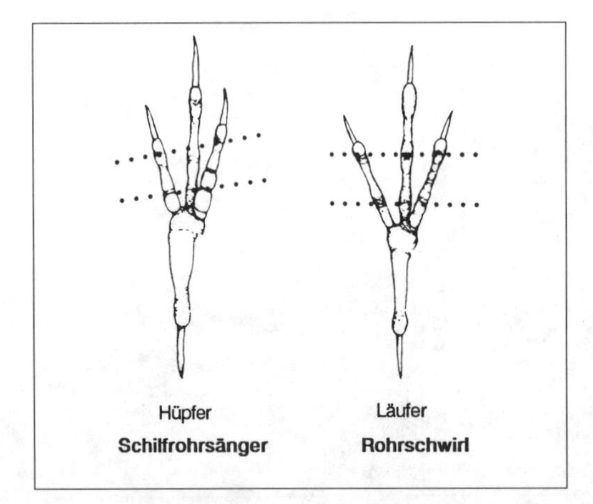

Abb. 1-54: Fußsohle und Verlauf der Achsen zwischen den Zehengliedern (punktiert) beim Schilfrohrsänger und beim Rohrschwirl (nach Leisler 1977).

Die Sitzhaltung eines einfarbigen Rohrsängers (z. B. Teichrohrsänger) an einem senkrechten Halm verdeutlicht diesen Zusammenhang (Abb. 1-53). Die Füße setzen an unterschiedlichen Punkten an. Während das untere Bein als Stemmbein stark gestreckt ist, ist das obere Bein stark gebeugt. Damit gelangt der Schwerpunkt so nah wie möglich über den Kontaktpunkt des Stemmbeins mit der Unterlage, und eine stabile Sitzhaltung ist erreicht.

Vergleicht man nun die morphologischen Eigenschaften der Hinterextremität (Bein und Fuß) der verschiedenen Rohrsänger, so zeigt sich, daß die einfarbigen Rohrsänger als sog. Klammerer an Vertikalelementen tatsächlich relativ längere Beine haben als die gestreiften Arten, die als Unterwuchsbewohner mehr die Eigenschaften von Kraxlern aufweisen.

Noch deutlicher wird dieser Zusammenhang, wenn wir die den Rohrsängern ökologisch nah verwandten Schwirle einbeziehen. Die Schwirle besiedeln dichte Bodenvegetation. In diesem dichten Lebensraum schränken die Schwirle den Gebrauch ihrer Flügel weitgehend ein; sie erschlossen sich die dichte Bodenvegetation durch Laufen. Entsprechend ausgeprägt sind ihre Bein- und Fußmerkmale. Verglichen zu den Rohrsängern sind ihre Beine relativ viel kürzer, und als typische Läufer sind bei ihnen die Gelenke so zwischen den Zehengliedern angeordnet, daß die Rollachsen nahezu senkrecht zur Laufrichtung liegen (Abb. 1-54). Daher kann der Fuß stets über eine recht breite Stützfläche abgerollt werden. Eine weitere Anpassung an die spezifischen Habitatstrukturen erfolgte über die Art der Laufbewegung. Während der sich mehr hüpfend fortbewegende Rohrschwirl mit breiter Schrittbreite läuft, setzen Feldschwirl und Schlagschwirl ihre Füße nahezu geradlinig voreinander. Damit erreichen sie

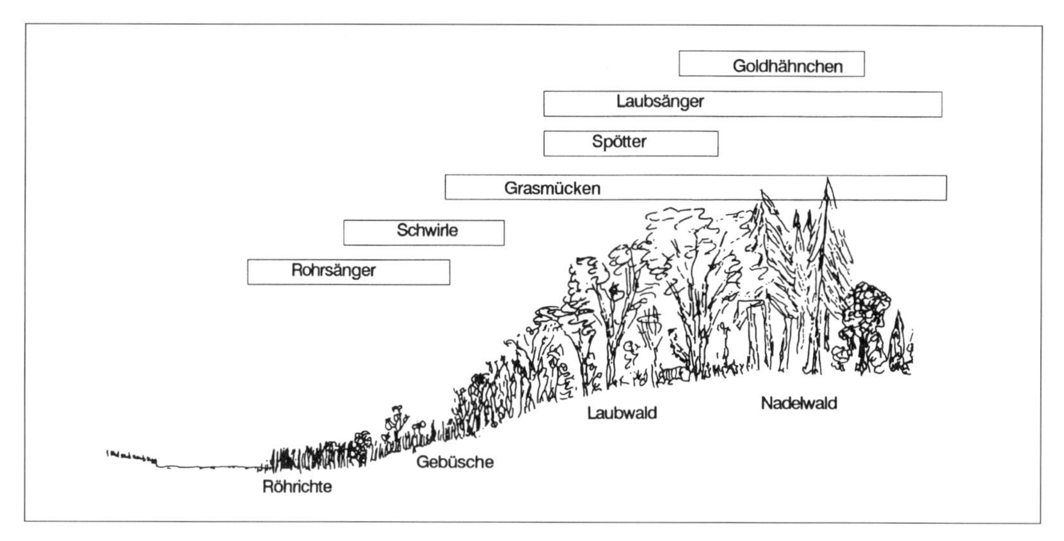

Abb. 1-55: Grob schematische Habitatwahl europäischer Sylviiden (nach Cody 1985).

beim Laufen extreme Kriechstellungen bzw. können langsam schleichen, was in ihrem dichten Lebensraum sehr vorteilhaft ist.

Möchte man die komplexen Beziehungen zwischen Körperbau und Ökologie analysieren, steht man vor dem Problem, daß viele Körpermaße in einer engen Beziehung zueinander stehen. Ähnlichkeitsbeziehungen zwischen Arten sind damit nur schwer in einfacher Form auszumachen. Einen Ausweg schafft hier das statistische Verfahren der sog. **Hauptkomponentenanalyse**. Hauptkomponentenanalysen extrahieren aus den vielen ursprünglich gemessenen Merkmalen (z. B. an Lauf und Fuß, an Schnabel oder Flügel) wenige sog. Faktoren (Hauptkomponenten), indem sie die Information der ursprünglichen Merkmale zu «neuen» Faktoren kombinieren. Aus der Korrelation dieser «Hauptkomponenten» zu den ursprünglichen Merkmalen sind diese Hauptkomponenten dann ohne einen wesentlichen Informationsverlust funktionsmorphologisch interpretierbar. Auch können diese «Faktoren» in den ursprünglichen Daten nicht sichtbare Beziehungen und Ähnlichkeiten aufdekken.

Als Beispiel hierfür soll die ökologische Bedeutung der Lauf- und Fußmorphologie der Gruppe der Zweigsänger vergleichend betrachtet werden. Sie besiedeln in Europa eine breite Palette verschiedener Lebensräume (Abb. 1-55) und sind nah verwandt. An insgesamt 25 Arten wurden je 10 morphologische Merkmale des Funktionskomplexes «Fuß» untersucht. Hieraus extrahierte eine Hauptkomponentenanalyse zwei Faktoren, die Hauptkomponenten (Faktoren) I und II.

Faktor I zeigt dabei eine hohe negative Korrelation mit der Fußgröße, mit der Länge der Hinterzehe, der Länge der Außenkrallen, besonders der hinteren Kralle, und der Beckenbreite. Funktionell kann diese Merkmalskombination gedeutet werden als sog. «Vertikalfußfaktor». Hohe Werte in diesem Faktor erreichen deshalb die Arten, die am wenigsten zum Vertikalklettern befähigt sind, wie Gartengrasmücke, Mönchsgrasmücke oder auch Wald- und Berglaubsänger. Die geringsten Werte zeigen die Rohrsänger mit den besten Kletterfähigkeiten. Zwischen diesen beiden Gruppen finden wir Arten aus Habitaten mit vielfältigen horizontalen Strukturen, auf denen sich die Vögel vorwiegend laufend fortbewegen.

Faktor II dagegen korreliert besonders mit der Länge der Innenzehe und der Länge der mittleren Kralle und ist als «Standfußfaktor» aufzufassen. Geringe Werte zeichnen Arten aus, die besonders gute Läufer sind, unter den Sylviidengattungen damit gerade die Schwirle.

Die beiden Faktoren I und II spannen einen neuen Merkmalsraum auf, in dem nun die Stellung der einzelnen Arten betrachtet werden kann (Abb. 1-56). Sowohl zwischen den verschiedenen Gattungen wie auch innerhalb der einzelnen Gattungen läßt sich eine deutliche Trennung und weitere Differenzierung (Spezialisierung) erkennen. Der Rohrschwirl, der sich meist hüpfend fortbewegt, zeigt unter den Schwirlen die geringsten Läufereigenschaften und ist mehr in Richtung der Rohrsänger differenziert. Umgekehrt zeigt der Seggenrohrsänger

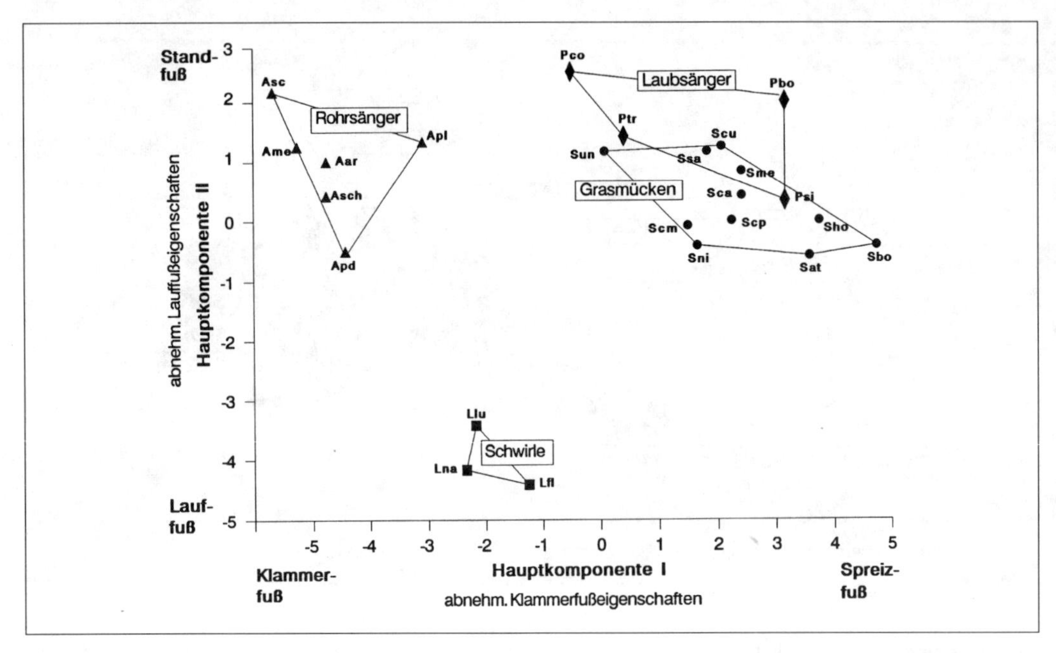

Abb. 1-56: Hauptkomponentenanalyse des Funktionskomplexes «Hinterer Bewegungsapparat» europäischer Rohrsänger-, Schwirl-, Grasmücken- und Laubsänger-Arten. Abkürzungen: **Rohrsänger**: Aar: *Acrocephalus arundinaceus* Drosselrohrsänger, Ame: *A. melanopogon* Mariskensänger, Apd: *A. paludicola* Seggenrohrsänger, Apl: *A. palustris* Sumpfrohrsänger, Asch: *A. schoenobaenus* Schilfrohrsänger, Asc: *A. scirpaceus* Teichrohrsänger; **Schwirle**: Lfl: *Locustella fluviatilis* Schlagschwirl, Llu: *L. luscinoides* Rohrschwirl, Lna: *L. naevia* Feldschwirl; **Laubsänger**: Pbo: *Phylloscopus bonelli* Berglaubsänger, Pco: *P. collybita* Zilpzalp, Psi: *P. sibilatrix* Waldlaubsänger, Ptr: *P. trochilus* Fitis; **Grasmücken**: Sat: *Sylvia atricapilla* Mönchsgrasmücke, Sbo: *S. borin* Gartengrasmücke, Sca: *S. cantillans* Weißbartgrasmücke, Scu: *S. curruca* Klappergrasmücke, Scm: *S. communis* Dorngrasmücke, Scp: S. conspicillata Brillengrasmücke, Sho: *S. hortensis* Orpheusgrasmücke, Sme: *S. melanocephala* Samtkopfgrasmücke, Sni: *S. nisoria* Sperbergrasmücke, Ssa: *S. sarda* Sardengrasmücke Sun: *S. undata* Provencegrasmücke (nach Leisler u. Winkler 1985).

als Bewohner niedriger Verlandungsvegetation eine Differenzierung seines hinteren Bewegungsapparates in Richtung der Schwirle. Dennoch bleiben beide Arten recht nah an die Eigenschaften ihrer Gattung gruppiert.

Ein anderes Beispiel ist der Zilpzalp. Zwar eine typische gebüschbewohnende Art, zeigt er aber unter den Laubsängern die besten Klammerfußeigenschaften. Dies entspricht auch seiner Bewegungsweise, bei der er sich oft an dünnste Zweige klammert. Diese Differenzierung in der Fußmorphologie in Richtung der Rohrsänger mag dann auch erklären, weshalb gerade Zilpzalpe als einzige der heimischen Laubsänger in der Lage sind, zur Zugzeit Schilfgebiete als Nahrungsraum zu nutzen (siehe oben).

Aus diesen Beispielen wird deutlich, wie eng die Habitatwahl von Vogelarten mit ihren morphologisch-anatomischen Eigenschaften verknüpft ist, und daß körperbauliche Anpassungen von der stammesgeschichtlichen Position der Art mitbestimmt werden. Spezifische Anpassungen an ein Habitat können die Fähigkeit, sich in einem anderen Lebensraum adäquat (d.h. energetisch günstig) aufzuhalten, erheblich beeinflussen, sei es, daß sie den Aufenthalt in einem anderen Habitat einschränken, sei es aber auch, daß sie einer Art eine flexiblere Habitatwahl erlauben.

1.3.3 Ist Habitatwahl angeboren?

Oft diskutiert ist die Frage, ob die Habitatwahl von Tierarten vornehmlich genetisch fixiert oder «Erfahrung» ist. Betrachtet man nochmals die Habitatverteilung von auf der Mettnau-Halbinsel im Bodensee während des Herbstzuges gefangener Kleinvögel, so zeigt sich, daß die Fangmuster eine von Jahr zu Jahr sehr hohe Formkonstanz aufweisen. Dies ist um so erstaunlicher, als jedes Jahr etwa 2/3 der gefangenen Vögel Jungvögel sind, die zuvor mit diesem Rastgebiet keine Erfahrung sammeln konnten. Insbesondere gilt dies für die Arten, die während ihrer Rast im Durchzugsgebiet andere Habitate nutzen als im Brutgebiet (z. B. Blaumeisen). Hier darf vermutet werden, daß wesentliche Komponenten der Habitatwahl genetisch bestimmt sind.

Daß jedoch auch Erfahrung eine gewisse Rolle spielen kann, zeigt ein Vergleich der Habitatwahl von Jung- und Altvögeln. Während bei den meisten der auf der Mettnau untersuchten Arten die Jungvögel eine variablere Habitatwahl treffen, ist die Habitatselektion bei den erfahrenen Altvögeln wesentlich präziser.

Wirklich prüfen läßt sich die Frage nach dem Ausmaß der genetischen Fixierung der Habitatwahl nur an in Gefangenschaft unter kontrollierten Untersuchungsbedingungen gehaltenen Vögeln.

Blaumeisen bevorzugen im Freiland hauptsächlich breitblättrige Laubbäume, Tannenmeisen dagegen vorwiegend Nadelbäume. Auch in Gefangenschaft zeigten Wildfänge von Blau- und Tannenmeisen diese Substratwahl (Abb. 1-57). In einem weiteren Versuch wurden nun Nestlinge der beiden Arten ohne jeglichen Kontakt zu ihren natürlichen Substraten handaufgezogen. Anschließend hatten sie die Wahlmöglichkeit, sich entweder an Eichen- oder an Kiefernzweigen aufzuhalten. Beide Arten zeigten eine eindeutige Bevorzugung: Blaumeisen bevorzugten vor allem die Laubzweige, Tannenmeisen dagegen vornehmlich die Nadelzweige.

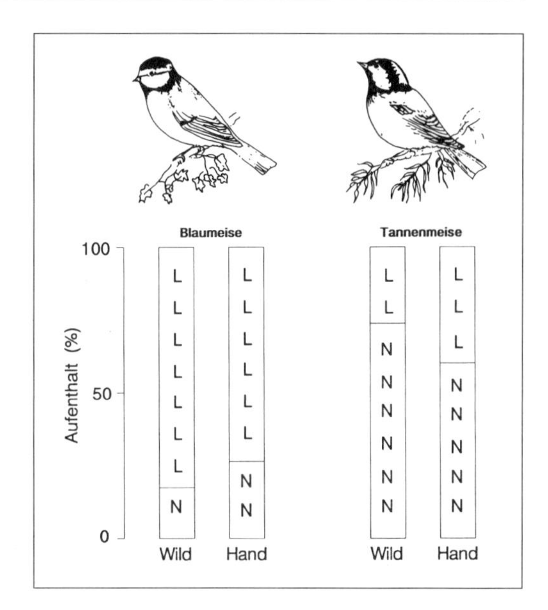

Abb. 1-57: Habitatwahl von Blaumeisen und Tannenmeisen. Bei beiden Arten unterschied sich die Habitatwahl handaufgezogener, unerfahrener Jungvögel in Volieren nicht von den Wildfängen. Erfahrene wie unerfahrene Blaumeisen wählten vornehmlich Laubzweige, Tannenmeisen dagegen vornehmlich Nadelzweige (nach Partridge in Krebs u. Davies 1981).

Demnach ist bei beiden Arten die Habitatwahl genetisch vorbestimmt. Ein **genetisch fixiertes Grundmuster** einer Habitatwahl bedeutet nun aber nicht, daß nicht auch Erfahrung modifizierend eingreifen kann.

Ein Beispiel hierfür liefert die Misteldrossel. Noch zu Beginn dieses Jahrhunderts war die Misteldrossel ein typischer Vogel des Nadelwaldes. In den 20er-Jahren setzte dann ein vermehrtes Brüten in Laubbäumen von Parkanlagen ein mit einer anschließend raschen Ausbreitung der Art. Ursache hierfür ist wohl, daß die Jungvögel für ihre spätere Brut besonders die Habitate aufsuchten, die ihren Geburtshabitaten am ähnlichsten waren, und sich so rasch die Parkanlagen erobert haben.

Diese Früherfahrung von Jungvögeln als Faktor der Habitatwahl ist auch in Gefangenschaft gezeigt. Wie erwähnt, zeigen Tannenmeisen, die ohne Vegetationserfahrung aufwachsen, eine sehr starke Präferenz für Koniferen gegenüber Laubzweigen. Trotz dieser ausgeprägten erfahrungsunabhängigen Koniferen-Präferenz ist jedoch die Jugenderfahrung ein entscheidender Faktor für die spätere Habitatwahl der Tannenmeise. Durch das Entstehen einer Bindung an den Vegetationstyp, in dem die Versuchsgruppen aufwachsen, wird die genetische Prädisposition überdeckt.

Wurden junge Tannenmeisen in einem für sie untypischen Laubhabitat aufgezogen, wählten sie in der Wahlsituation vorwiegend Laubzweige (Abb. 1-58). Sogar dann, wenn die Tannenmeisen in einem reinen Kunsthabitat mit Sitzstangen aber ohne Pflanzen aufwuchsen, präferierten sie im Wahlversuch dieses künstliche Habitat. Dabei ergab sich, daß es für die Ausbildung dieser Bindung an das Aufzuchtshabitat bei jungen Tannenmeisen ausreichend ist, wenn sie nur visuellen Kontakt mit den Habitatstrukturen haben. Wurden den jungen Tannenmeisen die Habitatstrukturen nur hinter einer Glasscheibe angeboten, wählten sie dennoch vornehmlich nur dieses optisch erfaßte Habitat. Eine direkte Nutzung der Habitatstrukturen ist nicht erforderlich.

Dieses Beispiel zeigt, daß Erfahrung während der Jugendentwicklung die spätere Habitatwahl durchaus beeinflussen kann. Allerdings gibt es erhebliche artspezifische Unterschiede, die von den spezifischen Eigenschaften eines Habitats abhängen.

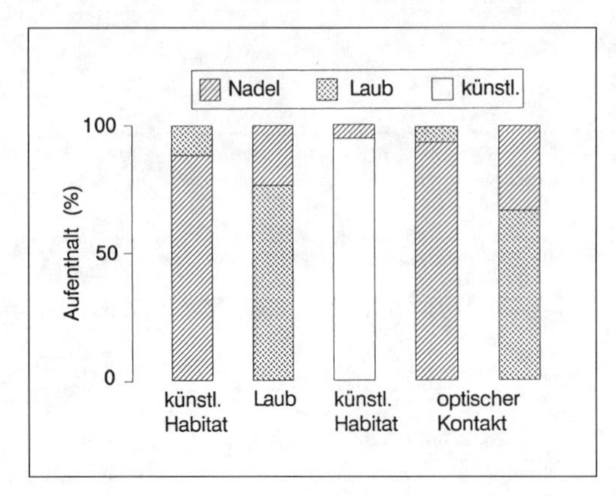

Abb. 1-58: Habitatwahl von Tannenmeisen mit unterschiedlicher Vegetationserfahrung. Die Symbolik in den Säulen gibt die Wahlsituation wieder, die Angaben unter den Säulen beschreiben die Aufzuchtbedingungen. Künstliches Habitat: reich strukturiertes Kunsthabitat aus Sitzstangen und anderen Strukturen aber ohne Pflanzen; Laub: Habitat mit 3 verschiedenen Laubpflanzen; optischer Kontakt: in ihrem künstlichen Habitat ohne Pflanzen wurden den Vögeln Nadel- bzw. Laubzweige hinter Glasscheiben geboten, so daß die Vögel die Pflanzen zwar sehen und die Pflanzenstrukturen visuell erfahren, die Pflanzen selbst aber nicht erreichen und somit nicht manipulativ explorieren konnten (nach Grünberger u. Leisler 1993).

Teichrohrsänger besiedeln die Schilfröhrichte an Gewässern. Die vielen vertikalen Halme und hohe Gleichförmigkeit machen diesen Lebensraum zu einem «extremen» Lebensraum, der spezielle morphologische, ethologische und physiologische Anforderungen an den dort lebenden Organismus stellt, z. B. eine hohe Spezialisierung in der Morphologie der Hinterextremität (s. oben). Für Untersuchungen zum Habitatwahlverhalten junger Teichrohrsänger wurden Nestlinge unter verschiedenen künstlichen Bedingungen handaufgezogen und anschließend auf ihr Wahlverhalten geprüft. Gruppe 1 erhielt nur senkrechte, Gruppe 2 nur waagerechte Sitzstangen und Gruppe 3 ein Mischhabitat aus senkrechten und waagerechten Sitzstangen. Im folgenden Wahlversuch, in dem die Teichrohrsänger zwischen zwei Habitatvolieren mit senkrechten bzw. waagerechten Sitzstangen wählen konnten, präferierten sie immer eindeutig die senkrechten Sitzstangen, auch dann, wenn Futternäpfe zwischen die waagerechten Sitzstangen gehängt waren. Über die jeweils dreitägige Versuchsdauer nutzten die jungen Teichrohrsänger das senkrechte Substrat zunehmend stärker, bedingt durch Erfahrung mit der Versuchssituation. Demnach ist die Habitatnutzung junger Teichrohrsänger bestimmt von einer ausgeprägt genetisch fixierten («angeborenen») Präferenz für das artgemäße, senkrechte Substrat. Eigenerfahrung bei der Nutzung der verschiedenen Substrate kann diese «angeborene» Präferenz zusätzlich verstärken.

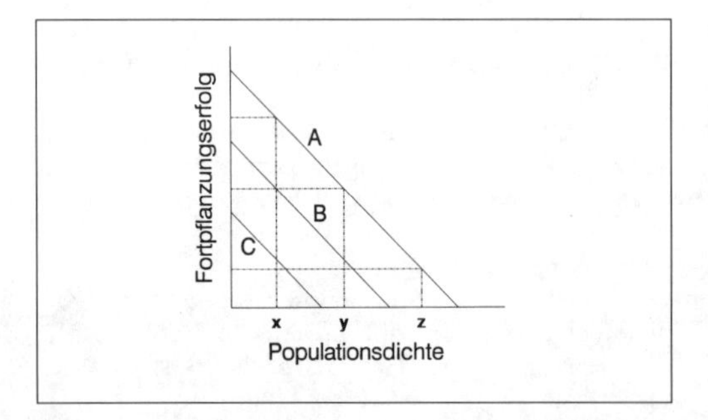

Abb. 1-59: Einfaches Modell der Habitatwahl. Mit zunehmender Populationsdichte im optimalen Habitat A nimmt dessen Attraktivität (Fortpflanzungserfolg) ab und die suboptimaler Habitate (B, C) zu. Bei geringer Dichte (x) wählen alle Individuen Habitat A, bei hoher Dichte (z) werden alle 3 Habitate besiedelt (nach Krebs 1985).

1.3.4 Ein Modell zur Habitatwahl

Bei der Interpretation der Habitatwahl von Tierarten gehen wir von der Annahme aus, daß ein Vogel sein Habitat so wählt, daß dort seine Überlebenschance oder sein Fortpflanzungserfolg maximiert werden, d. h. daß seine Habitatwahl adaptiv ist. Wie die Wahl zwischen verschieden guten Habitaten erfolgen könnte, soll ein einfaches Modell zeigen (Abb. 1-59).

Ausgangspunkt sind drei Habitate unterschiedlicher Qualität für das einzelne Individuum. Diese Qualität nimmt mit zunehmender Populationsdichte ab, da mit zunehmender Dichte z. B. die intraspezifische Konkurrenz um Nahrungs- oder Nistplätze zunimmt. Bei geringer Populationsdichte (x) ist z. B. der Fortpflanzungserfolg am größten in A, dem optimalen Habitat, am geringsten dagegen in C, dem schlechtesten Habitat. Zunehmende Populationsdichte in A vermindert aber diesen Erfolg rapide, so daß bald ein Zustand eintritt (y), bei dem der Erfolg in B, dem weniger guten Habitat, gleich gut ist. Bei weiter zunehmender Dichte in A (z) kann schließlich sogar das «schlechteste» Habitat C denselben Erfolg (dieselbe individuelle Qualität) aufweisen wie der vermeintlich beste Lebensraum A. Konkurrenz um Nistplätze, Nahrung o. ä. kann die Habitatwahl somit erheblich beeinflussen, und die Besiedlung eines vermeintlich suboptimalen Habitats begünstigen. Entscheidend ist die Maximierung des Fitnesserfolges unter Berücksichtigung aller Faktoren.

Ein Beispiel mag dies belegen (Tab. 1-2). In einem Untersuchungsgbiet auf Neufundland brüteten Silbermöwen dicht beieinander auf Felsterrassen, in Wiesen und auf torfigen Flächen. Die hohe Paardichte, der geringe Nestabstand und der frühe Legebeginn weisen die Felsterassen als den bevorzugten, optimalen Brutplatz aus, die Wiesen und Torfstiche dagegen als suboptimal. Dennoch war der Bruterfolg in allen Habitaten nahezu gleich gut.

Dieser Zusammenhang zwischen Habitatwahl und Populationsdichte ist auch für eine Reihe anderer Arten beschrieben, z. B. beim Kiebitz, für den Buchfink, den Schilfrohrsänger oder für Kohl- und Blaumeise. In allen Fällen erfolgte die zunehmende Besiedlung der suboptimalen Habitate erst bei zunehmender Dichte und zunehmender intraspezifischer Konkurrenz (z. B. territoriale Auseinandersetzungen) im optimalen Habitat.

1.3.5 Aktuelle Habitatwahl: ein Kompromiß

Habitatwahl wurde im Laufe der Evolution mittelbar (ultimat) bestimmt von Umweltfaktoren, wie für die Fortpflanzung und das Überleben besonders günstige Ernährungsbedingungen und Schutzmöglichkeiten. Diese selektionierten die an diese Bedingungen in Körperbau und Verhalten am besten angepaßten Individuen. Unmittelbar (proximat) bestimmen dann spezifische lokale, für das Individuum erkennbare Eigenschaften/Kennzeichen der Landschaft, wie das aktuelle Angebot an Nahrung, Nistplatz- und Schutzräumen genutzt wird. Aber auch die aktuelle intra- und interspezifische Konkurrenz um limitierende Ressourcen sowie eine genetisch bedingte oder durch Erfahrung erworbene Präferenz sind an der Wahl eines Lebensraums beteiligt. Erst alle diese Faktoren zusammen bestimmen, in welcher Form aus einem angeborenen Grundmuster der Habitatwahl die aktuelle Habitatwahl wird. Für die meisten Arten sind diese Faktoren jedoch noch wenig bekannt. Zudem ist es meist nicht einfach zu beurteilen, welche Kriterien eines Lebensraums ein Vogel aktuell mißt, um dessen «Qualität» zu bestimmen. Von besonderer Bedeutung ist das **Nahrungsangebot**. Ein nahrungsreicher Lebensraum beherbergt in der Regel mehr Individuen als ein nahrungsarmer Biotop.

Vielfach dürfte eine aktuell beobachtete Habitatselektion ein Kompromiß sein aus den verschiedensten Bedingungen, die ein Lebensraum für einen Vogel erfüllen muß. Besonders auffällig ist dies gerade bei Zugvögeln, für die die Ansprüche an den Lebensraum in den Durchzugsgebieten oder im Winterquartier ganz andere sein können als zur Brutzeit. Hier können notwendige Anpassungen an den Zug oder an das Überleben im Winterareal die Habitatwahl zu anderen Zeiten bestimmen. Langstreckenzieher haben z. B. meist ausgeprägte spitze Flügel mit guten Streckenfliegereigenschaften. Mit solchen Flügeln läßt sich aber in dichter Vegetation kaum manöverieren. Denn hierzu wären relativ kurze, runde und weitfächrige Flügel erforderlich. Ausgeprägte Zugvögel, wie die Rohrsänger, die dichte Vegetation besiedeln, können dies nur, indem sie auf den Gebrauch ihrer Flügel im Lebensraum weitgehend verzichten und sich mehr zu Fuß fortbewegen. Andere Langstreckenzieher, wie z. B. die heimischen Grasmücken, bevorzugen, wohl als Kompromiß zwischen den morphologischen Ansprüchen an den Zug und denen des Lebensraums, vornehmlich Waldränder und mehr offene Gebüsch-Lebensräume, in denen genügend Platz zwischen der Vegetation bleibt, um sich auch mit ihren weniger manövrierfähigen Flügeln entsprechend fortbewegen zu können. Dagegen konnten mehr seßhafte Vertreter der Gattung, wie die mediterranen Grasmücken, runde manövrierfähige Flügel entwickeln und sehr dichte Vegetation besiedeln.

Tab. 1-2: Besiedlung und Bruterfolg von Silbermöwen in verschiedenen Habitaten Neufundlands (Daten aus Pierotti 1982).

	Felsterrassen	Wiesen	Torfgebiet
Größe (ha)	2,2	6,1	14,5
Anzahl Paare	476	585	1083
Paardichte (je ha)	216	96	75
mittlerer Nestabstand (m)	4,1	7,1	9,1
Legebeginn	19. Mai	22. Mai	23. Mai
Bruterfolg (flügge Junge je Ei)	0,59	0,50	0,65

Will man die Habitatwahl einzelner Vogelarten wirklich beschreiben, muß deshalb gerade die räumlich-zeitliche Analyse limitierender Ressourcen berücksichtigt werden. Zudem können wechselnde physiologische Ansprüche einer Art die Habitatwahl entscheidend beeinflussen.

So begnügen sich z. B. während ihres Zuges durch die Wüste rastende, fette Kleinvögel auch mit kleinsten Schattenplätzen, an denen sie inaktiv den Tag verbringen, wogegen magere Individuen die größeren Oasen aufsuchen, wo die Wahrscheinlichkeit, ausreichend Futter zu finden, erheblich größer ist. In Texas auf dem Herbstzug rastende Paruliden verteidigten nur dann Reviere in einem bestimmten Habitat, wenn sie sich in Zugdisposition befanden und für den bevorstehenden Weiterzug vorbereiteten. Ansonsten bildeten sie Schwärme, und ihre Habitatwahl war wenig selektiv.

1.3.6 Physiologische Aspekte der Habitatwahl

Noch recht wenig bekannt sind die besonderen physiologischen Anforderungen bei der Habitatwahl. Verschiedene Habitate können nicht nur in ihrer Vegetationszusammensetzung oder Vegetationsstruktur unterschiedlich sein, sondern auch z. B. ganz unterschiedliche Mikroklimabedingungen aufweisen, vor allem hinsichtlich Wind, Temperatur, Strahlung, Luftfeuchte oder Niederschlag. Diese lokalen, physikalischen Umweltbedingungen können jedoch den Energiehaushalt von Vögeln entscheidend beeinflussen, sei es, daß sie den Energiestoffwechsel direkt beeinflussen oder daß sie das Aktivitätsverhalten beeinträchtigen. Die «Qualität» eines Lebensraumes kann somit nicht nur von der Ernährungssituation bestimmt sein, sondern ist gerade auch von der **physikalischen Umwelt**, von den abiotischen Faktoren, abhängig.

Nordamerikanische Waldvögel, vor allem Spechte, Meisen, Goldhähnchen, Kleiber und Baumläufer, hielten sich umso weniger im Laubwald auf, je windiger und regnerischer es war. Solche Tage verbrachten sie vornehmlich im dichten Nadelwald, den sie an warmen oder trockenen Tagen weitgehend mieden. Dies dürfte insbesondere damit zusammenhängen, daß die Windgeschwindigkeit innerhalb des dichten Nadelwaldes wesentlich geringer ist als im mehr lichten Laubwald. Gegenüber einer offenen Fläche war an windigen Tagen die Windgeschwindigkeit im Nadelwald um 78% reduziert, im Laubwald dagegen nur um 28%.

Sich vor dem Wind zu schützen ist wohl auch der hauptsächliche Grund bei der Wahl eines nächtlichen Schlafplatzes. Das Nächtigen an geschützten Stellen in der Vegetation oder sogar in Nischen und Höhlen kann den nächtlichen Energiebedarf um bis zu 40% reduzieren und somit gerade in kritischen Zeiten, während Nahrungsengpässen, die Überlebenswahrscheinlichkeit erheblich vergrößern. Die thermischen Eigenschaften des Habitats können auch die Anlage von Nestern und deren Bruterfolg beeinflussen.

Der nordamerikanische Kaktuszaunkönig besiedelt die Wüstengebiete des mittleren Westens der USA. Dort baut er geschlossene kugelförmige Nester mit einem einzigen Eingang. Früh in der Brutzeit, wenn das Wetter noch recht kühl ist, ist diese Nestöffnung von der vorherrschenden Windrichtung abgewandt. Damit reduziert sich die Konvektion und somit der Wärmeverlust im Nest. Später im Jahr, zur heißen Zeit, orientiert er seine Nesteingänge in Windrichtung, so daß sie nun eine maximale Ventilation und Kühlung erfahren. Und diese in Windrichtung ausgerichteten Nester sind erheblich erfolgreicher als die «fehlorientierten»: während aus ersteren 64% aller gelegten Eier flügge Jungvögel ergaben, waren dies aus letzteren gerade 40%.

Viele Vogelarten der gemäßigten Breiten bauen ihre Nester innerhalb eines Busches bevorzugt in östlicher bis südöstlicher Exposition. Auch die Nesteingänge vieler höhlenbrütender Arten weisen in diese Richtung. Möglicherweise ist auch dies eine spezifische Anpassung an die herrschenden klimatischen Bedingungen. E bis SE exponierte Nester erfahren gerade in den noch kühleren Morgenstunden die meiste Sonnenbestrahlung und sind zudem zur warmen Tageszeit am Nachmittag vor direkter Besonnung geschützt.

Noch wenig bekannt sind die Auswirkungen unterschiedlichen Mikroklimas verschiedener Lebensräume auf das Aktivitätsverhalten von Vögeln und die physiologischen Konsequenzen sowie auf die Habitatwahl.

Ein eindrucksvolles Beispiel hierfür ist vom nordamerikanischen Trauerseidenschnäpper bekannt. Er brütet sowohl nahe der Küste in Kalifornien auf 300 m Meereshöhe wie auch auf 1500 m Meereshöhe in Zentral-Arizona. Während das küstennahe Brutgebiet ein ausgeglichenes Klima aufweist, ist das Brutgebiet in Arizona wesentlich heißer, mit Umgebungstemperaturen von über 50 °C. Um nun ihre normale physiologisch günstige Umgebungstemperatur von etwa 33–34 °C in ihrem Lebensraum zu erreichen, ändern die Vögel im heißen Habitat ihr tägliches Aktivitätsverhalten. Gegenüber ihren Artgenossen im küstennahen Brutgebiet vermeiden sie gerade zur Mittagszeit die Sonnenexposition und verbringen etwa ein Drittel ihrer Tagesaktivität mehr an kühleren Orten.

Auch innerhalb eines Standorts können die mikroklimatischen Bedingungen sehr verschieden sein (Abb. 1-60) und so die tageszeitliche Habitatwahl beeinflussen.

Ausgeprägte Veränderungen der mikroklimatischen Verhältnisse in ihren Lebensräumen erfahren **Zugvögel**. Innerhalb von wenigen Tagen können sie aus der arktischen Tundra in tropische Lebensräume gelangen. Dabei erfahren sie eine rasche Veränderung in der Tageslänge, sowie eine ganz andere thermische Umwelt. Die Auswirkungen auf ihren Energiehaushalt, ihre Ernährungsgewohnheiten oder ihr Aktivitätsverhalten sind aber weitgehend unbekannt.

Eine besondere physiologische Anpassung erfordert auch das Brüten in großer Meereshöhe. Nicht wenige Vogelarten brüten von Meeresniveau bis in große Höhen. Klappergrasmücken z. B. brüten sowohl im Flachland, aber auch in der Krummholzstufe der Alpen oberhalb 1600 m Meereshöhe. In großen Höhen ist nun der atmosphärische Luftdruck erheblich geringer als auf Meeresniveau. Hierdurch erniedrigt sich der Dampfdruck der Umgebung, und bebrütete Eier würden deshalb über die Bebrütungszeit wesentlich mehr Wasser verlieren als auf niedriger Meereshöhe. Als Anpassung daran legen Vögel in großer Meereshöhe Eier mit einer erheblich (25–60%) reduzierten Porosität ihrer Eischalen.

Neben dem Nahrungsangebot oder der thermischen Umgebung mag gerade auch diese physiologische Flexibilität einer Art ihre Höhenverbreitung bestimmen.

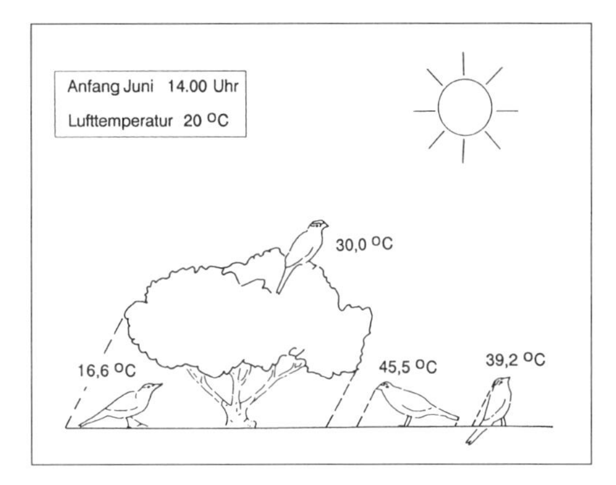

Abb. 1-60: Die effektive Temperatur, die ein Vogel erfährt, ist abhängig von seiner Mikro-Habitatwahl und seiner Positionierung. Die geringste effektive Temperatur erfährt ein Vogel im Schatten, die höchste ein Vogel, der sich am Boden mit großer Oberfläche der Sonne aussetzt.

1.4 Vogelzug

1.4.1 Das Phänomen

Die gemäßigten und kalten Klimazonen sind bestimmt durch eine ausgeprägte Saisonalität an verfügbaren Ressourcen. Während in den Sommermonaten reichlich Ressourcen für z. B. Ernährung oder Brut zur Verfügung stehen, ist der Winter arm an solchen. Viele Vogelarten vermeiden deshalb die kalte Jahreszeit in den kalten und gemäßigten Breiten durch einen vorübergehenden Wegzug in günstigere Klimate.

War man noch im 18. Jahrhundert der Ansicht, daß das alljährliche Verschwinden der Vogelarten im Spätsommer und Herbst und ihr Wiedererscheinen im Frühjahr damit zu tun hat, daß diese Vögel den Winter über irgendwo in Sümpfen verbringen, sind wir heute über die verschiedenen Formen saisonaler Wanderungen bei Vogelarten weit besser informiert. Grundlage hierfür war die Einführung der **wissenschaftlichen Vogelberingung** zu Beginn des 20. Jahrhunderts. Inzwischen sind weltweit mehrere hundert Millionen Vögel individuell beringt worden, und auch heute ist die wissenschaftliche Vogelberingung ein wichtiges Handwerkszeug in der modernen Vogelzugforschung.

Hierbei werden gefangene Vögel mit einem individuell nummerierten Metallring (meist Aluminium) i. d. R. am Lauf beringt (Abb. 1-61) und anschließend wieder freigelassen. Natürlicher Tod, Verfolgung oder auch Wiederfang erbringen dann Rückmeldungen zu einem so beringten Vogel. Diese las-

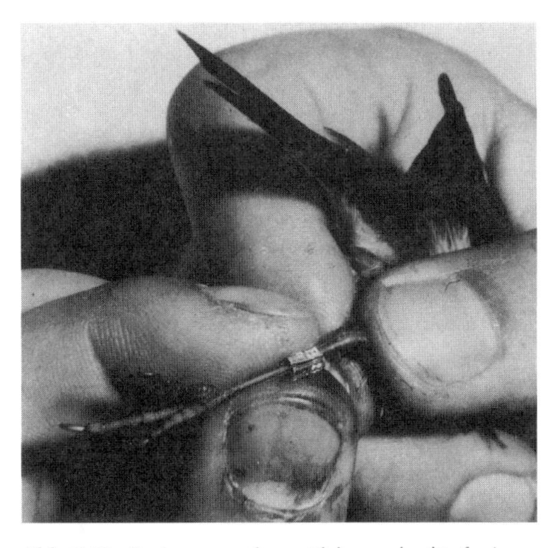

Abb. 1-61: Beringung eines Kleinvogels (Aufnahme: K. Wüstenberg).

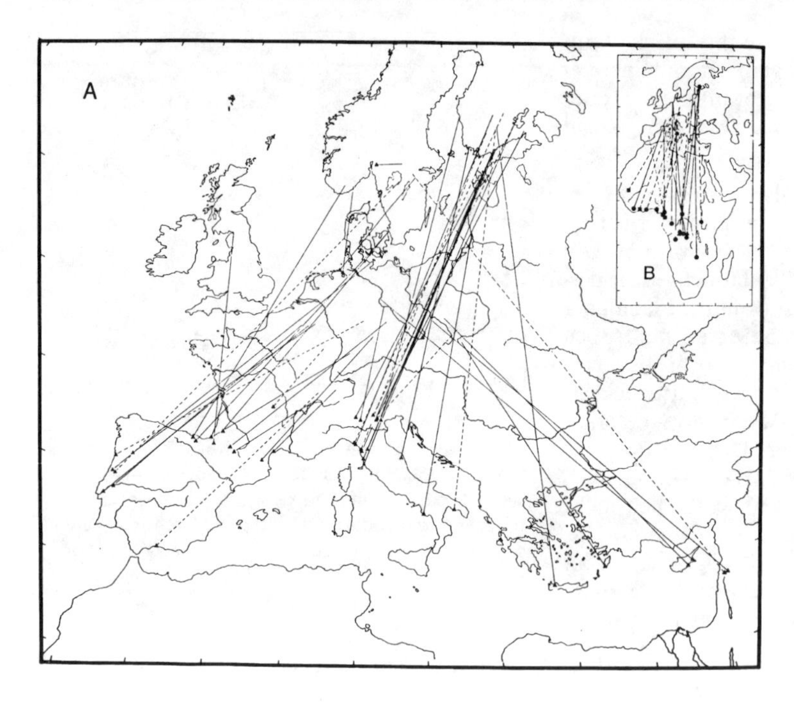

Abb. 1-62: Wiederfunde beringter Gartengrasmükken. A: Funde in Europa und Vorderasien; B: Funde in Afrika südlich der Sahara (aus Zink 1973).

sen sich mit den Beringungsdaten vergleichen und geben so ein Bild des räumlich-zeitlichen Aufenthaltsmusters der verschiedenen Vogelarten (Abb. 1-62).

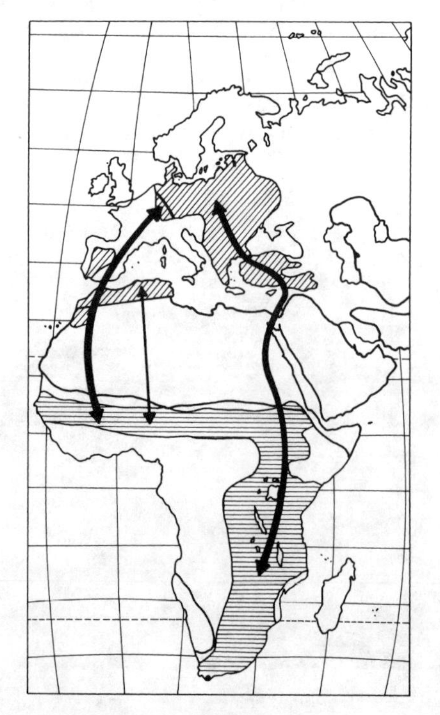

Abb. 1-63: Der Zug des Weißstorchs.

Ein klassisches Beispiel ist die Beschreibung der Zugwege und der Winterverbreitung von Weißstörchen. Schon bald nach den ersten Beringungen zu Anfang dieses Jahrhunderts lagen die ersten Rückmeldungen von auf dem Zug oder im Winterquartier gefundenen Weißstörchen vor. Sie vereinten sich zunehmend zu einem recht detaillierten Bild des räumlich-zeitlichen Zugablaufes dieser Art. Dabei zeigte sich dann, daß nicht alle Weißstörche dieselben Routen für ihre Wanderungen benutzen und nicht in dieselben Winterareale ziehen (Abb. 1-63). Vielmehr ziehen Weißstörche aus dem westlichen Mittel- und Südeuropa über eine südwestliche Route in westafrikanische Überwinterungsgebiete, solche aus Gebieten östlich davon jedoch über eine südöstliche Zugroute nach Ost- bis Südafrika. In solchen Fällen spricht man von einer **Zugscheide**, die innerhalb einer Art Populationen deutlich unterschiedlichen Zugverhaltens voneinander trennt. Im Zugscheidenmischgebiet, z. B. beim Weißstorch von Holland südöstlich durch Mitteleuropa verlaufend, können bei den verschiedenen Individuen beide Zugrouten gefunden werden. Auch Mönchsgrasmücke oder Star weisen in Europa Zugscheiden auf.

Eine neue Methode zur Erforschung des Vogelzuges, insbesondere solcher Arten, für die wegen ihrer Lebensweise kaum Daten über die klassische Beringung zu erzielen sind, ist die Satelliten-**Telemetrie**. Vögel erhalten einen Sender auf dem Rücken befestigt, dessen Signale über Satelliten registriert werden können. Somit ergibt sich ein sehr detailliertes Bild des individuellen, räumlich-zeitlichen Zugver-

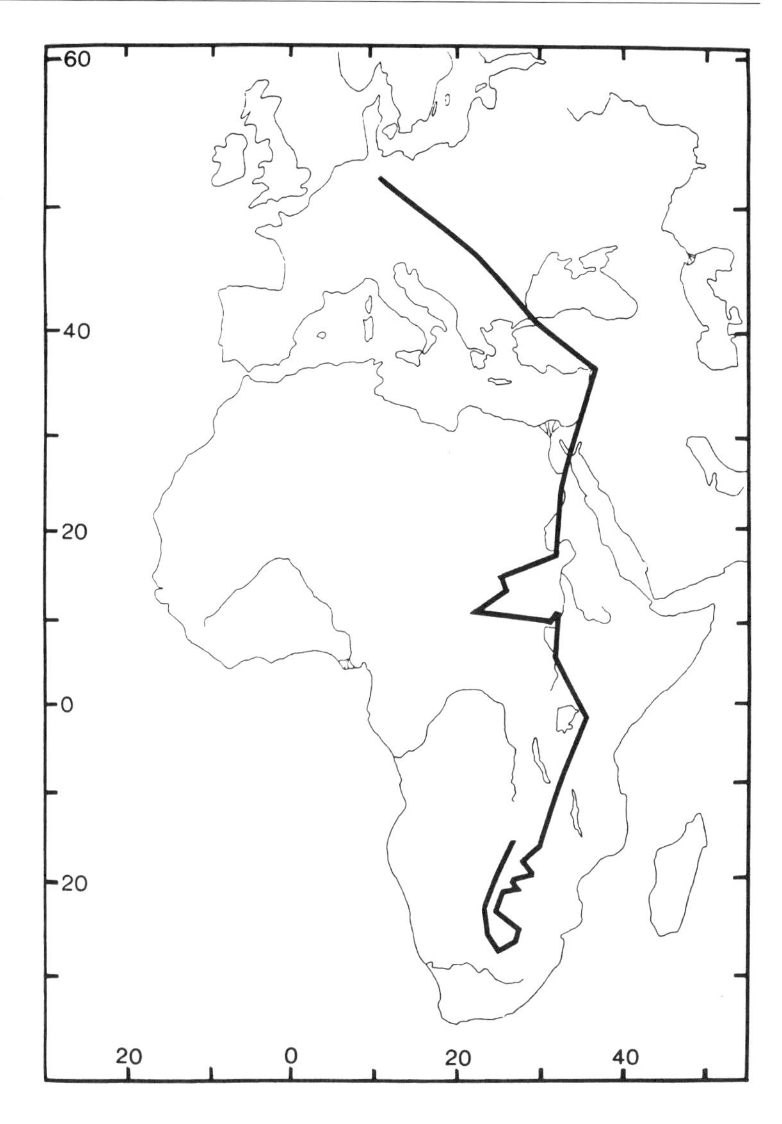

Abb. 1-64: Mit Satelliten-Telemetrie ermittelte Wanderroute eines Weißstorchs, der im Juli 1993 am Gülper See bei Berlin mit einem Kleinsender ausgerüstet und anschließend während seines Wegzugs nach Südafrika und während des ersten Teils des Heimzugs bis Sambia wiederholt von einem ARGOS-Satellit geortet wurde (aus Berthold et al. 1995).

laufs (Abb. 1-64), wie es mit Hilfe der Beringung nicht zu erreichen ist.

Der räumlich-zeitliche Verlauf des Vogelzuges ist sehr vielfältig. Hier können nur beispielhaft einige charakteristische Formen herausgriffen werden.

Viele Vogelarten legen auf ihren saisonalen Wanderungen zwischen einem Brut- und einem Überwinterungsgebiet oft viele Tausend Kilometer zurück und überqueren dabei Gebirge, Wüsten und Meere. Viele europäische Arten beispielsweise überwintern im tropischen Afrika und haben so auf ihrem Zugweg das Mittelmeer und die Sahara zu überwinden (Trans-Sahara-Zug; Abb. 1-65). Manche Arten, so auch der Neuntöter, zeigen dabei einen ausgeprägten **Schleifenzug**: Ihr Zugweg auf dem Rückzug in die Brutgebiete im Frühjahr ist ein anderer als beim herbstlichen Wegzug in die Winterquartiere. Andere Arten ziehen lange Strecken über die Ozeane.

Der Alaska-Wanderregenpfeifer brütet auf den Aleuten und überwintert auf Hawaii. Sein Zug führt ihn direkt (und nicht über den nordamerikanischen Kontinent) vom Brutgebiet in das 3300 km entfernte Überwinterungsgebiet im Südpazifik. Auch viele andere arktische Brutvögel haben auf ihrem Weg in südlichere Überwinterungsgebiete riesige Strecken zu überwinden, so der Knutt, dessen Wanderweg

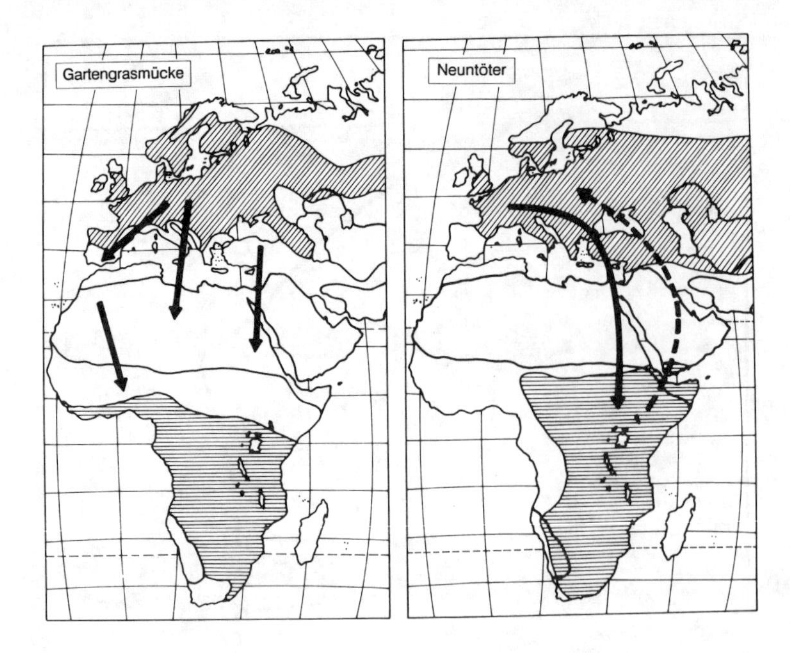

Abb. 1-65: Der Zug von Gartengrasmücke und Neuntöter.

durch das Wattenmeer führt (Abb. 1-66) oder der Steinschmätzer, der sogar aus Ostsibirien nach Afrika zieht (Abb. 1-66). Ja, sogar einer der kleinsten Zugvögel überhaupt, der gerade etwa 4 g schwere nordamerikanische Rubinkehlkolibri, überquert auf seinem Zug in seine mittel- und südamerikanischen Überwinterungsgebiete weites offenes Wasser, den Golf von Mexiko.

Mit die extremsten Zugstrecken sind von manchen pelagischen Arten, z. B. Sturmtaucher, und der Küstenseeschwalbe bekannt. Letztere brütet in den Küstenregionen der Arktis und überwintert südlich bis auf den subantarktischen Inseln (Abb. 1-67). Der Kurzschwanzsturmtaucher «umrundet» auf seinen jährlichen Wanderungen den Pazifik (Abb. 1-67).

All diese Arten bezeichnen wir als **Langstreckenzieher**. Arten, die weniger weit ziehen, sind **Mittelstreckenzieher**, solche, die nur wenige Hundert Kilometer wandern oder wenige Kilometer Vertikalzug machen, **Kurzstreckenzieher**.

Dabei können jedoch sogar innerhalb einer Art vielfältige Übergänge vorkommen. Bei der Mönchsgrasmücke (Abb. 1-68) sind die fennoskandischen Brutvögel ausgeprägte Langstreckenzieher, die im tropischen Afrika überwintern. Mitteleuropäische Brutvögel dagegen verbringen den Winter vornehmlich im westlichen Mittelmeergebiet. Die Brutvögel Südfrankreichs ziehen ebenfalls nur ins westliche Mittelmeergebiet oder verbleiben teilweise sogar in Südfrankreich.

In diesen Fällen, wo aus demselben Brutgebiet ein Teil der Individuen einer Art regelmäßig wegzieht, während ein anderer Teil auch den Winter im Brutgebiet verbringt, sprechen wir von **Teilzug** bzw. Teilzieherverhalten. Die Mönchsgrasmücken der Kanarischen Inseln oder der Kapverdischen Inseln schließlich ziehen kaum mehr oder sind gänzlich **Standvögel**, die das ganze Jahr im Brutgebiet verbleiben.

Auch bei vielen anderen Arten ist das Zugverhalten und die Zugstrecke populationsspezifisch verschieden. Beim Star z. B. überwintern die baltischen Brutvögel auf den britischen Inseln und in Nordfrankreich, während die Vögel aus den mitteleuropäischen Brutgebieten von der Atlantikküste Frankreichs bis südwärts nach Nordafrika überwintern.

Solche regelmäßigen periodisch gerichteten Wanderungen zwischen einem Brutgebiet und einem geografisch verschiedenen Ruhegebiet (sog. **Pendelzug**) kommen nicht nur in den kalten und gemäßigten Breiten mit ihren ausgeprägten Jahreszeiten vor, sondern sind in vielfältiger Form auch innerhalb der Tropen

Abb. 1-67: Der Zug von Küstenseeschwalben und Kurzschwanz-Sturmtaucher. ▷

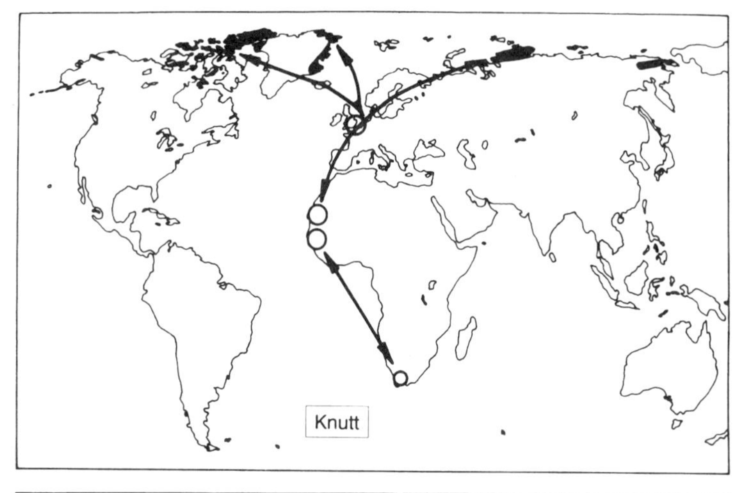

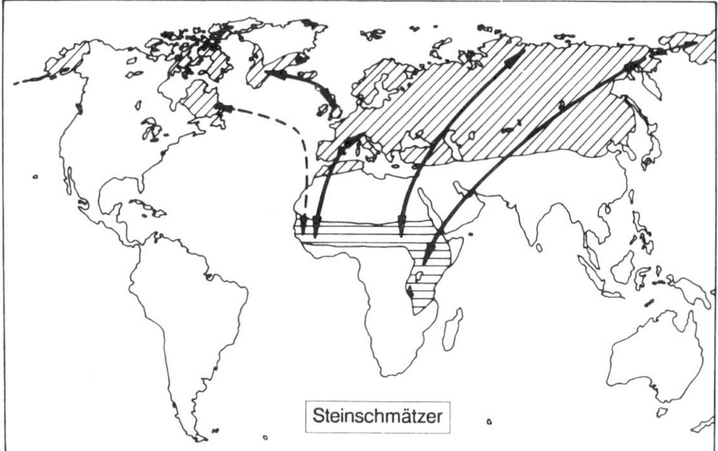

Abb. 1-66: Zugwege von Knutt und Steinschmätzer.

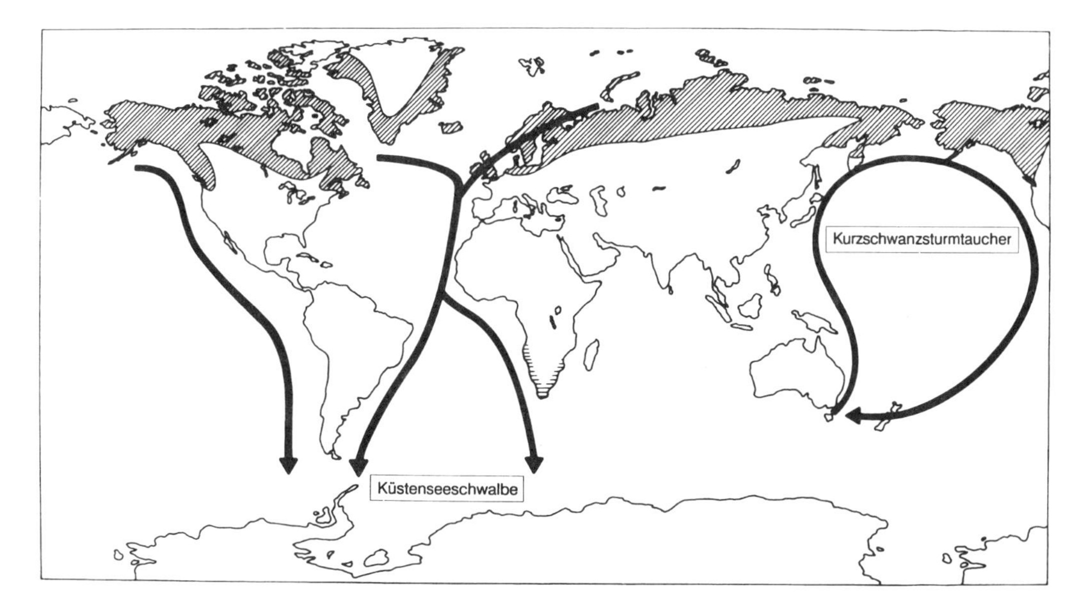

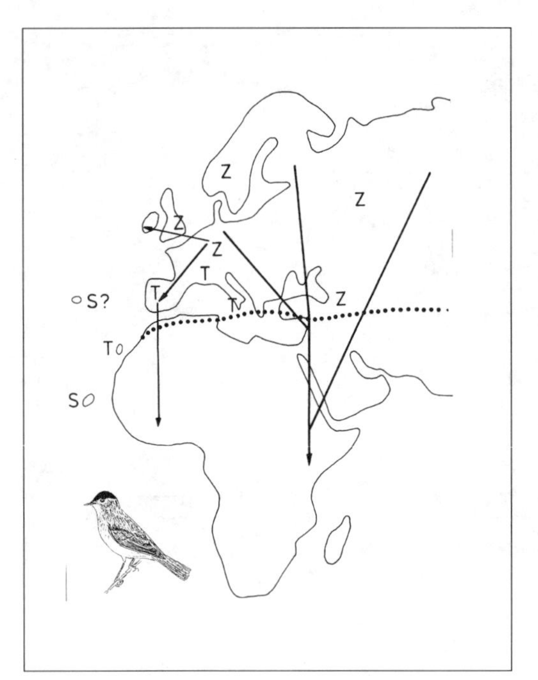

Abb. 1-68: Schematische Darstellung der Lebensformen und Zugwege der Mönchsgrasmücke. Z: ausschließliche Zugvögel, T: Teilzieher, S: Standvögel; dicke Pfeile: Hauptzugwege; dünne Pfeile: Nebenzugwege; punktiert: Südgrenze der kontinentalen Brutverbreitung (aus Berthold 1990).

zu beobachten (Abb. 1-69). Auch vertikale Wanderungen von Vogelarten der großen Gebirge gehören hierher.

Bergpieper z. B. brüten in den Hochlagen der Alpen. Im Herbst weichen sie in die Tallagen aus, um dann im folgenden April wieder die hochgelegenen Brutplätze aufzusuchen.

Neben den typischen «klassischen» Zugvögeln, die Jahr für Jahr zwischen einem Brut- und Überwinterungsareal pendeln, gibt es noch andere Formen mehr sporadischen Wanderns.

Invasionsvögel sind Arten, die ihre Brutgebiete nicht alljährlich verlassen. Kommt es jedoch, meist bedingt durch Nahrungsmangel in den Brutgebieten, zu solchen sporadischen Wanderungen, sind diese gerichtet, führen in meist südlichere Invasionsgebiete und erfolgen vielfach massenhaft.

Bekannte Beispiele bei uns in Mitteleuropa sind das sporadische Auftreten von z. T. Millionen von arktischen Bergfinken, von Seidenschwänzen, von Kreuzschnäbeln, von sibirischen Tannenhähern oder auch von Schneeulen.

Eine andere Form sporadischer Wanderungen sind Flucht-, Ausweich- und Folgebewegungen. Sie erfolgen nicht alljährlich, sind meist

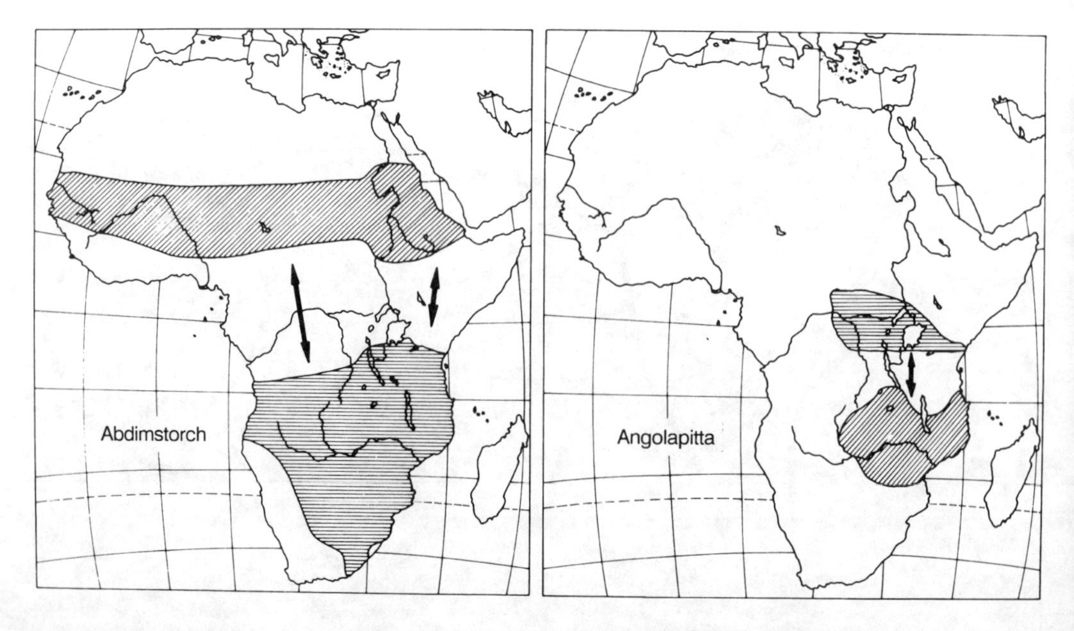

Abb. 1-69: Innerafrikanischer Zug von Abdim-Storch und Angola-Pitta (nach Curry-Lindahl 1981).

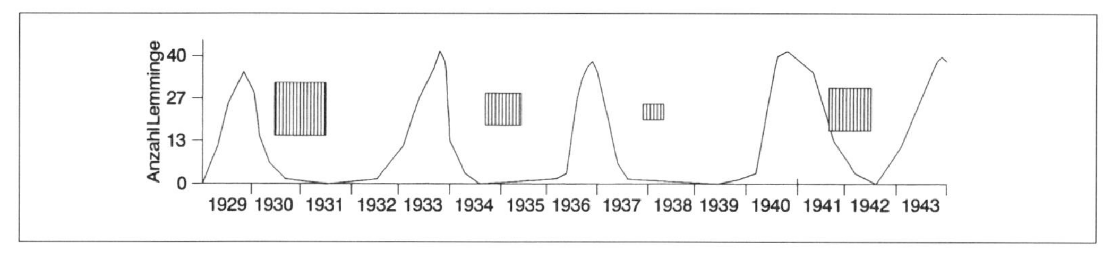

Abb. 1-70: Jährliche Häufigkeit von Lemmingen im Gebiet von Churchill, Hudson Bay, Kanada (Kurve) und Auftreten südwest-gerichteter Wanderungen der Schnee-Eule in Neu-England (nach Schüz 1971).

ungerichtet und vielfach besonders von den topografischen Begebenheiten der Landschaft bestimmt.

Schleiereulen verlassen ihre Brutgebiete dann, wenn hohe Schneelagen den Zugang zu Mäusen, ihrer Hauptbeute, verhindern oder wenn es kaum Mäuse gibt. In solchen Wintern weichen sie in die nächstgelegenen klimatisch günstigeren Gebiete aus, z. B. aus Oberfranken an den unteren Main, in das Nekkarbecken oder die Oberrheinebene.

1.4.2 Steuerung des Vogelzuges

Für den geregelten Ablauf des Vogelzuges sind drei Anpassungsleistungen entscheidend.

1. Zugvögel müssen über geeignete Mechanismen verfügen, die ihnen eine **zeitliche Orientierung** gestatten. Sie benötigen insbesondere Mechanismen, die den zeitgerechten Aufbruch, die Auslösung zum Zug, aber auch seine termingerechte Beendigung gewährleisten.
2. Sie müssen über Mechanismen zur adäquaten **räumlichen Orientierung** verfügen, die es ihnen ermöglichen, ihre eigenen, artspezifischen Zugwege und Zugziele zu finden.
3. Zugvögel müssen über eine Reihe von **physiologischen Anpassungen** verfügen, die ihnen diese Zugleistungen ermöglichen.

Prinzipiell können all diese Mechanismen rein exogen, d. h. von äußeren Faktoren bestimmt, rein endogen, d. h. von dem Vogel eigenen Faktoren, oder auch in einer Kombination aus beidem gesteuert sein.

1.4.2.1 Zugauslösung

Lange Zeit herrschte die Annahme, daß Vogelzug vor allem das Ergebnis unmittelbar wirksamer **Umweltfaktoren** (exogene Faktoren) sei. Und in der Tat belegen zahlreiche Freilandbeobachtungen bei vielen Arten einen engen Zusammenhang zwischen aktuellen Umweltsituationen und dem Auftreten und Ausmaß von Zugbewegungen.

Oft beschrieben ist so z. B. die **Winterflucht** mancher Arten. Hierunter versteht man Zugbewegungen, die durch das Auftreten von Kaltfronten oder durch Schneefall ausgelöst werden. Typische Beispiele hierfür sind der Mäusebussard, Eichelhäher oder auch manche Finkenarten, wie z. B. Buchfink. Auffällig sind auch die massenhaften Rückwanderungen bei Warmlufteinbrüchen in Mitteleuropa im Frühjahr, z. B. beim Kiebitz. Zudem ist für viele Arten beschrieben, daß ihr Abzug aus den Brutgebieten oder ihre Rückkehr im Frühjahr abhängig ist von der lokalen Witterung. Bei anhaltend günstigen Bedingungen im Herbst können manche Vogelarten ihren Wegzug «hinausschieben». Bei manchen Arten besteht für die Ankunft eine enge Beziehung zur aktuellen Umgebungstemperatur.

Insbesondere bei sporadisch wandernden Arten scheint der primäre Auslöser für ihre Wanderung ein aktueller **Nahrungsmangel** zu sein.

Seidenschwänze verlassen ihre arktischen Brutplätze dann, wenn dort ein akuter Mangel an Ebereschen (*Sorbus aucuparia*) besteht. Ähnliches gilt für Kreuzschnäbel, die bei einem Mangel an Kiefern- oder Fichtensamen aus ihren Brutgebieten abwandern, oder für Schneeulen, für die ein enger Zusammenhang zwischen Invasionsneigung und dem Angebot an Kleinsäugern gezeigt ist (Abb. 1-70). Auch die invasionsartigen Wanderungen von Kohlmeisen können mit dem aktuellen Nahrungsangebot in Verbindung gebracht werden. Die beschriebene Schneeflucht bei z. B. Mäusebussard mag ebenfalls ihre Ursache mehr im Nahrungmangel haben als in der niedrigen Temperatur selbst.

Faßt man die Beobachtungen zu den vielfältigen Beziehungen zwischen Vogelzug und Witterungs- oder Nahrungsfaktoren zusammen, zeigt sich, daß diese Faktoren vornehmlich nur

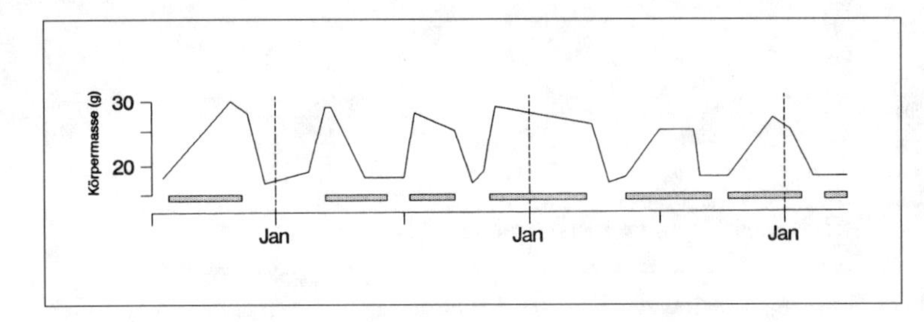

Abb. 1-71: Jährliche (circannuale) Rhythmik der Zugunruhe (Balken) und des Körpergewichts von Gartengrasmücken, die für 33 Monate bei konstanter Temperatur und konstanter Fotoperiode (LD 10:14) gehalten wurden (nach Berthold et al. 1972).

bei den Arten Zugverhalten mitbestimmen oder auslösen, die als wenig ausgeprägte Zugvögel mit recht kurzen Zugwegen bezeichnet werden können. Sie kehren meist früh in ihre Brutgebiete zurück und verweilen hier sehr lange, um dann vielfach wirklich erst bei Eintreten einer «Notsituation» zu ihrer Wanderung aufzubrechen.

Ganz anders ist dies jedoch bei den sog. ausgeprägten langstreckenziehenden Zugvögeln, den Zugvögeln im klassischen Sinn. Sie verlassen ihre Brutgebiete mitten im Sommer, wenn dort noch ausgezeichnete Umweltbedingungen herrschen.

Sumpfrohrsänger, Fitisse oder Gartengrasmücken z. B. ziehen aus ihren mitteluropäischen Brutgebieten bereits ab Juli ab, bereits Mitte August haben schon mehr als 50% der Individuen dieser Arten ihre Brutgebiete geräumt und befinden sich auf dem Zug in ihre afrikanischen Winterareale.

Umgekehrt verlassen sie ihre tropischen Wintergebiete trotz dort herrschender weitgehender Konstanz der Umweltbedingungen so rechtzeitig und präzise, daß sie in ihre Brutgebiete alljährlich zu nahezu dem gleichen Termin zurückkehren.

Gartengrasmücken z. B. trafen bei Bonn im 38jährigen Mittel am 1. Mai ein mit einer nur ganz geringen (Standard)Abweichung von lediglich 5 Tagen. Diese Präzision bei solchen langstreckenziehenden Arten führte sogar dazu, daß man sie als «Kalendervögel» bezeichnete.

Als möglicher Auslöser für diesen präzisen Zugablauf wurde die jahreszeitliche Schwankung in der Tageslänge, die **Fotoperiode**, vermutet. Sie ist der einzige Umweltfaktor mit einer hohen Präzision. So stellte man sich vor, daß die abnehmende Tageslänge im Sommer und Herbst den Zug gen Süden auslöst, die zunehmende Tageslänge im Frühjahr dagegen den Zug gen Norden. In Frage gestellt wurde diese Annahme durch die Beobachtung, daß nicht wenige Vogelarten in der Nähe des Äquators überwintern, wo jahreszeitliche Veränderungen in der Tageslänge kaum eine Rolle spielen. Hier ist die Tageslänge das ganze Jahr über nahezu konstant. Dennoch aber kehren auch äquatornah überwinternde Zugvögel alljährlich mit sehr hoher Präzision in ihre Brutgebiete zurück. Schon bald kam deshalb die Vermutung auf, daß ein vom Vogel ausgehender innerer, **endogener Mechanismus** an dieser Zugauslösung und der Zugsteuerung beteiligt sein muß.

Inzwischen ist hierfür auch der experimentelle Beweis geführt, insbesondere durch die Untersuchungen von E. Gwinner und P. Berthold von der Vogelwarte Radolfzell. Zugute kam diesen Untersuchungen, daß sich manche dieser Zugvögel sehr gut unter kontrollierten Bedingungen im Labor halten lassen und hier auch im Käfig ihr dem Freilandverhalten entsprechendes Zugverhalten zeigen. Im Käfig gehaltene Grasmücken oder Laubsänger sind nur dann nachts aktiv, als Ausdruck ihrer nächtlichen Zugweise, wenn sie auch im Freiland ziehen würden. Nur zu ihren arttypischen Zugzeiten zeigen sie im Käfig die sog. nächtliche **Zugunruhe**. Auch können bei entsprechender Erfahrung Nestlinge dieser Arten ohne große Schwierigkeiten mit der Hand aufgezogen werden. Damit war es möglich, diese Arten so frühzeitig ihrer natürlichen Umwelt zu entnehmen, daß sie dort noch keine Jahreszeiten-Erfahrung sammeln konnten, und die am Zugverhalten beteiligten Prozesse dann experimentell zu untersuchen, bei kontrollierter Tageslänge, Umgebungstemperatur, Luftfeuchtigkeit etc..

Solche Vögel zeigen im Labor bei längerer Haltung in kontrollierter Umgebung ein auffällig rhythmisches, zyklisches Auftreten wichtiger Verhaltenskomponenten und physiologischer Reaktionen (Abb. 1-71). Sie mausern ganz regelmäßig nur zu ganz bestimmten Zeiten, sind nur zu bestimmten Zeiten nächtlich aktiv (zugunruhig) und zeigen auch nur zu bestimmten Zeiten eine ausgeprägte Veränderung ihrer Körpermasse, die sog. zugzeitliche Fettdeposition (Näheres hierzu s. u.). Erklären läßt sich dies damit, daß diese Vögel über eine

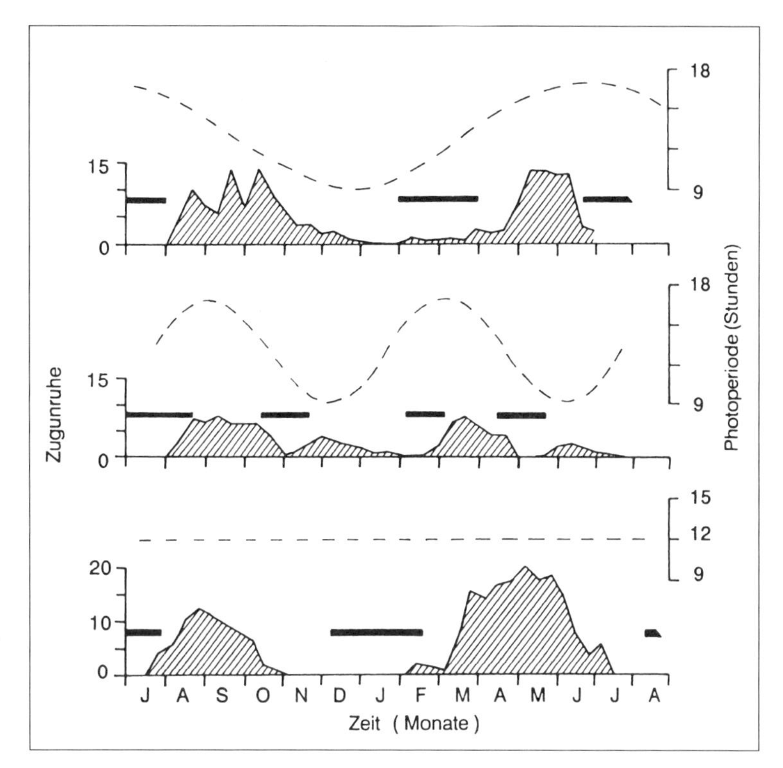

Abb. 1-72: Nächtliche Zugunruhe (gestrichelte Flächen) und Mauser (Balken) von Gartengrasmücken bei unterschiedlichen fotoperiodischen Bedingungen (gestrichelte Kurve), oben: der künstliche fotoperiodische Zyklus simuliert die natürlichen Veränderungen an einem Ort 40°N; B: der fotoperiodische Zyklus wurde auf 6 Monate komprimiert und im Kalenderjahr zweimal simuliert; C: konstante Fotoperiode mit 12 Stunden Hellphase (aus Gwinner 1986).

innere Uhr, einen inneren **Jahreskalender**, verfügen, der ihnen diesen zeitlichen Ablauf bestimmt.

Charakteristisches Merkmal solcher inneren biologischen Jahresuhren ist, daß sie unter konstanten Laborbedingungen in ihrer Periodenlänge etwas vom natürlichen Jahr abweichen, daß sie nur sog. «circa»-Uhren sind. Während im Freiland unter natürlichen Bedingungen ein jährlich saisonales Ereignis immer nach etwa 12 Monaten wiederkehrt, ist die Periodenlänge der hier betrachteten endogenen circannualen Periodik mit nur etwa 10 Monaten kürzer. Dies hat zur Folge, daß die jeweils vom Vogel subjektiv «jährlich» nachfolgenden Ereignisse gegenüber dem natürlichen Jahr immer früher erscheinen, daß sie durch unser natürliches Kalenderjahr «freilaufen». Dieses «Freilaufen» ist zugleich Beweis für die Existenz solcher endogener biologischer Uhren. Es zeigt, daß keine unkontrollierten äußeren (exogenen) Faktoren beteiligt sind, sondern die Periodizität vom Organismus selbst erzeugt ist.

Das Abweichen einer solchen inneren Uhr von der Umweltrhythmik erfordert jedoch Faktoren, die diese innere Uhr in Einklang mit der Umwelt bringen, sie erfordern sog. **Zeitgeber**. Der wichtigste Zeitgeber hierfür ist die Fotoperiode.

Hält man Gartengrasmücken in ihrem natürlichen Tag oder in einem künstlichen Tag mit kontinuierlich gleicher Tageslänge (Fotoperiode), zeigen sie zeitlich richtig zweimal jährlich, im Herbst und Frühjahr, ihre artspezifische Zugunruhe (Abb. 1-72). Drängt man, experimentell, in ein Kalenderjahr nun zwei vollständige «jährliche» Fotoperiodezyklen, folgt auch die Zugunruhe diesen veränderten Fotoperiodebedingungen und erscheint nun in einem Kalenderjahr doppelt. Damit ist eindrucksvoll gezeigt, daß zwar für das Auftreten von Zugunruhe (und übrigens auch der Mauser) ein Tageslängenzyklus nicht erforderlich ist, daß ihre endogene Rhythmik aber über die Fotoperiode mit den natürlichen Jahreszeiten synchronisiert wird.

Zahlreiche Zugvogelarten verfügen über eine solche endogene circannuale Uhr, die sie zeitlich richtig in entsprechende **Zugdisposition** (Zugwilligkeit) bringt. Solche Zugvögel haben damit ein angeborenes Programm, das sicherstellt, daß sie zum richtigen Zeitpunkt zu ihrem Zug aufbrechen und ihn auch zeitgemäß beendigen.

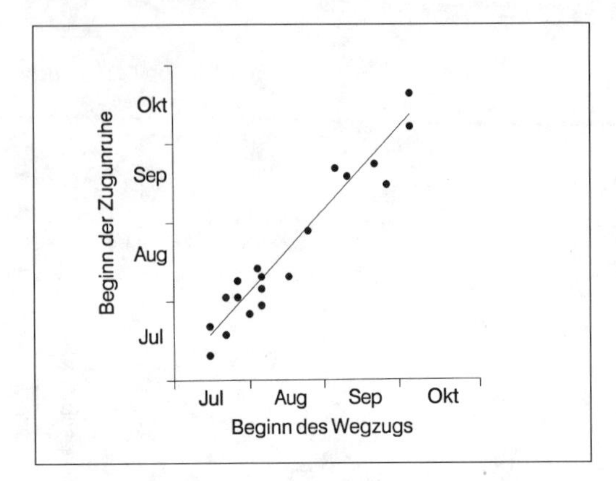

Abb. 1-73: Beziehung zwischen Beginn der Zugunruhe gekäfigter Vögel und dem Beginn des Wegzugs freilebender Vögel für 19 Vogelarten bzw. Vogelpopulationen (nach Berthold 1988).

Daß dabei die Zugunruhe (Beginn und Menge) den tatsächlichen Zugablauf widerspiegelt, zeigt ein Vergleich des im Freiland beobachteten Zugbeginns und dem «Unruhebeginn» im Käfig (Abb. 1-73), sowie ein Vergleich der Zugunruhemuster und Zugunruhemenge von Arten mit verschiedener Zugweglänge (Abb. 1-74).

Entsprechend ihrer unterschiedlichen Zugweglängen (ermittelt aus mittlere Distanz zwischen Brutgebiet und Winterverbreitung) zeigen die verschieden ausgeprägten Zugvögel ganz unterschiedliche Zugunruhemuster, und es besteht eine enge Korrelation zwischen der im Freiland zurückzulegenden mittleren Zugweglänge und der Gesamtmenge an im Käfig produzierter nächtlicher Zugunruhe.

Wie exakt dabei diese Zugunruhemuster das Freilandverhalten wiederspiegeln, zeigt das Beispiel des Sumpfrohrsängers. Sumpfrohrsänger verlassen die europäischen Brutgebiete schon ab Mitte Juli. Ihr südöstlicher Zugweg führt sie zunächst in den Sudan und nach Äthiopien, wo sie einige Zeit verweilen, um erst dann nach 4–6 Wochen in ihre südafrikanischen Überwinterungsgebiete weiterzuziehen. Ganz entsprechend zeigt sich ihr Laborverhalten. Nach einem frühen, anfänglichen Gipfel in der Menge an produzierter nächtlicher Zugunruhe,

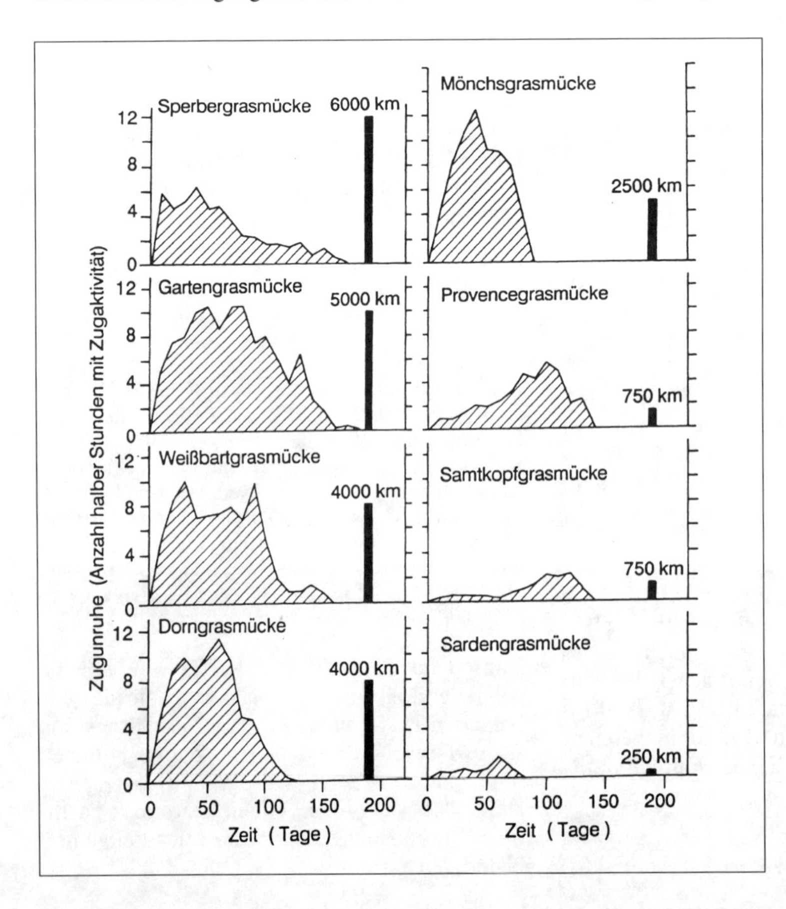

Abb. 1-74: Zusammenhang zwischen Zugunruhe (gerasterte Flächen) und Zugstrecke freilebender Artgenossen (Balken) von 8 europäischen Grasmückenarten während des ersten Wegzugs (nach Gwinner 1986).

ist die Zugunruhemenge in den folgenden Wochen deutlich niedriger, und steigt später nochmals an.

Die Menge an im Käfig produzierter Zugunruhe ist nun nicht nur artspezifisch verschieden, sondern auch innerhalb einer Art **populationsspezifisch** verschieden, entsprechend dem unterschiedlichen Zugverhalten der verschiedenen Populationen.

Mönchsgrasmücken besiedeln nahezu ganz Europa und brüten südwärts bis zu den Kapverdischen Inseln vor der westafrikanischen Küste. Mönchsgrasmücken aus verschiedenen Brutgebieten zeigen ein ganz unterschiedliches Zugverhalten (Abb. 1-68). Dieses populationsspezifisch verschiedene Zugverhalten drückt sich auch in den Zugunruhemustern aus: Finnische und süddeutsche Mönchsgrasmücken produzieren über eine lange Zeit viel nächtliche Zugunruhe. Weit weniger Zugunruhe und über eine kürzere Zeit ist bei südfranzösischen Mönchsgrasmücken festzustellen, noch weniger bei den kanarischen Vögeln (Abb. 1-75). Mönchsgrasmücken der Kapverdischen Inseln zeigen überhaupt keine nächtliche Zugunruhe mehr.

In ausführlichen Züchtungsexperimenten ist inzwischen von P. Berthold gezeigt, daß diese unterschiedlichen Zugunruhemengen und -muster tatsächlich genetisch fixiert, d. h. angeboren sind: Mönchsgrasmücken-Mischlinge von Eltern aus Süddeutschland und von den Kanarischen Inseln produzierten exakt ein intermediäres Zugunruhemuster mit intermediärer Menge an Zugunruhe (Abb. 1-75). Ja, sogar in eine nichtziehende Population läßt sich «Zug» einkreuzen. Mönchsgrasmücken von den Kapverdischen Inseln sind Standvögel. Wurden sie mit Vögeln aus Süddeutschland gekreuzt, so zeigten die Nachkommen ausgeprägtes Zugverhalten.

Der strenge art- und populationsspezifische Zusammenhang zwischen Zugweglänge und Zugunruhemenge macht sehr wahrscheinlich, daß das endogene Zugzeitprogramm die Zugweglänge wesentlich bestimmt. Mit diesem angeborenen Programm können erstmals ziehende unerfahrene Jungvögel gleichsam automatisch ihre Winterquartiere erreichen. Sie brauchen nur solange zu fliegen, wie ihnen über ihr endogenes Zugzeitprogramm vorgegeben ist, und würden so exakt ihr Ziel erreichen. Sie bräuchten jetzt nur noch Informationen darüber, in welcher Richtung dieses Ziel zu finden ist und auf welchem Weg sie es finden können.

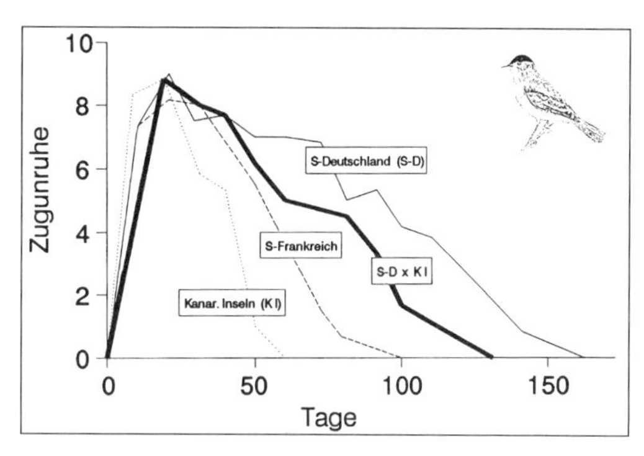

Abb. 1-75: Muster der Zugaktivität (Zugunruhe) von Mönchsgrasmücken aus 3 verschiedenen Populationen und von Hybriden zwischen süddeutschen und kanarischen Vögeln (nach Berthold u. Querner 1981).

1.4.2.2 Räumliche Orientierung

Grundsätzlich gibt es zwei verschiedene **Orientierungsleistungen**, zum einen die Richtungs- oder Kompaßorientierung, zum anderen die Zielorientierung oder Navigation i. e. S.. Der Unterschied soll an einem Beispiel verdeutlicht werden.

Baltische Stare ziehen im Herbst durch die Niederlande in ihre Winterziele im Süden Großbritanniens und Nordfrankreich (Abb. 1-76). Solche im Herbst durch Holland ziehende Stare hat A. C. Perdeck gefangen, sie in die Schweiz verfrachtet und dort beringt aufgelassen. Dabei ergab sich in der Verteilung der späteren Ringfundrückmeldungen ein interessanter Unterschied zwischen Jungvögeln (die zum ersten Mal auf ihrem Herbstzug waren) und den erfahrenen Altstaren (Abb. 1-76): Jungstare wurden in den Folgemonaten vornehmlich in Südfrankreich und Spanien bis nach Portugal gefunden, sie bewegten sich ungefähr parallel in der Richtung weiter, wie sie auch durch Holland weitergezogen wären. Altvögel dagegen fanden sich vornehmlich in Richtung auf ihr bekanntes «normales» Überwinterungsgebiet hin. Sie orientierten sich in Richtung des ihnen bekannten Winterquartiers, und verhielten sich demnach so, wie man es tut, wenn man eine Reise in ein bestimmmtes Zielgebiet vorhat. Unter Benutzung einer Landkarte bestimmt man sich das Zielgebiet und die Richtung, in der man sich zu bewegen hat. Zusätzlich benutzt man dann weitere Hilfsmittel, z. B. einen Kompaß, um die Richtung einhalten zu können.

Diese Art der Orientierung ist die **Zielorientierung**. Sie erfordert die Fähigkeit zur Navigation und eine «Landkarte». Anders ist dies bei den unerfahrenen Jungvögeln. Sie besitzen ganz offensichtlich nur eine Information über die Sollrichtung, nicht jedoch über die Lage

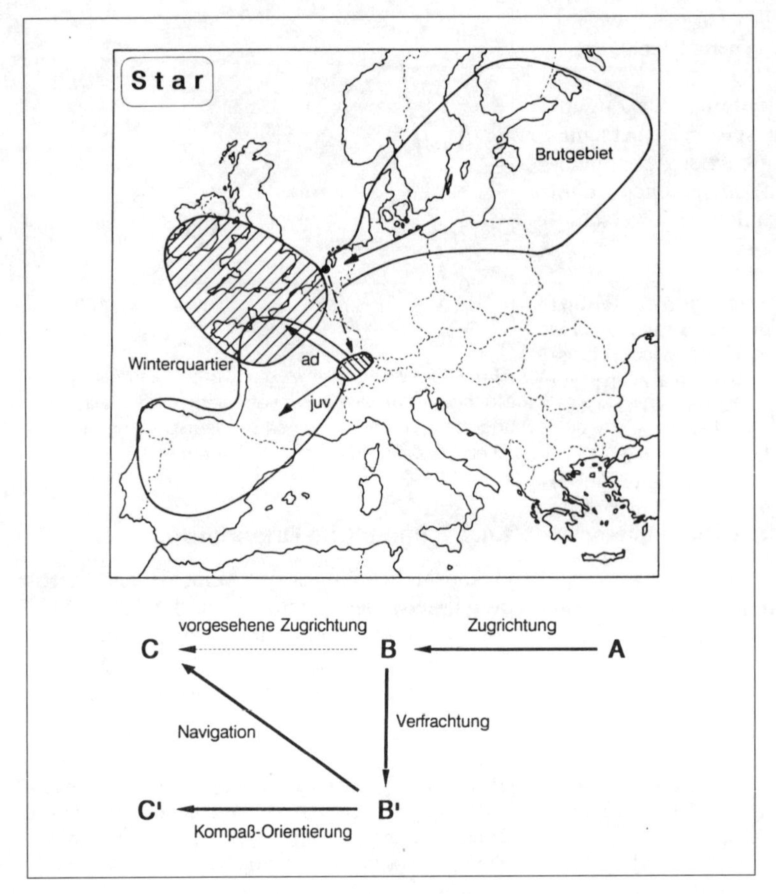

Abb. 1-76: Oben: Brutgebiet und Winterquartier von in Holland durchziehenden Staren, sowie die Verteilung von Wiederfunden von Staren, die auf ihrem Herbstzug im Oktober/November in Holland gefangen und in der Schweiz beringt aufgelassen worden waren. Während die Altstare (ad) vom Versetzungsort ihrem eigentlichen Winterquartier zustrebten, bewegten sich die Jungstare (juv) ungefähr parallel zu der ihnen gemäßen Zugrichtung nach SW.
Unten: schematische Wiedergabe. Ein nach einer Verfrachtung parallel weiterziehender Vogel folgt nur seiner inneren Richtungsinformation und arbeitet nur nach Kompaß. Kompensiert ein verfrachteter Vogel die Verfrachtung und erreicht das vorgesehene Ziel, so handelt es sich um echte Navigation (nach Perdeck 1958, Gwinner 1986 und Bergmann 1987).

des eigentlichen Zielgebiets. Ihre Orientierung ist damit eine reine **Richtungsorientierung** (Kompaßorientierung). Zugleich wird aus diesem Verfrachtungsversuch deutlich, daß die Jungvögel über eine angeborene Kenntnis dieser Richtung verfügen müssen.

Diese angeborene Kenntnis der Richtungsinformation ist neuerdings eindrucksvoll auch an gekäfigten Grasmücken gezeigt. Gartengrasmücken, wie viele andere Vogelarten oder Populationen auch, vollziehen auf ihrem Zug in die Winterquartiere ausgeprägte Richtungsänderungen. Viele mitteleuropäische Singvögel, so auch Gartengrasmücken (Abb. 1-65), ziehen zunächst in Südwest-Richtung zur Iberischen Halbinsel. Um zu ihren afrikanischen Winterquartieren zu gelangen, müssen sie ihre Richtung auf S bis SE ändern. E. Gwinner und W. Wiltschko hielten junge, handaufgezogene Gartengrasmücken bei konstanten Umgebungsbedingungen und testeten ihre Richtungswahl wiederholt in sog. Orientierungskäfigen (s. u.). Die gekäfigten Vögel wählten im August/September vornehmlich Richtungen um SW, ganz analog dem Freilandverhalten (Abb. 1-77). Wurden diese Vögel erneut im Oktober/November getestet, zeigte sich ein ganz anderes Bild. Ihre im Orientierungskäfig gewählte Richtung wies jetzt eindeutig nach SE. Erneut im Frühjahr getestet, wählten sie eine nördliche Vorzugsrichtung. Ohne jegliche Information aus dem Freiland zeigten diese Vögel also genau die Richtungswahl, die sie für ihren erfolgreichen Zug im Freiland benötigen. Ihre Richtungswahl, einschließlich der erforderlichen Richtungsänderungen ist angeboren.

Den Beleg dafür erbrachten Züchtungsexperimente mit Mönchsgrasmücken. Die Mönchsgrasmücke zeigt in Zentraleuropa eine Zugscheide (Abb. 1-68). Vögel westlich der Zugscheide ziehen in südwestlicher Richtung in Wintergebiete im westlichen Mittelmeergebiet; Mönchsgrasmücken östlicher Herkunft dagegen ziehen zunächst in den östlichen Mittelmeerraum und von dort weiter, nach einer entsprechenden Richtungsänderung, in ihre ostafrikanischen Überwinterungsgebiete. Ganz analog zeigte sich das Richtungswahlverhalten handaufgezogener gekäfigter Vögel. Während die aus der Gegend von Frankfurt/Main stammenden Mönchs-

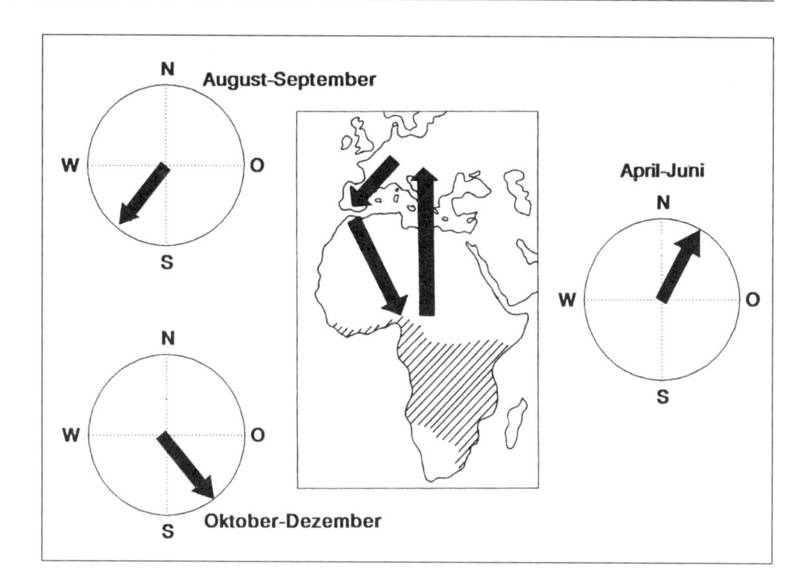

Abb. 1-77: Die spontane Richtungswahl von Gartengrasmücken in Orientierungskäfigen (Richtungspfeile in den Kreisdiagrammen) entspricht der saisonalen Richtungswahl freilebender Artgenossen (inneres Bild; nach Gwinner 1986).

grasmücken zu jeder Zeit eine südwestliche Richtungswahl trafen, war dies bei Vögeln aus dem Burgenland/Österreich anders. Sie «zogen» zunächst in Südost-Richtung, um anschließend, zeitgemäß, ihre Richtung auf S zu ändern. Kreuzungsexperimente zwischen «westlichen» und «östlichen» Mönchsgrasmücken erbrachten intermediäre Richtungswahlen und belegen eindrucksvoll die genetische Grundlage dieses Verhaltens (Abb. 1-78). Dies zeigt auch das Kreuzungsexperiment zwischen ziehenden süddeutschen und nichtziehenden kapverdischen Mönchsgrasmücken. Hierbei ließ sich in die von den Nichtziehern abstammende Nachkommengeneration nicht nur Zugaktivität «einkreuzen», sondern auch Orientierungsverhalten. Die Nachkommen zeigten im Käfig Richtungspräferenzen, die denen freilebender süddeutscher Mönchsgrasmücken entspricht.

Aus all diesen Untersuchungen zeigt sich, daß ein unerfahrener, erstmals ziehender Jungvogel mit einem inneren Programm ausgestattet ist, das ihn gleichsam «automatisch» in sein arttypisches Überwinterungsgebiet gelangen läßt. Er zieht in einer angeborenen Zugrichtung (Vektor) solange, bis ein endogenes Zugzeitprogramm abgelaufen ist. Bei Altvögeln kann dieses Verhalten durch die bereits gesammelte Erfahrung während eines früheren Zuges überlagert sein. Altvögel können sich an ihr Überwinterungsgebiet «erinnern» und es gezielt aufsuchen. Zudem kann, bei sozialen Arten, das Zugverhalten auch von Jungvögeln durch das Verhalten von Artgenossen beeinflußt sein.

Weißstörche aus Osteuropa ziehen in Süd- bis Südost-Richtung in ihre ostafrikanischen Wintergebiete (Abb. 1-63). Wurden junge Weißstörche aus Ostpreußen nach Westeuropa verfrachtet und dort aufgelassen, ohne daß sie Kontakt zu anwesenden «Weststörchen» hatten, verteilten sich ihre Ringfunde nahezu parallel zu ihrer üblichen südöstlichen Zugrichtung versetzt (Abb. 1-79). Anders dagegen war dies, wenn solche östlichen Jungvögel im Kontakt zu «Weststörchen» aufgelassen wurden. Nun zogen sie mit diesen «Weststörchen» in deren Südwest-Richtung.

Ein anderes Beispiel ist von Zwerggänsen bekannt. Im Norden Skandinaviens brütende Zwerggänse überwintern üblicherweise vornehmlich in Südost-Europa. Nach erheblichen Bestandsverlusten unter der Brutpopulation entschloß man sich zu einer

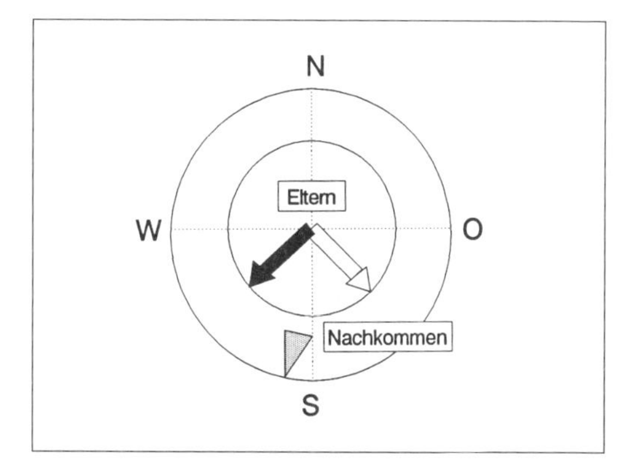

Abb. 1-78: Richtungswahl von Mönchsgrasmücken im Orientierungskäfig. Innerer Kreis: schwarzer Pfeil: Vögel aus Süddeutschland, weißer Pfeil: Vögel aus Ost-Österreich. Äußerer Kreis: Hybriden der beiden Populationen (nach Helbig 1991).

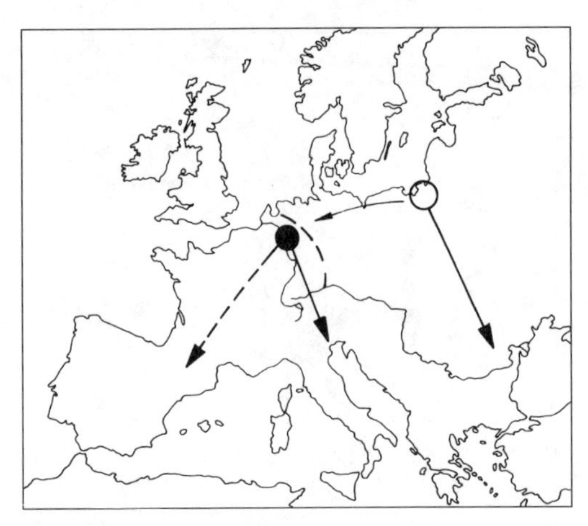

Abb. 1-79: Weißstörche aus Ostpreußen folgen auf dem Wegzug einer SSE Richtung. Ostpreußische junge Weißstörche, die nach Verfrachtung westlich der Zugscheide (Strichlinie in Mitteleuropa) freigelassen wurden, ohne dem Einfluß von Störchen aus diesem Gebiet ausgesetzt zu sein, behielten die ihnen eigene SE Zugrichtung bei (durchgezogener Pfeil). Ostpreußische Jungstörche, die westlich der Zugscheide so frühzeitig freigelassen wurden, daß sie unter dem Einfluß der nach Südwest ziehenden Störche kamen, folgten diesen nach SW (gestrichelter Pfeil; nach Gwinner in Schüz 1971).

Wiedereinbürgerung von Zwerggänsen in Nord-Schweden. Hierzu wurden junge Zwerggänse freilebenden Nonnengänsen zur Aufzucht untergeschoben. Während der nächsten Zugzeit folgten nun die jungen Zwerggänse den Zieheltern in deren (normales) Winterquartier in Holland. Auch kehrten diese Zwerggänse in ihre Aufzuchtheimat zurück. Ihr nächster selbständiger Herbstzug führte sie nun aber nicht nach Südost-Europa, sondern wiederum in die holländischen Winterquartiere, die sie auf ihrem ersten «geleiteten» Zug kennenlernten.

Sozialer Kontakt kann also ein weiterer wichtiger Faktor in der Steuerung des räumlich-zeitlichen Zugablaufs sein und modifizierend auf das angeborene Zugprogramm einwirken.

Ungeachtet der angeborenen Richtungsinformation benötigt jeder ziehende Vogel **Mechanismen**, die ihm die Richtungswahl ermöglichen. Wie ein Zugvogel die Richtung finden kann, bzw. welche Faktoren ihm den Weg weisen können, wird im folgenden vorgestellt.

Zugvögel, insbesondere Tagzieher, lassen sich bisweilen durch **Landmarken** wie Küstenlinien, Gebirgszüge oder Flußsysteme leiten. In welchem Umfang sich Zugvögel wirklich visuell nach Landmarken orientieren ist jedoch unklar. Möglicherweise spielt die visuelle Orientierung nach Landmarken während des Zuges kaum eine Rolle. Bei zum Schlag zurückkehrenden Brieftauben erfolgt eine Orientierung nach Landmarken nur in unmittelbarer Nähe des Heimatschlags.

Die primäre Orientierung erfolgt mit Hilfe sog. **Kompasse**. Ein biologischer Kompaß ist ein Mechanismus, der einem Lebewesen ermöglicht, mit Hilfe externer Bezugsysteme eine konstante Richtung einzuhalten. Vögel verfügen über mehrere Kompasse.

Die Fähigkeit, die **Sonne** als Richtungsinfomation zu benutzen, hat erstmals G. Kramer für Stare gezeigt. Ein in einem Rundkäfig gehaltener Star zeigte unter klarem Himmel eine eindeutige, dem arttypischen Freilandverhalten gemäße Richtungswahl. Unter bedecktem Himmel dagegen war diese Orientierung nicht möglich. Wurde zusätzlich in einem Spiegelversuch der Einfallswinkel der Sonne verändert, änderten auch die Stare im Richtungskäfig analog ihre Richtungswahl. Sie folgten in ihrer subjektiven Richtungswahl dem geänderten Sonnenstand. Zudem war die Richtungswahl dieser Stare unabhängig von der Tageszeit.

Um einen solchen **Sonnenkompaß** benutzen zu können, ist eine Zeitmessung erforderlich, die die scheinbare Tagesbewegung der Sonne um die Erde verrechnet. Die Vögel benötigen eine «innere Uhr», um zu wissen, wann die Sonne in welcher Richtung steht. Nachgewiesen wurde die Existenz dieser tageszeitlichen inneren Uhr wiederum an Staren, aber auch an Brieftauben. Wurde die innere Uhr der Versuchsvögel durch Verschiebung des Hell-Dunkel-Rhythmus gegenüber dem natürlichen Tag verstellt, so orientierten sich die Vögel gegenüber der normalen Situation «falsch», da sie den Sonnenstand falsch schätzten.

Die Orientierung der Vögel nach der Sonne erfolgt dabei nicht nach der tageszeitlichen Höhe des Sonnenstandes, sondern nach dem Azimut. Es handel sich hier also um einen Sonnen-Azimut-Kompaß.

Trotz des Nachweises, daß Vogelarten die Sonne als Orientierungssystem nutzen können,

Abb. 1-80: Richtungswahl von 3 Indigofinken während des Herbstzuges. Links: unter natürlichem Nachthimmel mit Sternensicht; Mitte: unter einem Planetariumshimmel, der den natürlichen Sternenhimmel immitierte; rechts: unter einem Planetariumshimmel, dessen N-S-Achse um 180° gedreht wurde (nach Emlen 1967).

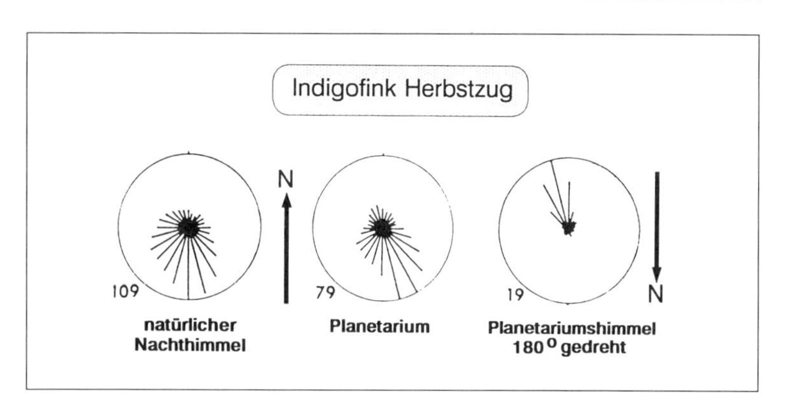

ist offen, in welchem Umfang Zugvögel diesen Sonnenkompaß auf ihren Wanderungen wirklich verwenden.

Viele Vogelarten, insbesondere Kleinvögel, ziehen allein während der Nacht. Für solche Nachtzieher sind vor allem zwei Kompaßsysteme nachgewiesen, mit denen sie ihre Zugrichtung bestimmen können: der Sternenkompaß und der Magnetkompaß.

Hinweise für die Existenz eines **Sternenkompasses** ergeben sich aus zahlreichen Radarbefunden zum Vogelzug. Während nämlich unter klarem Himmel die Richtungswahl von auf dem Radarschirm erkennbaren ziehenden Vögeln sehr präzise ist, ist das Orientierungsvermögen bei bedecktem Himmel deutlich geringer.

Experimentell nachgewiesen ist die Verwendung eines Sternenkompaß unter anderem bei nordamerikanischen Indigofinken. Unter einem künstlichem Sternenhimmel in einem Planetarium, das den natürlichen Sternenhimmel imitierte, verhielten sich diese Vögel wie unter dem natürlichen, klaren Sternenhimmel und sie wählten die der Zugzeit entsprechende Richtung (Abb. 1-80). Wurde nun der künstliche Himmel um 180° gedreht, änderte sich in entsprechender Weise auch die Richtungswahl der Versuchsvögel.

Anders als beim Sonnenkompaß verrechnen aber die Vögel beim Sternenkompaß nicht die relativen Wanderungen der Gestirne, sondern deren feste Lagebeziehungen zueinander (Abb. 1-81). Ähnlich wie die Lage des Polarsterns leicht aus der 5-fachen Verlängerung des Abstandes der beiden hinteren Sterne des Großen Wagens gefunden und so die Nordrichtung bestimmt werden kann, benutzen auch Vögel die Gestirne unabhängig von ihrer aktuellen Lage am Himmel. Entscheidend ist der **Rotationsmittelpunkt**. Die experimentelle Reduktion des komplexen Sternenhimmels auf nur noch wenige, sich bewegende Lichtpunkte ist jungen Gartengrasmücken ausreichend, um nach diesem Rotationsmittelpunkt ihre Richtung zu wählen. Herbstlicher Wegzug bedeutet

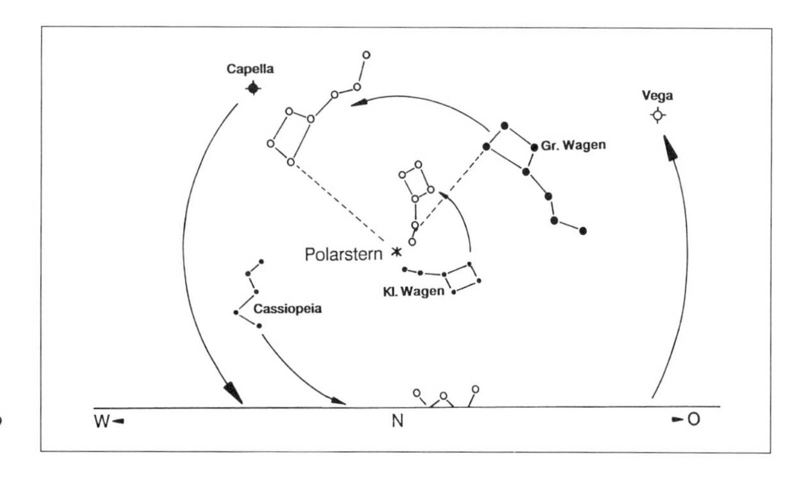

Abb. 1-81: Blick auf den nördlichen Himmel im Frühjahr; Standpunkt 30°N; ausgefüllte Symbole: Standort der Gestirne am frühen Abend; offene Symbole: 6 Stunden später. Die Peillinie «Großer Wagen»-Polarstern ist gestrichelt eingetragen (nach Wiltschko u. Wiltschko 1988).

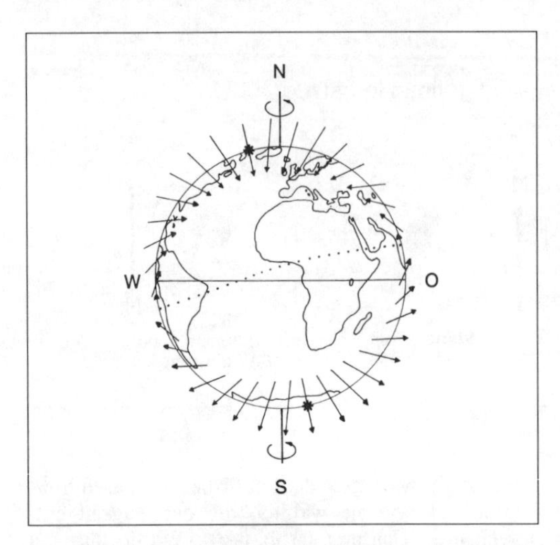

Abb. 1-82: Das Magnetfeld der Erde. Der geografische Äquator ist als durchgezogene Linie, der magnetische Äquator als Punktlinie, die magnetischen Pole sind als Sterne eingetragen. Die Pfeile geben Winkel und Richtung der Magnetfeldlinien (Inklination) an. Auf der südlichen Halbkugel verlassen die Feldlinie die Erdoberfläche, auf der nördlichen Halbkugel dringen sie wieder ein (nach Wiltschko u. Wiltschko in Berthold 1991).

für sie Wegzug vom Rotationsmittelpunkt, d. h. südwärts, Zug im Frühjahr dagegen hin zum Rotationsmittelpunkt, d. h. nordwärts. «Wirklicher Himmel» ist nicht notwendig. Zudem ergab sich, daß dieser Sternenkompaß während einer sensiblen Phase in der Jugendentwicklung, vor erstmaligem Zugbeginn, erlernt werden muß.

Der zweite für Nachtzieher nachgewiesene Kompaß ist der **Magnetkompaß**. Die Erde selbst stellt einen riesigen Magneten dar (Abb. 1-82). Die magnetischen Feldlinien verlassen die Erdoberfläche nahe des geografischen Südpols und treffen wieder auf sie nahe des geografischen Nordpols. Dazwischen nehmen die Feldlinien ganz unterschiedliche Winkel zur Erdoberfläche ein (**Inklination**).

Den Nachweis, daß das Erdmagnetfeld die Orientierung von Zugvögeln beeinflußt, erbrachten W. Merkel und W. Wiltschko erstmals an Rotkehlchen. Hielten sie Rotkehlchen im Herbst oder Frühjahr in einem Holzhaus in Orientierungskäfigen, so zeigten diese Vögel ihre adäquate Zugrichtung, d. h. gen SW im Herbst und gen N im Frühjahr (Abb. 1-83). In einer Stahlkammer hingegen, wo das natürliche Erdmagnetfeld weitgehend abgeschirmt war, waren die Vögel desorientiert. Schließlich wurden Rotkehlchen in einem künstlichen Magnetfeld untersucht, bei dem die Nordrichtung des künstlichen Magnetfeldes gegenüber dem natürlichen Feld verändert war. In jedem Fall folgte die von den Vögeln eingeschlagene Mittelrichtung der Drehung des künstlichen Magnetfeldes.

Dies bedeutete, daß diese Zugvögel in der Lage sind, das Erdmagnetfeld zu perzipieren und es für die Einhaltung ihrer Zugrichtung als Bezugsystem zu benutzen. Ein solcher Magnetkompaß ist inzwischen für mehr als zehn Arten nachgewiesen, u. a. für die Gartengrasmücke, die Mönchsgrasmücke, die Dorngrasmücke und Trauerschnäpper.

Allerdings benutzen Vögel das Erdmagnetfeld nicht, wie ein technischer Kompaß, über seine

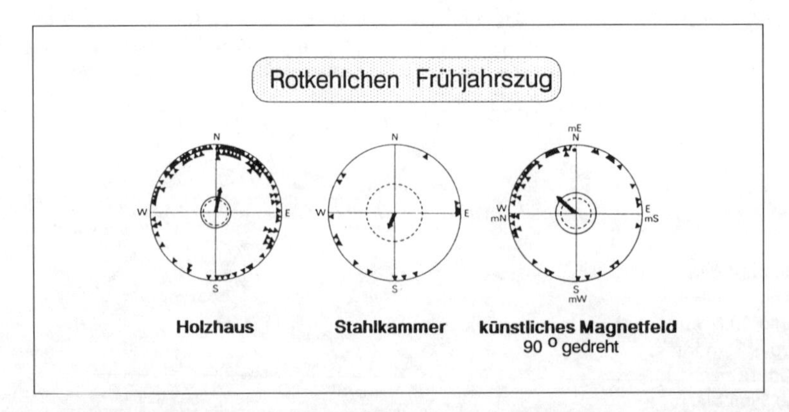

Abb. 1-83: Richtungswahl von Rotkehlchen während des Frühjahrszuges. Links: Versuche in einem Holzhaus mit natürlichem Magnetfeld; Mitte: in einer Stahlkammer mit abgeschirmtem natürlichen Magnetfeld; rechts: in einem künstlichen Magnetfeld, dessen Richtung um 90° gedreht wurde. Die Dreiecke geben die mittlere Richtungsbevorzugung eines einzelnen Vogels über eine Versuchsnacht an, die Pfeile beschreiben die mittlere Richtungswahl aller Versuchsvögel. Die inneren Kreise beschreiben statistische Signifikanzschranken (nach Wiltschko 1968).

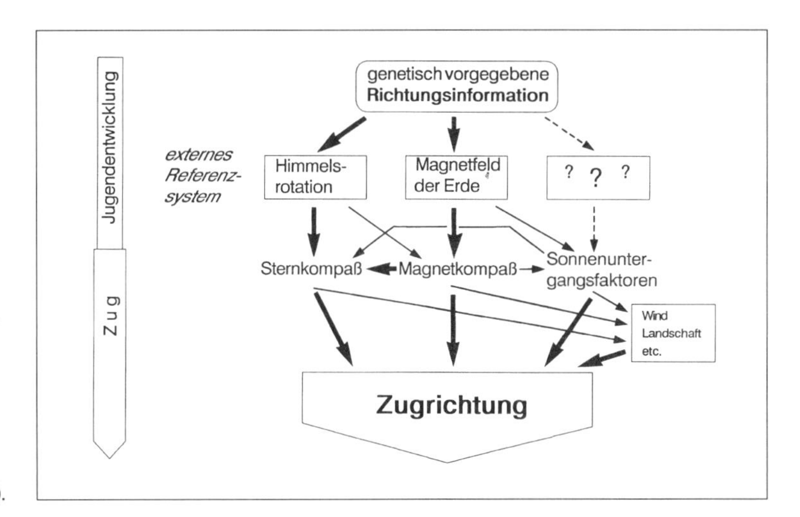

Abb. 1-84: Beziehungen zwischen den einzelnen Orientierungsfaktoren und Orientierungsmechanismen. Mit dünnen Pfeilen und gestrichelt sowie mit Fragezeichen sind solche Beziehungen und Faktoren gekennzeichnet, die noch wenig bekannt sind (nach Wiltschko u. Wiltschko 1988).

Polarität, sondern sie verrechnen den Verlauf der Feldlinien und ihre Neigung im Raum, die Inklination. Sie unterscheiden damit nicht zwischen «N» und «S», sondern zwischen «polwärts» bzw. «äquatorwärts». «Nord» ist somit in unseren Breiten dort, wo die Feldlinienachsen nach unten zeigen. Umgekehrt ist es auf der Südhalbkugel. Unklar ist heute noch, wie Vögel das Erdmagnetfeld perzipieren. Ein einfaches «Magnetsinnesorgan» scheint es aber nicht zu geben.

Ungeachtet der Unsicherheit über die zugrundeliegenden Mechanismen der Magnetfeldwahrnehmung ist kaum bestritten, daß das Erdmagnetfeld zusammen mit der Himmelsrotation der Gestirne die beiden wichtigsten Referenzsysteme sind, mit denen sich nächtlich ziehende Vögel orientieren und so eine angeborene Information über die Zugrichtung in eine aktuelle Richtungswahl umsetzen.

Im Experiment können sich Vögel ausschließlich und unabhängig nach dem einen oder anderen dieser Bezugsysteme richtig orientieren. Dies zeigt, daß die genetisch bestimmte Richtungsinformation zweifach vorhanden ist, mit dem Magnetfeld und mit der Himmelsrotation. Dennoch ist die Richtungsorientierung ziehender Vögel wohl eher ein multifaktorielles System, in dem die einzelnen Faktoren in vielfältiger Weise zusammenwirken (Abb. 1-84). So ist durch Radarbeobachtungen ziehender Vögel dokumentiert, daß die Orientierung klarer und deutlicher erscheint, wenn Sterne sichtbar sind, und unter geschlossener Wolkendecke erheblich mehr streut.

Ursache für die Ausbildung eines so komplexen Systems könnte sein, daß die beiden Referenzsysteme, Magnetfeld und Himmelsrotation, im Verlauf des Zuges unterschiedlich verläßlich sind. Zu Zugbeginn in höheren Breiten scheint die Himmelsrotation ein verläßlicherer Bezug für «N» zu sein als das Erdmagnetfeld, das hier mehr variabel ist. Zu Beginn des Wegzuges scheint der Sternkompaß dominierend. Im Verlauf des Zuges zu niedrigen Breiten ist der Rotationsmittelpunkt des Himmels zunehmend schlechter zu sehen, vertraute Sternbilder aus der Heimatregion verschwinden und neue Sternbilder am südlichen Himmel erscheinen. Einen regelmäßigeren Verlauf hat jedoch das Erdmagnetfeld, und der Magnetkompaß wird bedeutsamer. Die neuen südlichen Sternbilder werden nach dem Magnetfeld eingeeicht und können dann in der Folge wieder zur Orientierung benutzt werden.

Wurden z. B. Gartengrasmücken während des Herbstzuges in Freilandversuchen unter dem natürlichen Sternhimmel in einem um 120° gedrehten Magnetfeld getestet, so wählten sie ihre «Zugrichtung» entsprechend dem experimentell veränderten Magnetfeld und hielten sich nicht an die Sterne. Der dominante Mechanismus ist offensichtlich die Orientierung nach dem Erdmagnetfeld. Wurden die Vögel anschließend in einem Magnetfeld getestet, das für die Vögel keine Richtungsinformation mehr enthielt, wählten die Vögel die Richtung, die sie in den Versuchen davor mit dem geänderten Magnetfeld eingeschlagen hatten. Bei nun fehlender magnetischer Information benutzten sie also ihren Sternkompaß nach dem experimentell gedrehten Magnetfeld. Sie hatten ihren Sternkompaß neu eingeeicht.

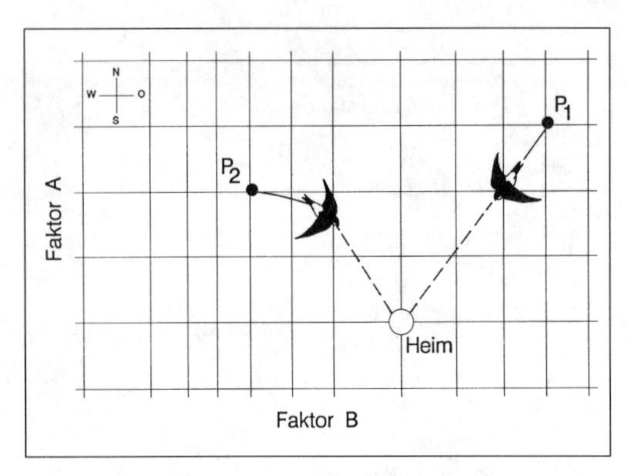

Abb. 1-85: Beispiel einer Navigationskarte mit Gradienten zweier Faktoren A und B. In einem solchen Gradientennetz kann der Vogel seine Position und seine Heimrichtung feststellen (nach Wiltschko u. Wiltschko 1979).

Neben diesen hauptsächlichen, primären Orientierungssystemen bei Nachtziehern scheinen sekundär auch einige andere Faktoren beteiligt zu sein. Neben Einflüssen der Witterung, vor allem Wind oder Eigenschaften der Landschaft, sind dies insbesondere Faktoren, die mit der untergehenden Sonne zu tun haben. Dies kann zum einen der Ort des Sonnenuntergangs sein (**Sonnenuntergangspunkt**), zum anderen aber gibt es Hinweise, daß das Himmelspolarisationsmuster der untergehenden Sonne eine wichtige Richtungsinformation für gerade aufbrechende Zugvögel ist und die Präzision ihrer Anfangsorientierung wesentlich verbessert.

Zusammenfassend wird deutlich, daß ziehende Vögel eine Vielzahl von Möglichkeiten haben, ihre optische und magnetische Umwelt für ihre Orientierungsleistung zu benutzen. Primäre und sekundäre Faktoren wirken zusammen, um so das Orientierungssystem dieser Vögel auch unter wechselnden Umweltbedingungen (z. B. bedeckter Himmel, Wolken, etc.) zu stabilisieren und sie weniger anfällig gegenüber Störungen zu machen.

Im Gegensatz zur Richtungsorientierung sind die **Mechanismen der Zielorientierung** noch weitgehend unbekannt. Sie dürften jedoch denen ähnlich sein, die für die Kompaßorientierung eingesetzt werden.

Daß Vögel zu erstaunlichen Navigationsleistungen fähig sind, zeigen die vielen Belege über Brutortstreue, wo nicht wenige Individuen sogar in das Vorjahresnest zurückkehren, zur Rastgebiets- und Winterquartierstreue, zur Fähigkeit, Verdriftung durch z. B. Wind zu kompensieren oder gerade die experimentellen Befunde bei Verfrachtungen (z. B. Abb. 1-76, Star). Voraussetzung für erfolgreiche Zielorientierung ist eine sog. **Navigationskarte**. Neben der Information über eine einzuhaltende Richtung benötigen navigierende Vögel eine Karte, mit deren Hilfe sie die Richtung ihrer Navigation bestimmen können (**Karte-Kompaß-Konzept**).

Für Zugvögel ist vorstellbar, daß sie aus großer Entfernung über eine **Gradientenkarte** navigieren, also unter Nutzung von Umweltinformationen, die natürliche Gradienten ausbilden. Für eine eindeutige Navigation sind mindestens zwei solcher Gradienten erforderlich, die sich zu einer bidirektionalen Gradientenkarte vereinen lassen (Abb. 1-85). Einmal in die Nähe ihres Zielgebiets zurückgekehrt, könnten sie eine Mosaikkarte topografischer Eigenschaften benutzen, die sie dann exakt an z. B. den vorjährigen Brutplatz zurückkehren läßt.

Welche Faktoren solche Navigationskarten ausmachen, ist noch weitgehend unbekannt. Es wird derzeit von einem multifaktoriellen Karte-Kompaß-System (Abb. 1-86) ausgegangen. Neben der Möglichkeit, nach der Sonne, den Sternen oder dem Erdmagnetfeld zu navigieren, könnten Zugvögel auch Luftdruckunterschiede, Infraschall, polarisiertes Licht oder andere geophysikalische Größen zur Navigation nutzen. Auch eine **olfaktorische Navigation** wird diskutiert, d. h. die Fähigkeit, Duftfelder der Landschaft über eine olfaktorische Mosaikkarte zu benutzen und sich so geruchlich zu orientieren. Doch sind die Befunde noch widersprüchlich und es fehlen bisher detaillierte Untersuchungen an echten Zugvögeln. Die heutige Vorstellung zur Navigation beruht vor allem auf Untersuchungen an Brieftauben, die nach Verfrachtung zu ihrem Schlag zurückkehren.

Für Zugvögel nehmen W. und R. Wiltschko an, daß sie wohl die meiste Zeit ihrer Reise nach den ihnen angeborenen Richtungen und nach einem angeborenen Zeitprogramm fliegen, und so in jedem Fall ungefähr in die Nähe ihres Zielgebiets geleitet werden. Nicht erstmals ziehende, erfahrene Vögel könnten dann auf ein Navigationsystem umschalten, das ihnen das Auffinden des spezifischen Platzes aus dem Vorjahr ermöglicht, mit ihrer «ganz persönlichen» Information und Kenntnis des Ortes.

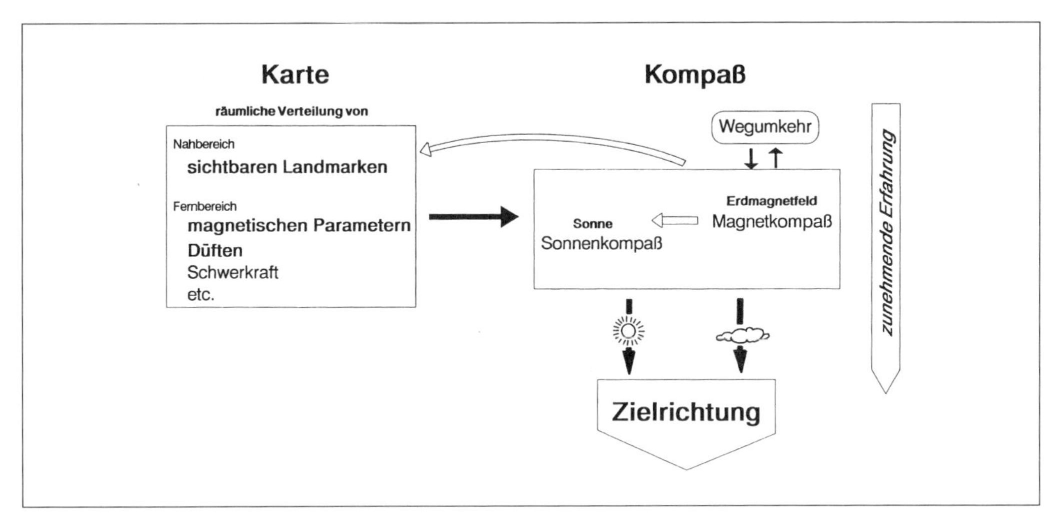

Abb. 1-86: Modell eines Navigationssystems für Vögel. Das derzeitige «Karte-Kompaß-Konzept» geht von einem multifaktoriellen System aus. Ausgefüllte Pfeile beschreiben Faktoren, die für die Bestimmung der Heimrichtung benutzt werden, offene Pfeile beschreiben Lernprozesse während der Ontogenese und mit denen das System ständig aktualisiert werden kann (nach Wiltschko et al. 1991).

1.4.3 Energetik des Vogelzuges

1.4.3.1 Zugzeitliche Fettdeposition

Energie (Treibstoff) für den aktiven Flug während des Zuges ist hauptsächlich **Fett**. Ohne entsprechende Fettreserven sind lange Flüge nicht möglich. Die vom Vogel vor Aufbruch zu einem Flug deponierte Fettmenge bestimmt die Flugdauer und somit die Flugdistanz. Eine der auffälligsten Anpassungen an das Zugverhalten vieler Arten ist deshalb ein jahreszeitliches, zugzeitliches Fettwerden (zugzeitliche Fettdeposition).

Gartengrasmücken beispielsweise wiegen vor dem Herbstzug oder im afrikanischen Ruhegebiet meist zwischen 16 und 18 g. Zur Zugzeit hingegen, sowohl im Herbst wie Frühjahr, können Körpermassen von bis zu 34 g erreicht werden. Bei der Gartengrasmücke und anderen nach Westafrika ziehenden Arten erfolgt dieses Auftanken vornehmlich unmittelbar vor Durchquerung der Wüste, im Herbst in Südwest-Spanien und in Nordwest-Afrika (Abb. 1-87), für den Rückzug im Frühjahr in der Sahelzone. Durchschnittlich liegen die zugzeitlichen Maximalkörpermassen von Gartengrasmücken um etwa 80% über den Normalwerten außerhalb der Zugzeiten.

Bei vielen Arten ist der überwiegende Teil dieser Massenzunahme auf die Bildung ausgedehnter, subcutaner **Fettpolster** zurückzuführen (Abb. 1-88). Teilweise werden aber auch in erheblichem Umfang Proteine deponiert, so gerade bei vielen arktischen Limikolen wie dem Knutt und der Pfuhlschnepfe. Bei ihnen können bis zu 50% der Massenzunahme auf die Deposition von Proteinen zurückgehen. Nur ein Teil dieser Proteindeposition erfolgt über die Vergrößerung der Flugmuskulatur (Muskelhypertrophie).

Für viele Langstreckenzieher macht die zugzeitliche Depotfettbildung durchschnittlich etwa 35–50% ihrer zugzeitlichen Körpermasse

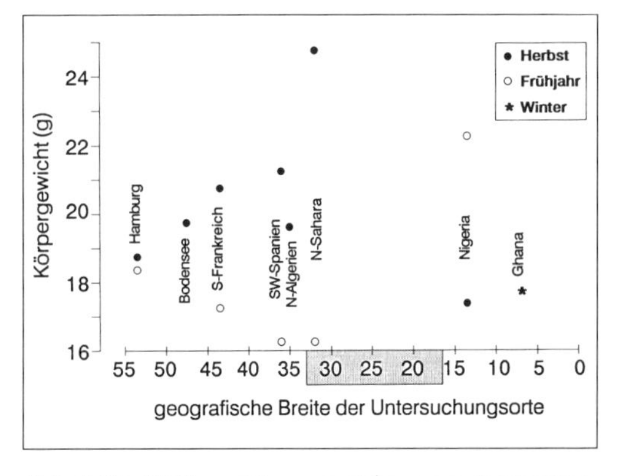

Abb. 1-87: Mittlere Körpergewichte von Gartengrasmücken an verschiedenen Orten im Zugverlauf. Schattierter Bereich: Ausdehnung der Sahara (aus Bairlein 1992).

Abb. 1-88: Depotfett bei der Gartengrasmücke. Links: ein recht magerer Vogel, der noch nicht in der Lage wäre, lange Zugstrecken zu bewältigen. Rechts: ein fetter Vogel, bestens präpariert für seine weite Reise. Dieser Energievorrat ist nach Wegblasen des Brustgefieders beim lebenden Vogel leicht zu erkennen (Aufnahme: F. Bairlein).

aus. Vor allem bei Arten, die große ökologische Barrieren wie Meere oder Wüsten zu überwinden haben, kann die zugzeitliche Fettdeposition zu einer Verdoppelung der fettfreien Körpermasse vor der Zugzeit führen. Kleinere Arten weisen relativ größere Fettdepots auf als große Arten, und die Rate der Depotfettbildung ist bei kleineren Arten höher als bei großen. Geringe bis mittlere Mengen an Speicherfett für den folgenden Zug bilden Kurz- bis Mittelstreckenzieher. Bei ihnen sind

Freiland
Herbstzug
Frühjahr
Labor
Zugunruhe
Jun Aug Okt Dez Feb Apr Jun
Körpergewicht (g)
25
20
15
Jun Aug Okt Dez Feb Apr Jun

Abb. 1-89: Schematische Darstellung des Zugverhaltens von Gartengrasmücken im Freiland und unter kontrollierten Bedingungen in Gefangenschaft. In Gefangenschaft zeigen Gartengrasmücken nächtliche Zugaktivität und saisonale Gewichtsänderungen dann, wenn sie im Freiland ziehen würden (Bairlein, unveröff.).

durchschnittlich meist weniger als 20% der Körpermasse zur Zugzeit Zugfett.

Grundlage für die zugzeitliche Fettdeposition ist wiederum eine **angeborene circannuale Disposition**. Auch gekäfigte Zugvögel werden unter konstanten Haltungsbedingungen dann fett, wenn sie im Freiland ziehen würden (Abb. 1-89). Arten, die natürlicherweise früh ziehen, werden auch in Gefangenschaft in einem früheren Alter zugfett als spät ziehende Arten, und solche, die lange Strecken ziehen, werden fetter als Kurz- oder Mittelstreckenzieher. Somit verfügen solche Zugvögel über ein endogenes Programm, das ihnen den Zeitpunkt zugzeitlicher Depotfettbildung und deren Ausmaß unabhängig von äußeren Faktoren angeborenermaßen bestimmt.

In der Freilandsituation können ökologische Barrieren wie Wüsten und Meere nur dann erfolgreich bewältigt werden, wenn vor dem Aufbruch zum Zug eine ausreichende Fettdeposition möglich war. Das Ausmaß der Fettdeposition ist entscheidend abhängig vom jeweiligen **Nahrungsangebot im Rastgebiet**. Damit ist das aktuelle Nahrungsangebot eines Rastgebietes ein entscheidender exogener Steuerungsfaktor des räumlich-zeitlichen Zugablaufs, der das angeborene Zugprogramm erheblich modifizieren kann. Welche Umstände im einzelnen einen Zugvogel veranlassen, in einem Rastgebiet zur (weiteren) Fettdeposition zu verweilen oder weiterzuziehen, ist noch wenig bekannt.

Unter der Annahme, daß Selektion solche Individuen begünstigt, die möglichst rasch ziehen und so z. B. vor anderen Konkurrenten am

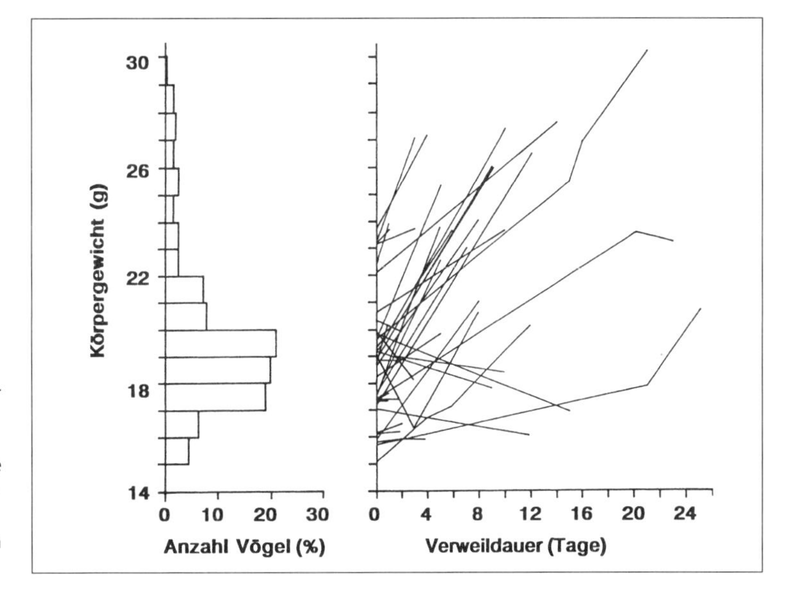

Abb. 1-90: Körpergewichte von Gartengrasmücken während des Herbstzuges in N-Algerien. Links: Häufigkeitsverteilung der Gewichte beim Erstfang; rechts: individuelle Gewichtsveränderungen von Wiederfängen (nach Bairlein 1987).

Zielort eintreffen, sollte ein hoher Selektionsdruck auf möglichst rascher Depotfettbildung liegen. Somit sollte ein Zugvogel unmittelbar dann weiterziehen, wenn er die notwendigen Fettreserven für seinen Zug erreicht hat, oder er sollte in ein anderes alternatives Rastgebiet zu weiterer Depotfettbildung dann wechseln, wenn das aktuelle Nahrungsangebot zu gering ist, um ihm (noch) eine entsprechende Fettdepositionsrate zu ermöglichen.

In einem nordalgerischen Rastgebiet frisch gefangene und gekäfigte Gartengrasmücken waren nur dann in der nächstfolgenden Nacht zugaktiv, wenn sie über ausreichende Fettvorräte verfügten. Auch schwedische Rotkehlchen waren nur dann zugmotiviert, und brachen nach experimenteller Freilassung zum Zug auf, wenn sie ausreichend fett waren. An gekäfigten Gartengrasmücken und Grauschnäppern ist gezeigt, daß nach einer durch vorübergehenden Futterentzug erzwungenen «Zugunterbrechung» nächtliche Zugunruhe dann wieder einsetzte, wenn die Vögel erneut ausreichend zugenommen hatten.

1.4.3.2 Mechanismen der zugzeitlichen Depotfettbildung

Die zugzeitliche Fettdeposition erfolgt vielfach sehr rasch mit täglichen Raten der Depotfettbildung von mehr als 10% der fettfreien Körpermasse (Abb. 1-90). So können Gartengrasmücken bei einer fettfreien Masse von etwa 15 g in einem guten Rastgebiet täglich um bis zu 1,8 g an Körpermasse aufbauen (Abb. 1-90). Damit stellt sich die Frage, wie diese Vögel es schaffen, in so kurzer Zeit so fett zu werden. Ausgehend von Untersuchungen an nordamerikanischen Ammern im Frühjahr kam man zu der Annahme, daß dieses Fettwerden nur darauf zurückzuführen ist, daß diese Vögel zur Zugzeit einfach entsprechend mehr fressen (Abb. 1-91). Für solche Körner-

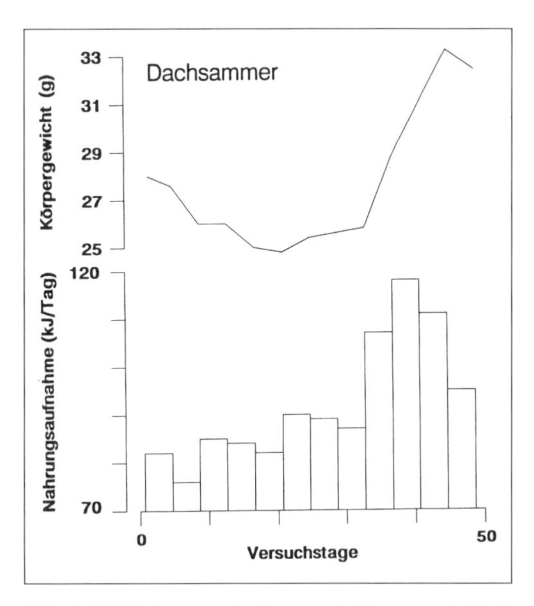

Abb. 1-91: Nahrungsaufnahme und Körpergewicht einer gekäfigten Dachsammer während des Frühjahrszuges (nach King 1961).

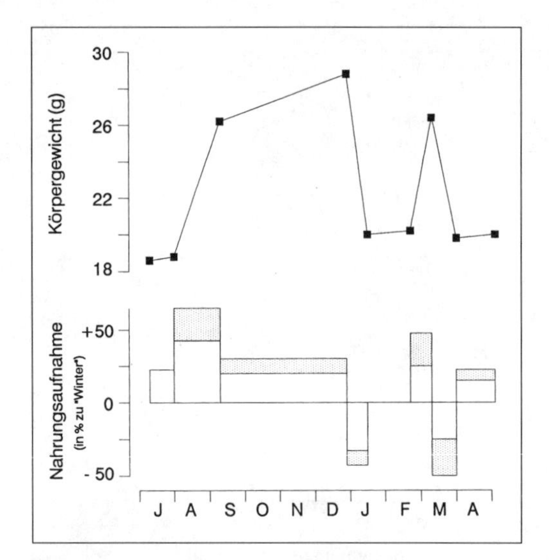

Abb. 1-92: Jahresgang des Körpergewichts und der Nahrungsaufnahme von Gartengrasmücken unter kontrollierten Haltungsbedingungen. Die Nahrungsaufnahme ist in relativen Veränderungen im Vergleich zur «Winterphase» dargestellt. Die hellen Säulen beschreiben die Menge an gefressenem Futter, die gerasterten Flächen zeigen die Erhöhung der Netto-Futteraufnahme durch bessere Nahrungsausnutzung (nach Bairlein 1985).

fresser ist dieses Mehrfressen (**Hyperphagie**) durchaus günstig. Ihre Nahrung ist vielfach lokal sehr häufig, so daß eine verstärkte Nahrungsaufnahme kaum einen zusätzlichen Aufwand für die Nahrungssuche erfordert.

Anders ist dies jedoch bei Arten, die sich von wenig häufiger oder beweglicher Beute ernähren. Hier resultiert eine verstärkte Nahrungsaufnahme zwangsläufig in einem ebenfalls erheblich gesteigerten Aufwand für die Nahrungssuche. Dies bringt zusätzliche Kosten mit sich. Für solche Arten wäre (zusätzlich) eine verbesserte Verwertung (Ausnutzung) der aufgenommenen Nahrung sehr vorteilhaft.

Ein experimenteller Beleg hierfür wurde an Gartengrasmücken erbracht. Erhielten gekäfigte Gartengrasmücken fortgesetzt ein in seiner Zusammensetzung konstantes Futter, so fraßen sie während der zugzeitlichen Fettdeposition nicht nur um etwa 40% mehr davon, sondern sie verbesserten zu dieser Zeit auch die Verwertung des aufgenommenen Futters (Abb. 1-92). Insgesamt führten Hyperphagie und verbesserte Ausnutzung zu einer während der zugzeitlichen Depotfettbildung um etwa 60% gesteigerten Nettofutteraufnahme (Futteraufnahme abzüglich der Menge an unverdaut ausgeschiedener Nahrung), im Vergleich zur Vorzugzeit oder «winterlichen» Ruhe. Zur Zugzeit ist insbesondere die Verwertung der über die Nahrung aufgenommenen Lipide und Proteine erhöht.

Effizientere Verwertung ist aus ökonomischen Gründen sehr vorteilhaft, da so der Aufwand für die «teure» Nahrungssuche reduziert, und damit der Gewinn für die Depotfettbildung maximiert werden kann. Die physiologischen Mechanismen, die einer solchen Veränderung der Effizienz in der Ausnutzung der Nahrung zugrunde liegen, sind noch unbekannt. Interessant ist jedoch, daß diese Ergebnisse an unter konstanten Bedingungen gehaltenen Vögeln gewonnen werden konnten. Damit darf angenommen werden, daß diese jahreszeitliche physiologische Anpassung an die zugzeitliche Depotfettbildung einer endogenen Kontrolle unterliegt, die sicherstellt, daß solche Zugvögel unabhängig von Außenfaktoren rechtzeitig in eine entsprechende physiologische Disposition für zugzeitliches Fettwerden gelangen.

Eine weitere wichtige Anpassung an die zugzeitliche Fettdeposition ist bei vielen Arten eine **Umstellung** in ihrer **Ernährung**. Wie bereits erwähnt (s. 1.2.2.1), zeigen viele Zugvögel gerade zur Zugzeit eine veränderte Ernährung.

Gänse beispielsweise wählen besonders proteinreiche Gräser und Kräuter. Durch Mittel-Texas ziehende Limikolen fraßen neben animalischer Kost gerade auch Sämereien und erreichten in einem solchen samenreichen Rastgebiet eine bessere Fettdeposition als in Rastgebieten an der Küste, wo zwar auch viel animalische Nahrung vorhanden war, Sämereien aber fehlten. Auch Buchfinken ändern ihre Nahrungswahl. Zur Brutzeit ist ihr Speisezettel von zahlreichen Insekten bestimmt, zur Zugzeit dagegen nehmen sie vermehrt Sämereien auf.

Besonders auffällig ist diese jahreszeitliche Veränderung in der Ernährung bei vielen Singvögeln, die sich zur Brutzeit vornehmlich von Kerbtieren ernähren, zur zugzeitlichen Fettdeposition jedoch zu einem erheblichen Teil Beeren und fleischige Früchte fressen. Insbesondere in den herbstlichen Rastgebieten am Mittelmeer, aber auch vor dem Rückzug im tropischen Afrika, spielen Beeren und Früchte eine große Rolle in der Ernährung zugdisponierter Vögel. Viele Arten sind dann nahezu ausschließlich frugivor, so z. B. die Gartengrasmücke.

Die Umstellung mancher Zugvögel auf vegetabilische Ernährung ist **ökonomisch**. Der Aufwand für die tägliche Nahrungssuche wird so erheblich reduziert. Vegetabilien sind meist lokal sehr häufig und können ohne großen Aufwand für die Nahrungssuche ausgebeutet werden. Zudem erweisen sich, entgegen einer früheren Ansicht, die von den Vögeln präferierten Beeren und Früchte als qualitativ hochwertige Nahrung und können sich sogar begünstigend auf die Rate der Depotfettbildung auswirken (s. 1.2.2.1). Weiterhin sind diese Vögel offensichtlich in der Lage, die spezifische Nährstoffqualität ihrer Nahrung zu erkennen und dann besonders die «lohnendsten» Beeren und Früchte zu wählen. Zudem befinden sich solche Zugvögel, endogen disponiert, in einer physiologischen Phase erhöhter resorptiver Kapazität mit einer verbesserten Verwertung der aufgenommenen Nahrung, wodurch sie die Beeren und Früchte sehr effizient auswerten können. Die Aufnahme von Vegetabilien reduziert somit den Bedarf an animalischer Kost und damit die «hohen» Kosten, diese erst zu erbeuten. Damit bleibt mehr «überschüssige» Energie für den raschen Aufbau der Fettdepots.

Diese mehr aus Laboruntersuchungen abgeleiteten Schlußfolgerungen zu den Vorteilen einer zugzeitlichen Frugivorie finden ihre Bestätigung durch eine Reihe von Freilandbefunden. So waren im Herbst bei Budapest an Schwarzem Holunder gefangene Durchzügler wesentlich schwerer und zeigten eine ausgeprägtere Fettdeposition als anderenorts. Ähnliches gilt für an Feigen gefangene Rastvögel im Mittelmeergebiet. Vögel, die Zugang zu fruchtenden Feigenbäumen hatten, waren durchweg schwerer und hatten höhere tägliche Raten der Depotfettbildung als solche in Gebieten ohne Feigen, trotz eines überall ähnlichen und ausreichenden Insektenangebots. Auch Rotkehlchen zeigten in Gebieten mit fettreichen Vegetabilien eine ausgeprägtere Fettdepostion als in anderen Gebieten. Zudem besteht ein interessanter Zusammenhang zwischen dem Nahrungsangebot eines Rastgebietes und der Häufigkeit von durchziehenden Vögeln. In einem südwestspanischen Rastgebiet innerhalb des Nationalpark Coto de Donana waren Gartengrasmücken, Laubsänger und andere Arten dann häufig, wenn es dort ein gutes Angebot an lipidreichen (Pistazien, Oliven) oder sehr kohlenhydratreichen (Feigen) Beeren und Früchten gab. In Jahren mit geringem Angebot an diesen Früchten blieben diese Zugvögel aus, trotz auch hier von Jahr zu Jahr ähnlichem Angebot an tierischer Nahrung.

Zugzeitliche Hyperphagie, zugzeitlich effizientere Nahrungsverwertung und zugzeitliche Umstellung in der Nahrungswahl sind die vornehmlichen Mechanismen, wie Zugvögel ihre Depotfettbildung erreichen. Darüberhinaus verändern aber auch einige Arten ihr tägliches Verhaltensinventar. Steinwälzer und Sanderlinge verbrachten während der Fettdeposition mehr Zeit mit Fressen als zu anderen Zeiten.

1.4.4 Trans-Sahara-Zug

Etwa 200 europäische Vogelarten überwintern in Afrika südlich der Sahara, die Mehrzahl der mitteleuropäischen Fernwanderer in Westafrika. Viele von ihnen haben zweimal jährlich auf ihren Wanderungen die Sahara zu überwinden, die sich ihnen als 2–3000 km breite Barriere in den Weg stellt.

Die bisherige Vorstellung vom Vogelzug ins tropische Afrika war von der Annahme geprägt, daß die Sahara eine für Zugvögel völlig unwirtliche Gegend sei: ohne Schatten, Nahrung, Wasser und damit ohne jegliche Rastmöglichkeiten (Abb. 1-93). Deshalb wurde allgemein die Vorstellung akzeptiert, daß Zugvögel die «ökologische Barriere» Sahara in einem langen Nonstop-Flug überqueren und dazu, wenigstens teilweise, im Herbst schon nördlich des Mittelmeeres ansetzen. Diese Vorstellung des Vogelzuges über Nordafrika ließ sich in jüngster Zeit durch mehrere Expeditionen zur Erforschung des Vogelzuges in der Wüste erweitern.

Geht man von der Annahme aus, daß die Mehrzahl der Zugvögel die Sahara tatsächlich in einem einzigen langen Ohnehalt-Flug überwindet, so sollten nur relativ wenige Individuen in potentiellen Rastgebieten der Sahara

Abb. 1-93: Viele paläarktische Zugvögel haben auf ihren Wanderungen zu tropischen Winterquartieren in Afrika die Sahara zu überwinden (Aufnahme: F. Bairlein).

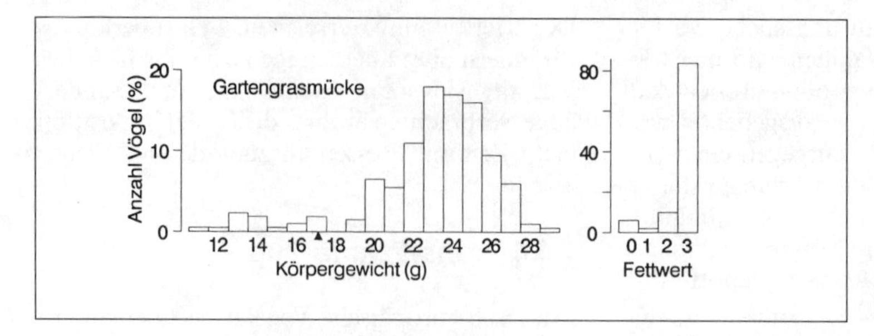

Abb. 1-94: Körpergewichte und Fettwerte von Gartengrasmücken, die während des Herbstzuges in der zentralen algerischen Sahara gefangen wurden (nach Bairlein 1992).

rastend angetroffen werden. Sie sollten nur dann landen, wenn sie z. B. wegen widrigen Wetters dazu veranlaßt würden oder wenn ihre Fettreserven für einen Weiterzug nicht mehr ausreichen. Solche in der Wüste gelandeten Zugvögel galten als «Ausfälle», die ihr Zugprogramm vorzeitig abbrechen mußten.

Entgegen dieser Erwartung wurden an Rastplätzen der Sahara wesentlich mehr Zugvögel der verschiedensten Arten angetroffen. Die überwiegende Mehrzahl dieser Fänglinge war in einem ausgezeichneten energetischen Zustand mit hohen Körpergewichten und hohen Fettreserven (Abb. 1-94). Nahezu alle der vielen während dieser Expeditionen mit Netzen gefangenen, untersuchten und beringt wieder freigelassenen Zugvögel landeten in der Morgendämmerung oder während des Vormittags, rasteten inaktiv ohne Nahrungsaufnahme im Schatten von Vegetation und Felsen und setzten am Abend ihren Zug fort. Viele dieser fernwandernden Singvögel sind Nachtzieher. Nur ein sehr geringer Anteil an Vögeln verweilte länger. Es waren nahezu ausschließlich die beim Erstfang mageren Vögel. Sie waren dann aber während ihrer Rast aktiv auf Nahrungssuche. Viele von ihnen nahmen wieder an Körpermasse zu und setzten dann ihren Zug fort.

Wurden magere und fette Vögel gleich nach dem Fang in Registrierkäfigen gehalten, so zeigten auch sie dieses unterschiedliche Verhalten. Leichte, weitgehend fettfreie Vögel waren im Käfig den Tag über sehr aktiv und fraßen von dem angebotenen Futter; nachts waren sie dagegen inaktiv. Die fetten Vögel dagegen zeigten keinerlei tägliche Aktivität und gingen auch nicht ans Futter oder ans Wasser; in der folgenden Nacht jedoch entwickelten sie sehr viel Zugunruhe, sie «zogen» weiter. Vögel mit moderatem, aber für einen erfolgreichen Weiterzug nicht mehr ausreichendem Fettvorrat waren tagsüber freßaktiv, nahmen an Körpermasse zu und waren in der folgenden Nacht ebenfalls zugaktiv.

Mit diesen neuen Daten ergibt sich heute ein erweitertes Bild der Vorstellung zum Trans-Sahara-Zug vieler Arten. Es zeigt, daß Vögel die Sahara durchaus auch in mehreren Etappen durchqueren können, mit Zug in der Nacht und Rast am Tag.

Viele der nächtlich ziehenden Trans-Sahara-Zieher landen nach einer Zugnacht an möglichen Rastplätzen, sei es in Oasen, vegetationsreichen Trockentälern oder an anderen Orten mit ausreichend Schatten, z. B. in den zahlreichen Felsregionen. Verfügen die Vögel noch über einen ausreichenden Fettvorrat für einen Weiterzug, ist kein erneutes Auftanken erforderlich, und so verbringen diese gut genährten Vögel den Tag über inaktiv im Schatten, wo sie am besten Energie und Wasser sparen können. In der nächstfolgenden Nacht setzen sie dann ihren Zug fort. Der Durchzug solcher Vögel erfolgt damit sehr rasch und auch unauffällig. Da die Mehrzahl rastender Vögel solche ausreichend fetten Tiere sind und so auch außerhalb Oasen an jedem geeigneten Schattenplatz rasten können, ist es nicht verwunderlich, daß Massenauftreten von Zugvögeln in den wenigen Oasen nicht zu beobachten ist, wie bei den milliardenfach die Sahara durchwandernden Vögeln zu erwarten wäre. Diese rastenden Zugvögel sind zwar anwesend, fallen aber durch ihr sehr verstecktes Rastverhalten nicht auf.

Anders dagegen verhalten sich die wenigen Individuen, die landen und nicht mehr über ausreichende Fettreserven für einen Weiterzug verfügen. Für sie ist es erforderlich, ihre Fettvorräte wieder zu ergänzen. Landen solche mageren Vögel an Plätzen ohne ausreichendes Nahrungsangebot (vor allem Insekten), sind sie nicht mehr in der Lage, erfolgreich weiterzuziehen. Offensichtlich können solche mageren Individuen aber noch vor dem Landen die «Qualität» eines Rastplatzes einschätzen. Sie landen normalerweise nur in den größeren vegetationsreichen Oasen, wo die Wahrscheinlichkeit, Nahrung zu finden, groß ist. In diesen nahrungsreichen Lebensräumen gehen sie tagsüber der Nahrungssuche nach.

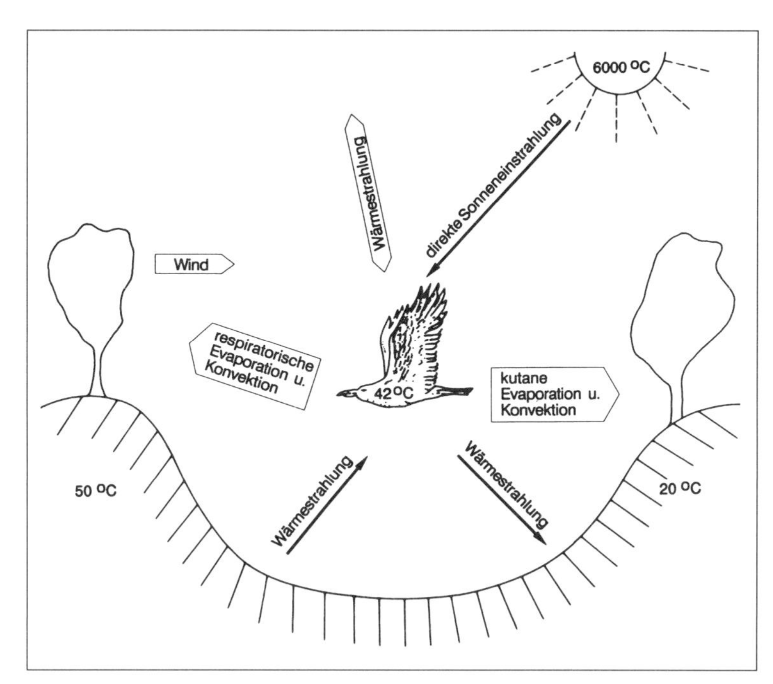

Abb. 1-95: Wege des Wärmetransfers eines Vogels im Flug. Wärmeaufnahme erfolgt über Strahlung, von der Oberfläche in Abhängigkeit von der Oberflächentemperatur, Wärmeabgabe über Strahlung, Konvektion und Evaporation (nach Biesel 1985).

Haben sie bereits den ersten Rasttag über ausreichend Energiereserven für den Weiterzug sammeln können, setzen sie ebenfalls in der nächsten Nacht ihren Zug fort. Genügt dagegen die Fettdeposition eines Tages nicht, verweilen sie mehrere Tage im Rastgebiet, bis ihre Fettdepots schließlich wieder ausreichen und setzen dann ihren Zug fort. Obwohl ihre Zahl gemessen an allen rastenden Zugvögeln relativ klein ist, fallen sie jedoch dem Beobachter wegen ihrer intensiven Nahrungssuche auf und vermitteln den Eindruck, daß eben nur solche mageren, vermeintlich erschöpften Zugvögel in der Wüste rasten.

Die Mehrzahl dieser Zugvögel rastet also in der Wüste, obwohl sie, nach ihren Fettvorräten zu urteilen, die Sahara auch in einem Nonstop-Flug hätten überqueren können. Nur wenige Vögel benutzen diese Rast zum erneuten «Auftanken». Wesentliche Ursache für diese regelmäßige Rast in der Wüste dürfte die notwendige **Thermoregulation** sein, die Fliegen, zumal durch heiße Gegenden, mit sich bringt.

Ein fliegender Vogel produziert durch die Muskelleistung enorme Mengen an endogener Wärme. Nur etwa 25% der im Stoffwechsel freigestellten Energie kann in Muskelarbeit umgesetzt werden, der Rest ist «Abfallwärme», die der Vogel abführen muß, um eine bedrohliche Erhöhung seiner Körpertemperatur zu vermeiden. Zudem ist der fliegende Vogel auch einem exogenen Wärmeeintrag aus der Umgebung ausgesetzt, sei es durch hohe Außentemperaturen oder durch Strahlung (Abb. 1-95).

Wie Untersuchungen an frisch gelandeten Vögeln in der Wüste, vor allem aber an im Windkanal bei simulierten Bedingungen fliegenden Vögeln zeigen, ist die Körpertemperatur fliegender Vögel nur geringfügig erhöht (bei Tauben z. B. 42 °C gegenüber 40 °C). Der überwiegende Teil der Wärmemenge muß also an die Umgebung abgeführt werden. Hauptsächlich erfolgt die Wärmeabgabe beim fliegenden Vogel über Evaporation, d. h. über die Abgabe von Körperwasser (s. 1.1.5 und Abb. 1-96). Nach physikalischen Gesetzmäßigkeiten können bei z. B. 40 °C Umgebungstemperatur mit je 1 g abgegebenem Körperwasser 2,4 kJ an Wärmeenergie abgeführt werden. Und diese evaporative Wärmeabgabe ist umso stärker, je höher die Außentemperatur ist. Hieraus ergeben sich für einen fliegenden Vogel wichtige Konsequenzen.

Bei hoher Umgebungstemperatur verlieren fliegende Vögel kontinuierlich Körperwasser. Einzige interne Wasserquelle ist Oxidationswasser, das beim Abbau der Fette entsteht, und zwar 1,06 g Wasser je 1 g Fett. Mit diesem

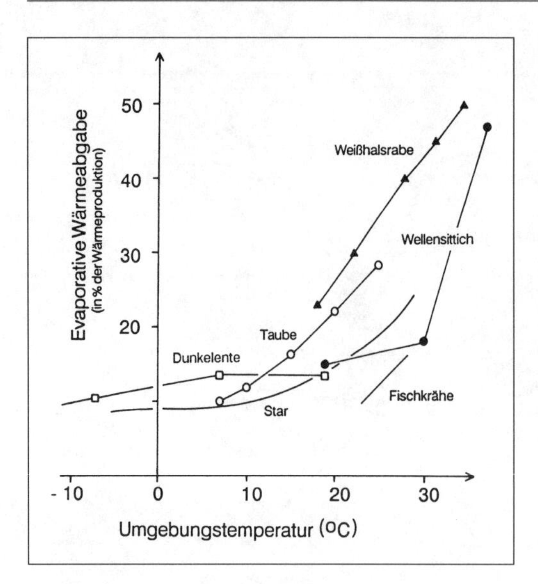

Abb. 1-96: Anteil der evaporativen Wärmeabgabe an der Gesamtwärmeproduktion als Funktion der Umgebungstemperatur bei verschiedenen Vogelarten (nach Biesel u. Nachtigall 1987).

Stoffwechselwasser können dann also maximal 1,06 × 2,4 = 2,54 kJ an Wärme abgeführt werden. Andererseits entstehen beim Abbau von 1 g Fett als Treibstoff für den Flug aber etwa 29 kJ an «Abfallwärme (39 kJ × 75% »Abfall«). Die über das endogen produzierte Oxidationswasser abführbare Wärmemenge (2,54 kJ) beträgt also gerade etwa 9% der überschüssigen Wärmeproduktion. Die Abgabe der restlichen Wärmemenge muß auf Kosten des gesamten Körperwassergehalts geschehen. Eine ausgeglichene Wasserbilanz ergibt sich so nur bei recht niedrigen Außentemperaturen (Abb. 1-96); mit steigender Temperatur wird zunehmend mehr an Wasser abgeführt als produziert wird, was zwangsläufig eine zunehmende Dehydratation (Austrocknung) des Körpers zur Folge hat.

Da auch Vögel nur ein gewisses Ausmaß an Wasserverlust schadlos überstehen können, ergibt sich eine strenge Abhängigkeit zwischen der Umgebungstemperatur und der potentiellen Flugdauer bzw. Flugstrecke (Abb. 1-97). Auch wenn manche Trans-Sahara ziehenden Arten vielleicht sogar eine bis 10%ige Dehydratation ihres Körpers tolerieren können, wird aus diesem Zusammenhang deutlich, daß Langstreckenflüge gerade durch die Umgebungstemperatur limitiert sein können, und solche langen Flüge nur bei Außentemperaturen von unter 15–10 °C möglich sind.

Um diese Umgebungsbedingungen zu haben, gibt es für einen Zugvogel über der Wüste zwei Alternativen. Er kann eine entsprechende Flughöhe wählen oder er kann seinen Zug in die kühleren Nachtstunden verlegen und tagsüber rasten. Letztere Strategie scheint dabei beim Vogelzug durch Wüsten wesentlich häufiger vorzukommen als früher angenommen, führten doch alle neuen Untersuchungen an rastenden bzw. durchziehenden Kleinvögeln in der Sahara, auf dem Sinai oder in den zentralasiatischen Wüsten zu ganz ähnlichen Ergebnissen und Schlußfolgerungen.

Die während der Rast bei den vielfach recht hohen bodennahen Temperaturen notwendige Thermoregulation schafft dabei kaum Probleme. Messungen zeigten, daß im Schatten rastende Kleinvögel eine ausgeglichene Wasserbilanz haben. Die Temperatur an den gewählten Schattenplätzen liegt zudem in der Regel deutlich unterhalb der Körpertemperatur, wodurch der evaporative Anteil der Thermoregulation weniger bedeutsam ist (s. 1.1.5).

Zwingende Voraussetzung hierfür ist jedoch, daß diese Vögel über eine entsprechende De-

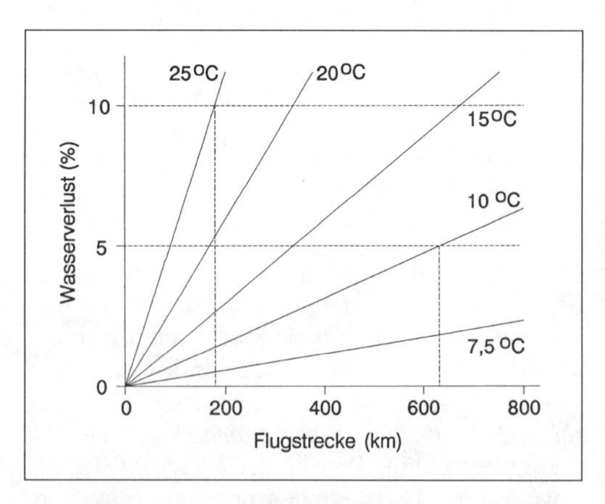

Abb. 1-97: Abhängigkeit der möglichen Flugstrecke vom prozentualen Wasserverlust eines fliegenden Vogels bei unterschiedlichen Umgebungstemperaturen. Bei einem tolerierbaren Wasserverlust von 5% des gesamten Körperwassers durch Evaporation sind lange Flugstrecken nur bei recht niedriger Umgebungstemperatur möglich, und auch bei einer Toleranz von 10% sind lange Flugstrecken in warmer Umgebung kaum möglich. Bei hoher Umgebungstemperatur reduziert sich die mögliche Flugstrecke erheblich (nach Biesel u. Nachtigall 1987, Nachtigall 1987).

potfettmenge verfügen. Sie ist für einen solchen ziehenden Vogel nicht nur Energievorrat, sondern auch die einzige sichere Wasserquelle. Nur sehr selten sind solche Zugvögel beim Trinken zu beobachten, und auch nach dem Fang gekäfigte Vögel gehen nicht an Trinkwasser, wenn sie ausreichend fett sind.

Weder die früher ausschließlich postulierte Nonstop-Überflughypothese noch die Annahme eines mehr etappenweisen Durchzugs durch die Wüste mit regelmäßigen Stops schließen sich als Zugstrategien gegenseitig aus. Vielmehr sind durchaus beide als Alternativen vorstellbar, die je nach herrschenden Temperatur- und Windbedingungen auftreten können (Abb. 1-98).

Aus energetischen Gründen sollten ziehende Vögel günstige Rückenwindbedingungen wählen. Sind diese bis in große Höhen vorhanden, wo dann auch die entsprechend niedrigen Außentemperaturen herrschen, dürfte der Nonstop-Flug in großer Höhe begünstigt sein. Häufig jedoch scheinen in dieser Höhe eher Gegenwinde vorzuherrschen, denen die Vögel aus energetischen Gründen «nach unten» ausweichen müssen. Dabei gelangen sie dann zwar in günstigere Windbedingungen, zugleich aber auch in eine erheblich höhere Umgebungstemperatur. Aus thermoregulatorischen Gründen bleibt dann nur, den Zug tagsüber zu unterbrechen und erst wieder in der kühleren Nacht weiterzuziehen.

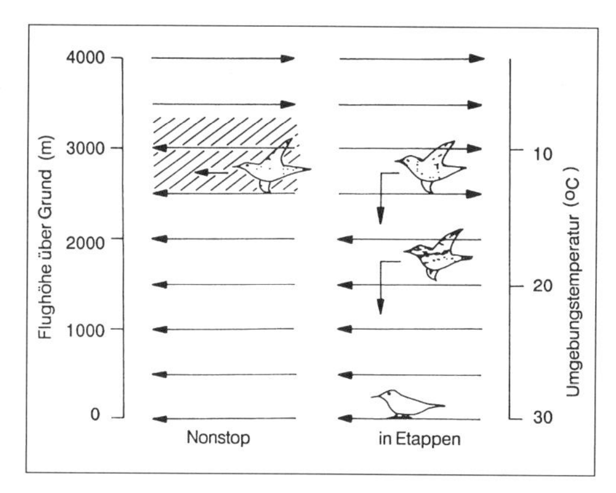

Abb. 1-98: Der Einfluß von Wind und Umgebungstemperatur auf die Zugstrategie von Trans-Wüsten-ziehenden Vögeln. Lange Pfeile: Windrichtung. Das Modell geht von folgenden Überlegungen aus: Aus energetischen Gründen haben ziehende Vögel Rückenwindbedingungen zu wählen, aus thermoregulatorischen Gründen Umgebungstemperaturen von weniger als 15 °C. Nonstop-Flüge sind somit nur möglich, wenn die Vögel in entsprechender Flughöhe bei ihren Vorzugstemperaturen auch Rückenwinde erfahren. Trifft ein ziehender Vogel in dieser Höhe auf Gegenwind, bleibt ihm nur, seine Flughöhe zu verringern, um so Rückenwind zu erfahren. Dann jedoch ist die Umgebungstemperatur für anhaltende Streckenflüge zu hoch. Dem Vogel bleibt so nur die Rast bei Tag und Weiterflug bei Nacht (aus Biebach in Gwinner 1990).

1.4.5 Weitere Beispiele für Langstreckenzug

Viele Vogelarten vollführen auf ihren jährlichen Wanderungen faszinierende Langstrekkenflüge, deren Ablauf und Steuerung wir heute aber meist noch nicht näher kennen. Zwei relativ gut bekannte Beispiele seien noch genannt.

Rubinkehlkolibris brüten weit über den östlichen nordamerikanischen Kontinent verbreitet, nordwärts bis nach Süd-Kanada. Ihr Überwinterungsgebiet ist Mittelamerika. Während ihres Zuges überqueren diese normalerweise knapp 4 g schweren Vögel in einem etwa 18–20stündigen Flug den inselfreien, zentralen Teil des Golfes von Mexiko. Vor ihrem Aufbruch legen sie sich dazu ein Fettpolster von etwa 2 g zu. Um diese Fettdeposition in kurzer Zeit zu erreichen, sind zugdisponierte Rubinkehlkolibris territorial und verteidigen, teilweise nur für wenige Stunden, ein gutes Nahrungsterritorium. Nicht zugdisponierte Artgenossen dagegen sind eher gesellig.

Sibirische Knutts verbringen, wie viele andere arktische Limikolen, den Winter an der afrikanischen Atlantikküste, vornehmlich in Mauretanien, am Golf von Guinea und in Südwest-Afrika (Abb. 1-66). Von hier aus ziehen sie dann in wenigen langen Flügen zurück in ihre arktischen Brutgebiete. Dabei ziehen die in Südwest-Afrika überwinternden Vögel nicht direkt in ihre arktischen Brutgebiete, sondern zunächst ebenfalls erst nach Westafrika. Vor ihrem Abflug zu dieser nahezu 7000 km langen Reise nehmen sie sehr stark zu (ca. 80 g in etwa 3 Wochen). Ohne nennenswerte Stops und unter Verbrauch ihrer Fettreserven ziehen sie dann in kurzer Zeit nach Mauretanien. Hier erfolgt eine mehrwöchige Rast zum erneuten Auftanken ihrer Fettvorräte für die folgenden Etappen, die sie über Südwest-Frankreich zunächst in das Wattenmeergebiet bringen. Die an der mauretanischen Küste überwinternden Knutts hingegen scheinen nach entsprechender Fettdeposition in einem einzigen langen Flug direkt in das deutsche Wattenmeer zu ziehen. Beide Gruppen verweilen im Wattenmeer dann einige Wochen und bereiten sich hier auf den raschen Rückflug in die sibirischen Brutgebiete vor. Dieses Zugbeispiel der

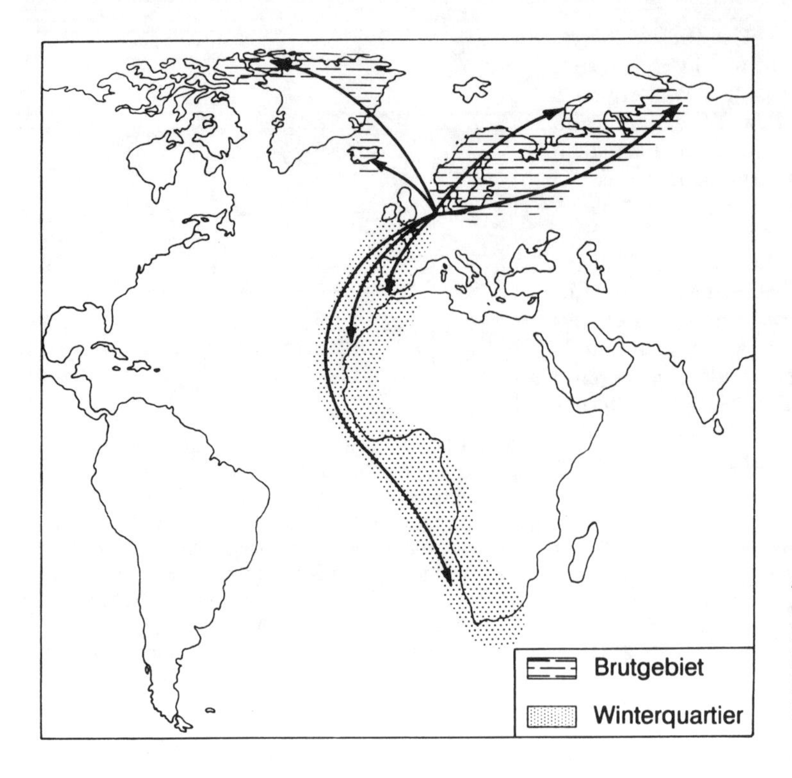

Abb. 1-99: Das Wattenmeer der südlichen Nordsee ist Drehscheibe des Zuges des Knutts und vieler anderer Limikolen aus arktischen Brutgebieten (nach Bairlein 1992).

Knutts ist dabei exemplarisch für viele andere arktischen Brutvögel, für die das Wattenmeer eine zentrale Drehscheibe ihres Zugablaufes ist (Abb. 1-99), sei es im Herbst oder im Frühjahr.

1.4.6 Evolution des Vogelzuges

Wann Vogelzug wo zum ersten Mal entstanden ist, ist nicht bekannt. Anzunehmen ist aber, daß sich Vogelzug unabhängig bei verschiedenen Vogelgruppen und an verschiedenen Orten entwickelt hat.

Wichtige erdgeschichtliche Ereignisse, die die Evolution von Vogelzug und der Zugwege beeinflußt haben dürften, sind die Kontinentaldrift und die Eiszeiten. Vor etwa 180 Millionen Jahren begannen die heutigen Kontinente auseinanderzudriften. Möglichwerweise sind die Zugwege der heutigen sogenannten Interkontinentalwanderer, z. B. Küstenseeschwalbe und Steinschmätzer, auf diese **Kontinentaldrift** zurückzuführen.

Die mögliche Wirkung der **Eiszeiten**, insbesondere in der Paläarktis, auf die Ausbildung von Zugverhalten und der Zugwege läßt sich trotz einer im Detail sehr hohen Komplexität der Zusammenhänge bei den verschiedensten Arten auf einen recht einfachen Nenner bringen. Mit zunehmender Vereisung wurden immer mehr Vogelarten aus ihren Brutgebieten in den höheren Breiten verdrängt, vornehmlich nach S. Mit dem Rückgang des Eises dürften sich dann wohl viele Arten wieder in die nun freiwerdenden Lebensräume ausgedehnt haben. Viele heutige Zugwege scheinen so gerade die Umkehr der letzten postglazialen Ausbreitungsrichtung von vor etwa 5–8000 Jahren zu sein.

War man früher der Ansicht, daß sich Vogelzug nur sehr langsam, in erdgeschichtlichen Zeiträumen, über zahlreiche Generationen, entwickelt haben dürfte, so erscheint dies im Lichte neuerer Daten und Untersuchungen fraglich. Denn es gibt mehrere Beispiele, die zeigen, daß sich Zugverhalten auch in nur wenigen Jahrzehnten entwickeln kann.

Girlitze besiedelten noch anfangs des 19. Jahrhunderts ausschließlich den mediterranen Raum. Während des 19. Jahrhunderts haben sie sich dann rasch über weite Teile Europas ausgebreitet, und erreichten in den 1960er Jahren auch den baltischen Raum.

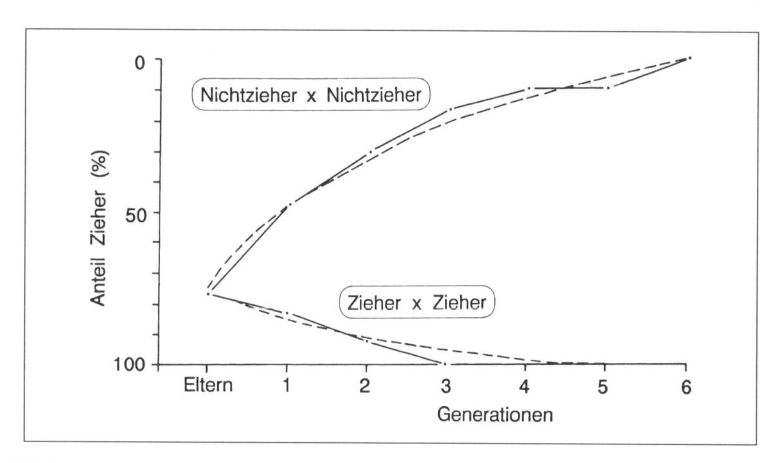

Abb.1-100: Selektionsexperiment mit teilziehenden Mönchsgrasmücken aus Süd-Frankreich. Ausgehend von einer Elternpopulation handaufgezogener Vögel aus Süd-Frankreich wurden von Generation zu Generation jeweils zum einen Nicht-Zieher x Nicht-Zieher, zum anderen Zieher x Zieher gekreuzt. Die durchgezogenen Linien geben die tatsächlichen Ergebnisse des Experiments an, die gestrichelten Linien beschreiben angepaßte mathematische Funktionen (nach Berthold et al. 1990).

Diese nun nördlichen Brutvögel entwickelten sich zu Zugvögeln, die zur Überwinterung in den mediterranen Raum ziehen.

Das eindrucksvollste Beispiel zur Frage der Evolutionsgeschwindigkeit von Zugverhalten liefern die Züchtungsversuche an Mönchsgrasmücken von P. Berthold und Mitarbeitern an der Vogelwarte Radolfzell.

Wie bereits erwähnt, sind die Mönchsgrasmückenpopulationen am Mittelmeer, z. B. in Südfrankreich, sog. Teilzieher: ein Teil der Individuen zieht regelmäßig weg, sind also echte Zugvögel mit Winterquartieren auf der Iberischen Halbinsel und in Nordwest-Afrika, während der andere Teil ganzjährig im Brutgebiet verbleibt, also Standvögel sind. Entsprechend verhalten sich auch dem Freiland entnommene und handaufgezogene Jungvögel. Von ihnen zeigen 77% nächtliche Zugaktivität (Zugunruhe), 23% dagegen nicht. Dabei können sogar Nestgeschwister verschieden sein. Dies, und die Beobachtung dieses unterschiedlichen Zugverhaltens unter den künstlichen Laborbedingungen, in denen die Vögel auch keinen sozialen Kontakt zueinander hatten, waren bereits wichtige Hinweise darauf, daß dieses Verhalten genetisch fixiert, d. h. angeboren ist, und ihm ein genetischer Polymorphismus zugrunde liegt. Belegt werden konnte diese Annahme in Züchtungsexperimenten (Abb. 1-100). Wurden Nichtzieher (NZ) mit Nichtziehern gekreuzt (NZ × NZ), so betrug bereits in der ersten Nachfolgegeneration (Tochtergeneration F_1) der Anteil an NZ 53%. Bei Paaren aus Ziehern (Z × Z) erhöhte sich der Anteil an Ziehern von 77% in der Elterngeneration auf 85% in der ersten Tochtergeneration. Die Fortsetzung dieser Linienzuchten (NZ × NZ bzw. Z × Z) erbrachte bereits nach wenigen Generationen entweder ausschließlich NZ oder ausschließlich Z. Dies heißt, daß unter dem Einfluß einer solch strengen Selektion (für die Weiterzuchten wurden ja jeweils nur echte Z bzw. NZ der vorhergehenden Generation verwendet) schon nach wenigen Generationen aus einer gemischten Population von Nichtziehern und Ziehern eine reine NZ- oder Z-Population hervorgehen kann.

Im Freiland entsteht eine solche Selektion durch die jährlich wechselnden Umweltbedingungen im Brut-/Wintergebiet und auf den Zugwegen. In einem milden Winter haben die Individuen Vorteile, die im Brutgebiet verbleiben. Sie können ihre Reviere früher besetzen als die später ankommenden Zugvögel, sie können die besseren Reviere besetzen und so einen höheren Fortpflanzungserfolg erreichen, mit dann relativ mehr nichtziehenden Nachkommen. In strengen Wintern hingegen erfahren diese Standvögel erhebliche Verluste, der Selektionsvorteil liegt nun bei den wegziehenden, die trotz ihres Zuges eine geringere Wintersterblichkeit erfahren. Nach strengen Wintern überwiegt so der Anteil der Zieher. Über einen solchen **genetischen Polymorphismus** kann das Zugverhalten einer Population ständig auf die wechselnden Umweltbedingungen eingestellt werden. Diese genetische Kontrolle des Teilzugverhaltens ist heute für 5 Arten sicher belegt (Amsel, Rotkehlchen, Schwarzkehlchen, Mönchsgrasmücke und Singammer). Inwieweit obligates Teilzieherverhalten

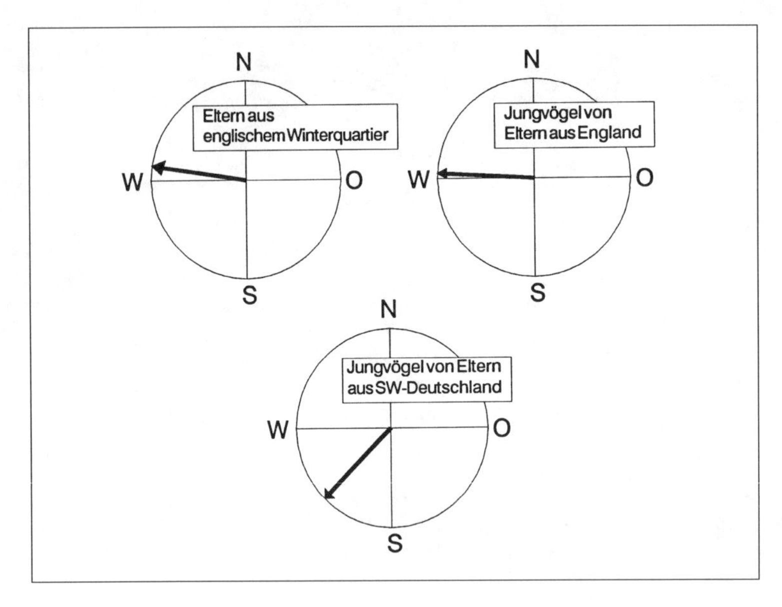

Abb.1–101: Richtungswahl in Orientierungskäfigen von Mönchsgrasmücken unterschiedlicher Herkunft. Nachkommen von Altvögeln, die auf den britischen Inseln als Überwinterer gefangen wurden, weisen in ihrer mittleren Vorzugsrichtung ebenfalls nach S-England, im Gegensatz zu Jungvögeln von Eltern aus SW-Deutschland, die entsprechend des Überwinterungsgebietes ihrer Eltern eine Vorzugsrichtung um SW aufweisen (nach Berthold et al. 1992).

auch durch unmittelbar wirkende, exogene Faktoren, z. B. Nahrungsangebot oder Konkurrenz, hervorgerufen wird («Verhaltens-Konstitutions-Hypothese»), ist nicht zweifelsfrei belegt.

Im Lichte dieser Daten zur genetischen Grundlage und zur möglichen Evolutionsgeschwindigkeit des Vogelzuges ist auch das in jüngster Zeit bei mitteleuropäischen Mönchsgrasmücken festgestellte, geänderte Zugverhalten zu sehen. Seit etwa 30 Jahren ziehen immer mehr Mönchsgrasmücken aus Mitteleuropa zum Überwintern auf die Britischen Inseln. Etwa 1/3 aller Ringfunde von zur Brutzeit im südlichen Mitteleuropa beringten Mönchsgrasmücken liegt heute im folgenden Herbst NW des Beringungsgebiets. Die Winterbestände von Mönchsgrasmücken in Großbritannien sind gewaltig angestiegen. Bei diesen Wintervögeln in England handelt es sich um Vögel kontinentaler Herkunft; von britischen Brutvögeln sind keine Winternachweise in Großbritannien belegt.

Die Ursache für diese Phänomen liegt in der in den letzten Jahrzehnten veränderten Ernährungssituation für Mönchsgrasmücken auf den britischen Inseln im Winter. Wohl schon immer gelangten einige Mönchsgrasmücken aus Mitteleuropa nach England, infolge der natürlichen Streuung der Zugrichtungen, doch dürften solche Vögel wegen fehlender Nahrung nur selten den dortigen Winter überlebt haben. Anders ist dies seit dem 2. Weltkrieg, als zunehmend zahlreicher Winterfutterplätze eingerichtet worden sind. Hierdurch eröffnete sich auch den Mönchsgrasmücken ein riesiges Nahrungsangebot, das die sonst hohe Wintersterblichkeit erheblich reduzierte. Jüngste Untersuchungen zur Auslösung und Steuerung dieses Verhaltens zeigen folgenden Zusammenhang: In Großbritannien überwinternde Mönchsgrasmücken leben dort im Winter in kürzeren Tageslichtdauern als ihre im Mittelmeergebiet überwinternden Artgenossen. Im zeitigen Frühjahr erfahren die britischen Überwinterer weiterhin eine raschere Veränderung der Tageslichtdauer, die Tage werden rascher länger als in Südeuropa. Beides zusammen bringt die in England überwinternden Vögel früher in Fortpflanzungsstimmung und veranlaßt sie zu einem früheren Rückzug nach Mitteleuropa, als dies bei den im Mittelmeergebiet überwinternden Artgenossen der Fall ist.

Diese Annahme ist experimentell belegt. Wurde gekäfigten Mönchsgrasmücken entweder die fotoperiodische Situation des westlichen Mittelmeerraumes, also des üblichen Winterquartiers, oder die für England simuliert, so zeigten tatsächlich die «britischen» Vögel einen erheblich früheren Beginn ihrer Fortpflanzungszeit und einen früheren Beginn von Zugunruhe als ihre «mediterranen» Artgenossen.

Der frühere Rückzug britischer Überwinterer in die mitteleuropäischen Brutgebiete hat zur Folge, daß sich so vornehmlich solche Individuen paaren, die im selben Überwinterungsgebiet waren. Damit wird der genetische Unterschied, der diese Vögel zu den Britischen Inseln gebracht hat, rasch vererbt.

Nachkommen von in England im Winter gefangenen Mönchsgrasmücken zeigten im Orientierungskäfig eine westliche, nach England gerichtete Vorzugsrichtung, ähnlich der ihrer Eltern und deutlich verschieden von Jungvögeln aus Südwest-Deutschland (Abb. 1-101).

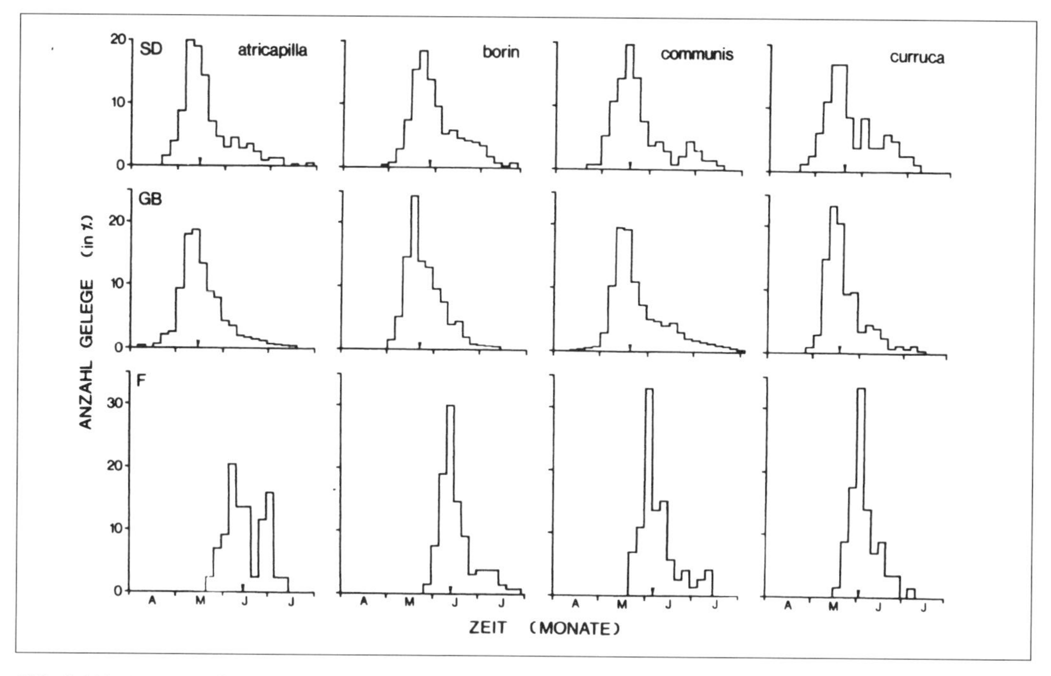

Abb. 1-102: Prozentuale Verteilung der Legebeginne von Mönchsgrasmücke, Gartengrasmücke, Dorngrasmücke und Klappergrasmücke in Süddeutschland, Großbritannien und Finnland (aus Bairlein et al. 1980).

1.5 Fortpflanzung – Brutbiologie

Natürliche Selektion bevorzugt in der Weitergabe ihres genetischen Materials an die Folgegeneration solche Individuen, die möglichst viele Nachkommen hervorbringen. Der Fortpflanzungserfolg wird im besonderen bestimmt vom richtigen **Zeitpunkt** für die Brut sowie von der **Gelegegröße**, d.h. der Anzahl von Eiern im Gelege, und der daraus resultierenden **Fortpflanzungsrate**, also der Anzahl flügger Jungvögel je Brutzeit.

Für die Evolution des Brutverhaltens entscheidend sind die sog. ultimaten Faktoren. In einer saisonalen Umwelt sind dies insbesondere die jahreszeitlich wechselnden Ressourcen für Brut und Aufzucht der Jungen, vor allem das Nahrungsangebot. Daneben erfährt ein Vogel in seiner realen, aktuellen Umwelt Faktoren, die im einzelnen direkt steuernd auf das Brutgeschäft einwirken. Solche proximaten Faktoren sind vor allem die Tageslichtdauer, die Temperatur, die Witterung, das aktuelle Nahrungsangebot, aber auch die herrschende Populationsdichte, d.h. die Häufigkeit anderer Artgenossen.

1.5.1 Brutperiode

Als Brutperiode bezeichnet man die Zeit, in der sich eine Art fortpflanzt, also Gelege oder Jungvögel im Nest sind. Natürlicherweise ganzjährige Brutzeiten haben i.d.R. nur Arten solcher tropischer Regionen, in denen ganzjährig nahezu gleich gute Bedingungen für eine Brut herrschen. Unter solchen Bedingungen können prinzipiell in jedem Monat Bruten stattfinden. Doch auch bei tropischen Arten gibt es durchaus gewisse saisonale Häufigkeiten im Auftreten von Bruten. Ursache hierfür ist eine Synchronisation der Paare innerhalb einer Population, meist über soziale Faktoren, insbesondere zur Vermeidung von Räubern. Das gemeinsame gleichzeitige Brüten reduziert für ein Einzeltier die Wahrscheinlichkeit, daß die eigene Brut einem Nesträuber zum Opfer fällt. Erfolgt eine solche soziale Synchronisation in kürzeren oder längeren Intervallen als das übliche Kalenderjahr, so kommt es unter solchen «Konstantbedingungen» zu einem

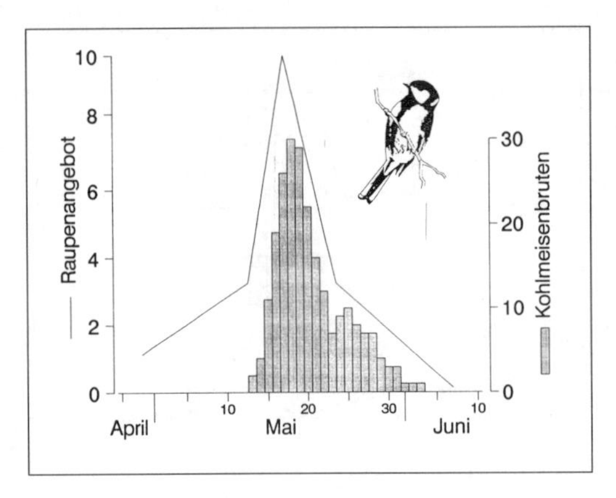

Abb. 1-103: Legebeginne von Kohlmeisen und Nahrungsangebot in einem Untersuchungsgebiet am Oberrhein (nach Neub 1977).

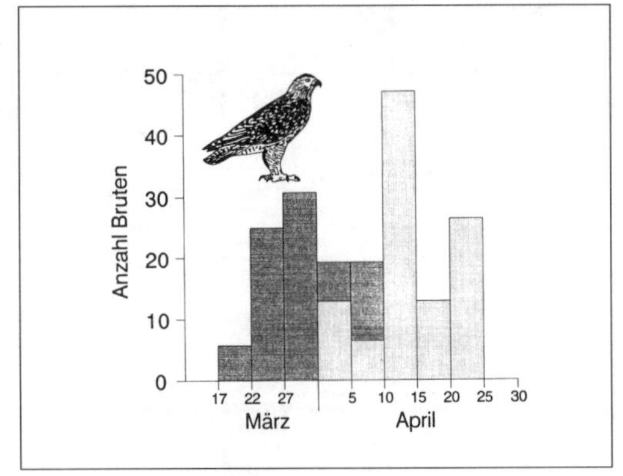

Abb. 1-104: Legebeginn des Mäusebussards in guten (dunkle Säulen) und schlechten (helle Säulen) Mäusejahren (nach Mebs 1964 und Newton 1979).

Freilaufen des jeweiligen Brutzeitpunkts. Bei immer annähernd gleichem Abstand zwischen den Brutzyklen erfolgt die «jährliche» Brut in ganz verschiedenen Monaten.

Ein solches Beispiel ist der Brutzyklus der Rußseeschwalbe auf der im südlichen Atlantik gelegenen Insel Ascension. Nach durchschnittlich 9,6 Monaten erfolgt die jeweils nächste Brut; über die Jahre brüten so Rußseeschwalben in jedem Monat, in manchen Jahren erfolgen zwei Brutzyklen.

Die Brutzeiten der meisten Vogelarten sind aber auf bestimmte Jahreszeiten beschränkt. In den gemäßigten und kalten Klimaten erfolgt die Brut im Frühjahr und Frühsommer. Für die meisten mitteleuropäischen Kleinvögel z. B. liegt so die Brutzeit meist zwischen April und Juli (Abb. 1-102), wobei die Eier so gelegt werden, daß nach der artspezifischen Dauer der Bebrütung die Jungvögel dann schlüpfen, wenn die Bedingungen für deren Aufzucht, insbesondere das **Nahrungsangebot**, am günstigsten sind (Abb. 1-103). Das saisonal unterschiedliche Nahrungsangebot ist der ultimate Faktor in der langfristigen Determination der artspezifischen Brutzeit.

Eines der auffälligsten Beispiele hierfür ist die Lage der Brutzeit des Eleonorenfalken. Eleonorenfalken brüten auf Mittelmeerinseln und an der nordafrikanischen Küste im Herbst, nämlich dann, wenn die Masse der Zugvögel, ihre primäre Beute, über dieses Gebiet hinwegzieht.

Das aktuelle **Nahrungsangebot** unterliegt z. T. starken jährlichen Schwankungen, sei es in seinem zeitlichen Auftreten oder in seinem Umfang. Damit ist das jeweilige Nahrungsangebot eines Jahres auch ein wichtiger unmittelbarer (proximater) Faktor, der die jährliche Lage des Brutgeschäftes mitbestimmen kann.

Dieser Zusammenhang zwischen Nahrungsangebot und jährliche Lage der Brutzeit ist besonders auffällig bei manchen Greifvögeln, die in ihrem Bruterfolg sehr vom Angebot an Kleinsäugern oder Vögeln abhängig sind. Mäusebussarde brüten so in guten Mäusejahren, wenn bereits früh im Jahr viele Mäuse zur Verfügung stehen, wesentlich früher als in Jahren mit einem erst späteren Auftreten von Mäusen (Abb. 1-104).

Der Beginn des jährlichen Brutgeschäfts (Legebeginn) kann in verschiedenen **Habitaten** verschieden sein. Britische Sperber brüten in

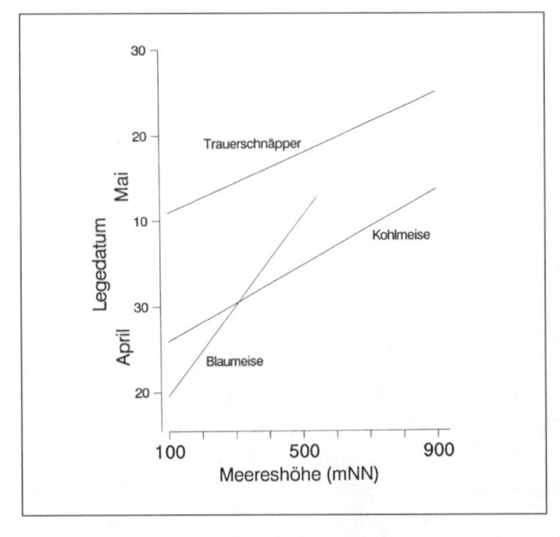

Abb. 1-105: Legebeginn in Abhängigkeit von der Meereshöhe im Harz (nach Zang 1980).

schlechten Habitaten später als in guten. Auch variiert der Legebeginn vielfach mit der **Höhenlage**. In höheren Lagen wird meist später mit der Brut begonnen als in tieferen Lagen (Abb. 1-105).

Dabei folgt eine solche vertikale Verzögerung im Legebeginn bei heimischen Grasmücken ziemlich exakt dem mit zunehmender Höhenlage späteren Beginn des Vegetationsaustriebes. Diese Verzögerung beträgt in diesem Fall etwa 6 Tage je 100 Höhenmeter.

Viele Vogelarten zeigen eine deutliche **geografische Variation** im Legebeginn (Abb. 1-106).

So beginnen auch unsere heimischen Grasmücken in Süddeutschland wesentlich früher mit dem Brutgeschäft als ihre Artgenossen in Finnland. Diese latitudinale Verzögerung im mittleren Legebeginn folgt der mittleren geografischen Verschiebungsgeschwindigkeit der Isothermen im Frühjahr von etwa 50 km je Tag. Gartengrasmücken folgen der 13 °C-Isotherme und sie brüten in einer bestimmten Region erst dann, wenn dort dieser durchschnittliche Temperaturwert überschritten wird.

Mit zunehmender geografischer Breite streuen die Legebeginne der verschiedenen Arten weniger. Auch dies ist eine Folge der Ausbreitungscharakteristik der Isothermen, die im Frühsommer in nördlicheren Breiten rascher aufeinander folgen als im zeitigen Frühjahr weiter südlich. Hieraus ergibt sich, daß nördliche Vogelgemeinschaften snychroner brüten als südlichere Gemeinschaften.

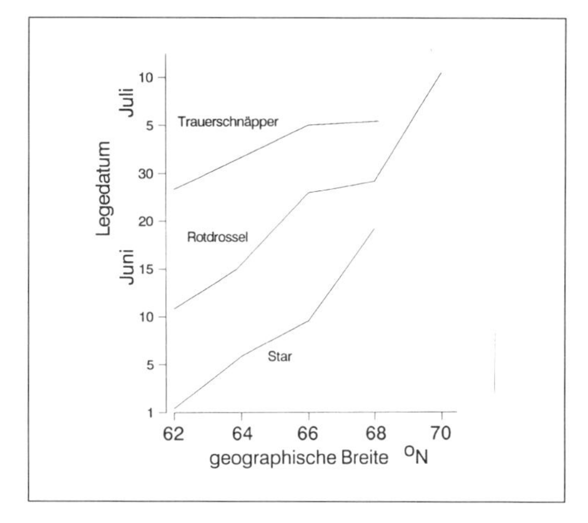

Abb. 1-106: Legebeginn in Abhängigkeit von der geografischen Breite in Finnland (nach v. Haartman 1963).

Der unterschiedliche Beginn des Brutgeschäfts steht in engem Zusammenhang zur **Tageslänge**. In Gefangenschaft begannen verschiedene Schwanarten erst dann mit dem Brutgeschäft, wenn die ihrem natürlichen Brutgebiet ähnliche Tageslänge erreicht war (Abb. 1-107).

Mehrere Beispiele zeigen einen engen Zusammenhang zwischen **Umgebungstemperaturen** und dem Legebeginn (Abb. 1-108). Die Wirkung der Temperatur auf die Determination

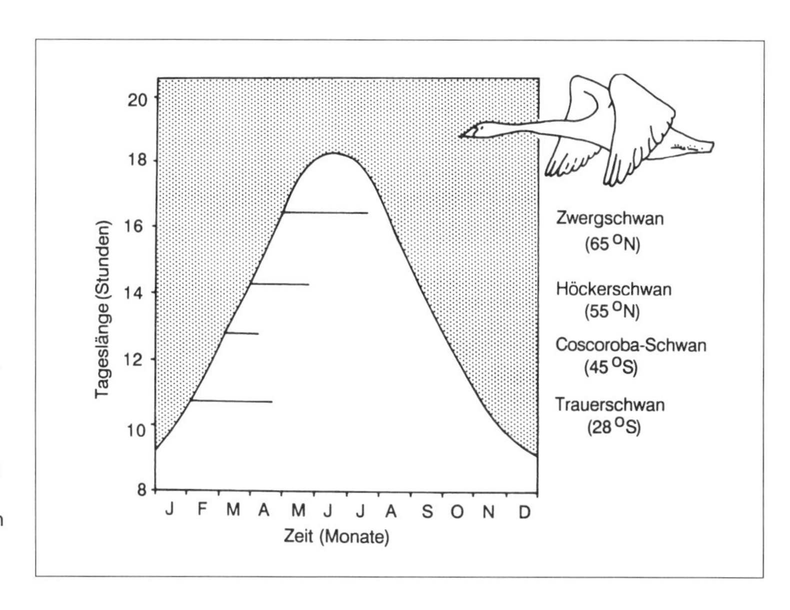

Abb. 1-107: Beziehung zwischen Brutzeit (horizontale Linien) und geografischer Breite des Brutgebietes in unter gleichen Bedingungen in Gefangenschaft gehaltenen Schwänen (nach Murton u. Westwood 1977 und Phillips et al. 1985).

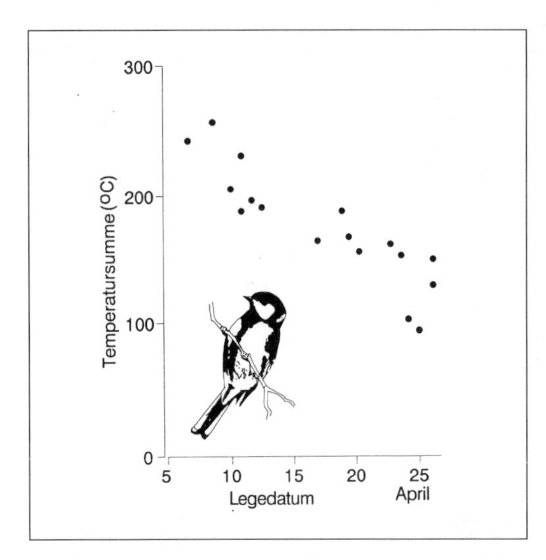

Abb. 1-108: Einfluß der Frühjahrstemperatur auf den Legebeginn der Kohlmeise. Die Ordinate gibt die Temperatursumme zwischen Ende März und Mitte April für die einzelnen Jahre 1960–1976 (Punkte) an (nach Neub 1977).

des Legebeginns erfolgt vornehmlich indirekt, nämlich über das Nahrungsangebot. Dennoch ist aber nicht unwahrscheinlich, daß die aktuelle Temperatur auch direkte Auswirkungen auf den Beginn des Brutgeschäfts hat, sei es, daß die Eiproduktion oder die Legebereitschaft der Weibchen beeinflußt werden. Allerdings ist anzunehmen, daß hier nicht Wärme die Eiproduktion oder das Legen beschleunigt, sondern lediglich Kälte den Beginn dieser Prozesse verzögert.

Die herausragende Rolle des **Nahrungsangebots** für den Zeitpunkt des Legebeginns ist auch experimentell geprüft.

In einem holländischen Untersuchungsgebiet erhielten 5 von 20 Brutpaaren des Turmfalken täglich von Februar bis Mitte April nahe dem Nest extra Futter in Form von toten Labormäusen. In beiden Untersuchungsjahren brüteten diese 5 Paare durchschnittlich einen Monat früher als alle übrigen. Ähnliche Experimente liegen inzwischen von einer Reihe von Vogelarten vor, so z. B. von Kohlmeisen, wo eine Extrafütterung den durchschnittlichen Brutbeginn um 6 Tage vorverlegte.

Ein weiteres, «indirektes Experiment» liefert hierzu auch die moderne Landwirtschaft. Intensive Düngung und Sortenselektion führen bei vielen Kulturpflanzen zu einem gegenüber früher verfrühten Vegetationsbeginn. Hierdurch «verfrühen» sich auch für manche Vogelarten die Ernährungsbedingungen. Als Folge hiervon verschiebt sich dann auch der Brutbeginn. Holländische Kiebitze, die zunehmend solche Kulturwiesen besiedeln, beginnen so heute um durchschnittlich 2 Wochen früher mit ihrer Brut als noch zu Beginn des Jahrhunderts.

Ein wichtiger Aspekt ist auch der physiologische Zustand, d. h. die aktuelle **Körpermasse** der Weibchen. In dem erwähnten Turmfalkenexperiment brüteten die wohlgenährten, schweren Weibchen früher im Jahr als leichtere, schlechter ernährte Weibchen.

Alle Beispiele verdeutlichen, daß das Nahrungsangebot der entscheidende Faktor für die Determination der Brutzeit ist, sei es als ultimater Faktor in der Evolution der artspezifischen, jahreszeitlichen Lage der Brutzeit oder als proximater, direkt steuernder Faktor, der von Jahr zu Jahr den aktuellen Legebeginn bestimmt.

1.5.2 Gelegegröße

Der individuelle Fortpflanzungserfolg ist neben dem «richtigen» Zeitpunkt für die Brut besonders von der Reproduktionsrate bestimmt. Hierunter versteht man üblicherweise die Anzahl flügger Jungvögel je erfolgter Brut bzw. je Fortpflanzungsperiode. Die Reproduktionsrate ist damit abhängig von der Anzahl der Eier im Gelege (der Gelegegröße) sowie vom Schlüpferfolg (Anteil aus den Eiern geschlüpfter Jungvögel) und dem Aufzuchtserfolg (Anzahl flügger Jungvögel).

Die Gelegegröße ist bestimmt von der physiologischen Legekapazität des Weibchens, sowie von zahlreichen weiteren Faktoren. Innerhalb einer Art kann die Gelegegröße unter dem Einfluß innerer wie äußerer Faktoren variieren. Wichtigster **innerer Faktor** ist das Alter des Weibchens als Ausdruck der Brutreife. **Äußere Faktoren**, die die Gelegegröße einer Vogelart beeinflussen sind vor allem der saisonale Legebeginn, das aktuell herrschende Nahrungsangebot, der geografische Ort, die Höhenlage des Untersuchungsgebiets und die Siedlungsdichte.

Die Gelegegröße bei Vogelarten variiert zwischen einem Ei je Gelege, z. B. bei Albatrossen oder manchen Geiern, und bis zu 20 Eiern je Gelege, z. B. bei Rebhuhn und Wachtel. Die meisten Kleinvögel legen zwischen 2 und 5 Eier je Gelege. Bei kleinen Vögeln kann das Gewicht eines Geleges mehr als die Körpermasse des Weibchens ausmachen, bei großen

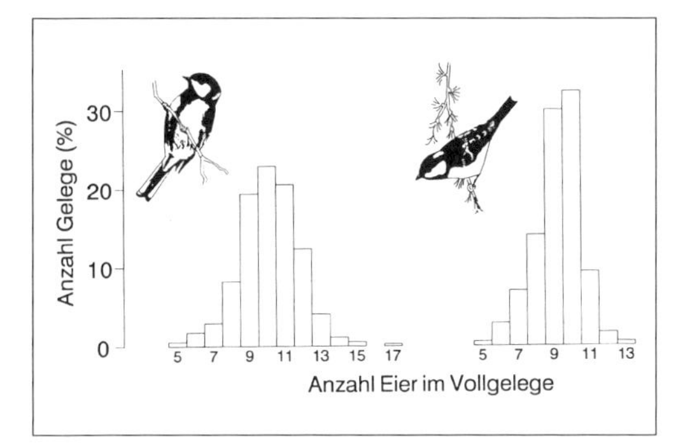

Abb. 1-109: Gelegegröße von Kohlmeisen (links) und Tannenmeisen (rechts) in einem Untersuchungsgebiet in Norddeutschland (nach Winkel u. Winkel 1987).

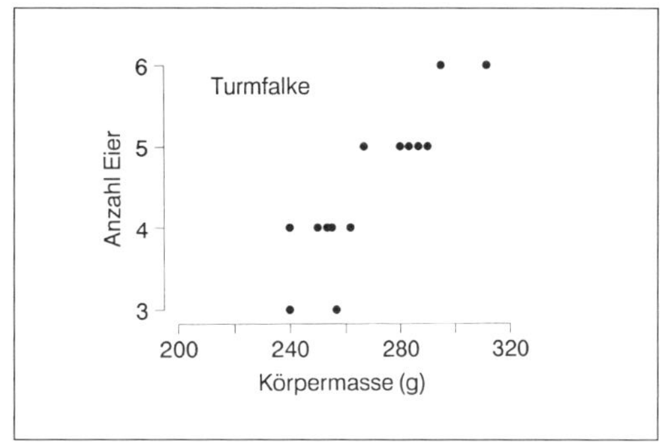

Abb. 1-110: Die von einem Turmfalken-Weibchen gelegte Anzahl an Eiern ist abhängig von seiner Körpermasse (nach Drent u. Daan 1980).

dagegen vielfach nur wenige Prozent. Die relative Belastung eines Weibchens durch die Eiproduktion ist somit für kleine Vögel wesentlich höher als für große Arten.

Die artspezifische Gelegegröße ist aber durchaus variabel (Abb. 1-109) und sie ist abhängig von einer Reihe von Umweltfaktoren. Insbesondere bedeutsam ist das **Nahrungsangebot**.

Mäusebussarde legen durchschnittlich mehr Eier je Gelege in Jahren, in denen Mäuse (ihre hauptsächliche Beute) besonders zahlreich sind. Das Nahrungsangebot wirkt dabei über die Kondition des Weibchens. Turmfalken-Weibchen legten um so mehr Eier, je schwerer sie selbst waren (Abb. 1-110). Experimentell zugefütterte und somit schwerere Weibchen legten mehr Eier in ihre Gelege als andere Weibchen. Ähnliches wurde auch beim Sperber gefunden.

Unterschiedliches Nahrungsangebot dürfte auch der Grund sein für die oft festgestellten Unterschiede in der Gelegegröße in verschiedenen Lebensräumen. So legen Trauerschnäpper im Laubwald durchschnittlich größere Gelege als im Nadelwald. Ähnliches gilt für die Kohlmeise, wo im Eichenwald durchschnittlich mehr Eier gelegt werden als im Nadelwald. Auch die oftmals festgestellten Unterschiede in der Gelegegröße zwischen innerstädtischen Lebensräumen (Parks, Friedhöfe) und mehr natürlichen Waldlebensräumen dürfte im unterschiedlichen Nahrungsangebot begründet sein.

Bei vielen Vogelarten variiert die Gelegegröße mit der **Höhenlage** des Brutortes. Häufig ist die durchschnittliche Gelegegröße in höheren Lagen geringer als in tieferen Lagen.

So legen Sumpfmeisen in den Tallagen des Harzes durchschnittlich gut 9 Eier, in den Höhenlagen dagegen nur mehr etwa 7 Eier. Dies dürfte in erster Linie ein Effekt des späteren Brutbeginns in höheren Lagen sein (s. 1.5.1). Allerdings scheint es auch direkte Einflüsse der Höhenlage zu geben, unabhängig von dem unterschiedlichen Brutbeginn. So legen Klappergrasmücken in größerer Meereshöhe tatsächlich weniger Eier je Gelege als in tieferen Lagen.

Viele Vogelarten zeigen eine erhebliche Variation der mittleren Gelegegröße mit der Jahreszeit, einen sog. **Kalendereffekt**. Der saisonale Verlauf dieser Veränderung der Gelegegröße kann von Art zu Art ganz verschieden sein (Abb. 1-111).

Während der Trauerschnäpper seine maximale Gelegegröße zu Beginn der Brutzeit erreicht und dann zunehmend die Gelegegröße reduziert, zeitigen Amseln ihre größten Gelege im Mai. Der jahreszeitliche Verlauf in der Variation der Gelegegröße kann zudem vom geografischen Ort beeinflußt sein. Während beispielsweise die Reduktion der Gelegegröße bei Mönchsgrasmücken aus Süddeutschland und der Schweiz erst nach einigen Wochen nach Beginn der Brutzeit einsetzt, erfolgt sie bei schwedischen

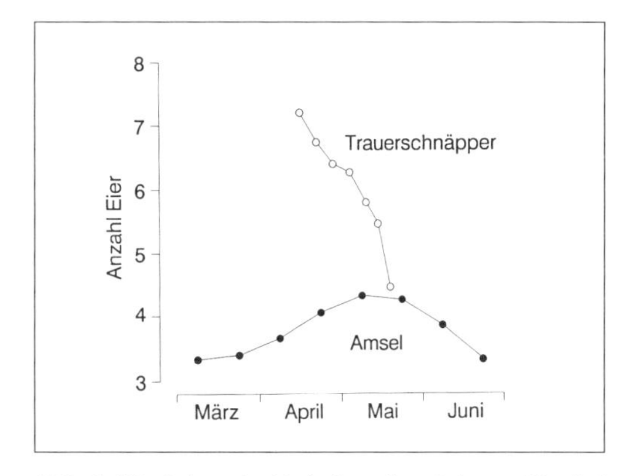

Abb. 1-111: Saisonale Variation der Gelegegröße bei Trauerschnäpper und Amsel (nach Berndt u. Winkel 1967 und Perrins u. Birkhead 1983).

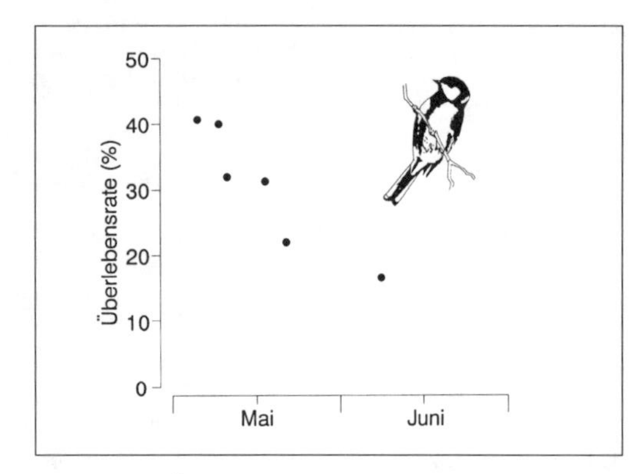

Abb. 1-112: Überlebensrate junger Kohlmeisen in Beziehung zum Schlüpfdatum (nach Perrins 1979).

und finnischen Mönchsgrasmücken kontinuierlich ab Beginn der Brutzeit.

Dieser «Kalendereffekt» ist dabei primär modifikatorisch, d.h. abhängig von Umweltfaktoren. Welcher Art diese Faktoren sind, ist jedoch kaum bekannt. Genetische Unterschiede zwischen verschiedenen Weibchen oder auch direkte Nahrungseffekte scheinen nicht die primäre Ursache zu sein. Denn auch unter experimentellen Bedingungen bei konstantem guten Nahrungsangebot reduzieren individuelle Weibchen ihre Gelegegröße sukzessive mit zunehmender Jahreszeit.

So legte ein Mönchsgrasmücken-Weibchen, das in Gefangenschaft durch wiederholte Wegnahme des Vollgeleges zur Ablage von 7 Gelegen veranlaßt wurde, Mitte April, Anfang Mai und Ende Mai je 5 Eier, Mitte Juni, Anfang Juli und Mitte Juli je 4 Eier und schließlich Mitte August nurmehr 3 Eier. Entscheidend hierfür dürfte wohl der energetische Zustand des legenden Weibchens sein. Dabei ist anzunehmen, daß Weibchen zu Beginn der Brutzeit über einen gewissen Umfang an Körpersubstanz (Energie) für die Eiproduktion verfügen, der dann über die Bruten verteilt wird. Dabei scheint in frühe Gelege mehr investiert zu werden als in nachfolgende. Im Falle der Amsel sind aber offensichtlich noch andere Faktoren beteiligt. Möglicherweise ist die Energie, die Weibchen in ein Gelege investieren, auch beeinflußt von der Wahrscheinlichkeit, daß aus einem solchen Gelege auch tatsächlich Jungvögel ausfliegen. So ist bei der Amsel der **Prädationsdruck** auf frühe Gelege höher als auf späte.

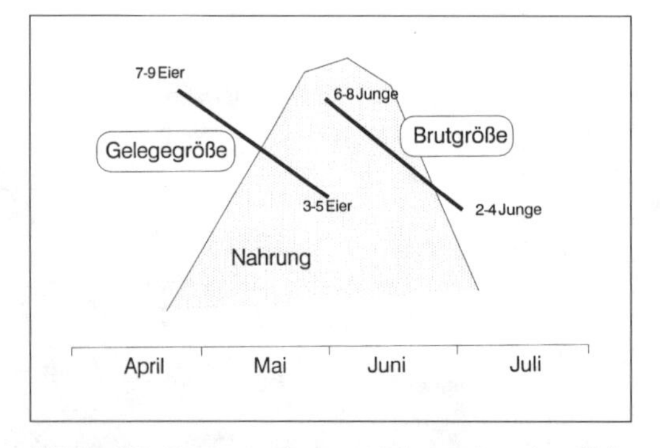

Abb. 1-113: Zusammenhang zwischen saisonalem Nahrungsangebot und Gelegegröße und Brutgröße beim Trauerschnäpper (nach Berndt u. Winkel 1967).

Hier spielen also proximate wie ultimate Faktoren eng zusammen. Unter ultimaten Gesichtspunkten kann nämlich die saisonale Veränderung der Gelegegröße gesehen werden als Anpassung («Reaktion») an die Möglichkeit, daß die Chance, erfolgreich Junge aufzuziehen, mit zunehmender Brutzeit abnehmen kann. So überleben z.B. von spät im Jahr geborenen Kohlmeisen erheblich weniger bis zur nächsten Brutzeit als solche aus früheren Bruten (Abb. 1-112). Allerdings darf dies nicht verallgemeinert werden. So gibt es Unterschiede zwischen verschiedenen Lebensräumen sowie zwischen verschiedenen Arten.

Bei der Tannenmeise beispielsweise war die Sterblichkeit von Jungvögeln in einem Untersuchungsgebiet mit Lärchenaufforstungen in späten Bruten niedriger als in den frühen Bruten.

Die aktuelle Entscheidung für das Weibchen, eine bestimmte Eizahl zu legen, ist «vorbestimmt» über die Evolution, indem die maximale Eizahl zur besten Zeit abgelegt wird (Abb. 1-113). Aktuell beeinflußt ist die Gelegegröße dann aber gerade vom lokalen Nahrungsangebot für das Weibchen in der Vorbrutzeit. So legten Turmfalken-Weibchen in guter Kondition durchschnittlich mehr Eier je Gelege als Weibchen in schlechter Kondition mit niedrigem Körpergewicht.

Zusammenfassend läßt sich feststellen, daß die derzeitigen Vorstellungen zu den regulierenden Faktoren des «Kalendereffekts» sehr vage sind. Dem Nahrungsangebot kommt aber sicherlich eine große Bedeutung zu. Die Beobachtung dieses «Kalendereffekts» auch unter gleichbleibend guten Ernährungsbedingungen in einer Voliere bestätigt, daß hieran auch ein endogener physiologischer Mechanismus beteiligt ist, der dann möglicherweise über die Fotoperiode zeitlich gesteuert ist.

Bei vielen Arten variiert die Gelegegröße mit dem **Alter** des legenden Weibchens. Junge, erstbrütende Weibchen legen vielfach durchschnittlich weniger Eier als ältere, erfahrene Weibchen. Allerdings ist festzustellen, daß junge Weibchen in der Regel auch später im Jahr mit der Brut beginnen als ältere Weibchen, so daß die geringere Eizahl der erstmals brütenden Weibchen wohl nur zum Teil ein «Alterseffekt» ist.

Die Gelegegröße kann zudem abhängig sein von der **Populationsdichte** (Abb. 1-114). Ursache hierfür könnte sein, daß bei hoher Populationsdichte dem einzelnen Weibchen weniger Nahrung zur Verfügung steht als bei geringerer Dichte, und somit die Weibchen bei hoher Dichte nicht ihre maximale Fitness für die Gelegeproduktion erreichen können. Denkbar ist aber auch, daß bei hoher Populationsdichte zunehmende Auseinandersetzungen mit Artgenossen auftreten, die entweder weniger Zeit für die Nahrungssuche lassen, oder aber über das endokrine System (Hormone) auf die Reproduktionsleistung der Weibchen einwirken.

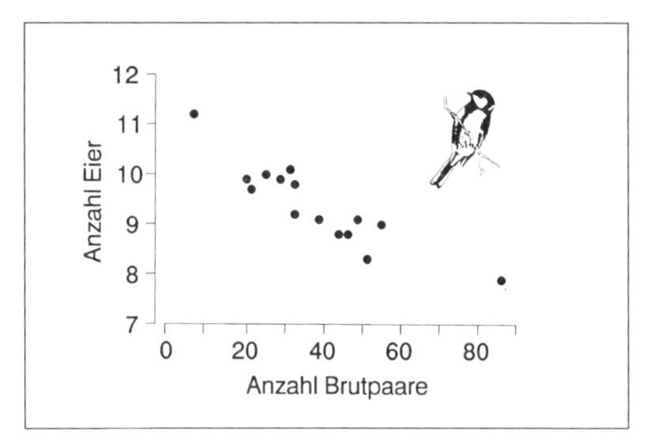

Abb. 1-114: Beziehung zwischen Populationsgröße (Anzahl Brutpaare) und durchschnittlicher jährlicher Gelegegröße (Anzahl Eier) bei der Kohlmeise (nach Lack 1973).

Vielfach diskutiert sind Veränderungen der Gelegegröße in Abhängigkeit von der **geografischen Breite** des Brutortes. Viele Arten legen in äquatorfernen Brutgebieten durchschnittlich größere Gelege als mehr äquatornah (Abb. 1-115).

Zwei Hypothesen stehen im Mittelpunkt der Diskussion zur Erklärung dieses geografischen Gradienten der Gelegegröße. Bei der **Tageslängen-Hypothese** wird angenommen, daß die längere Tageshelligkeit im Sommer in mehr nördlichen Brutgebieten längere Fütterungszeiten für die Altvögel und somit die Aufzucht einer größeren Anzahl von Jungen gestattet. Gegen diese Hypothese spricht aber insbesondere, daß auch Nachtjäger wie Eulen eine solche geografische Variation ihrer Gelegegröße zeigen. Und auch bei Schneeammern, die über ihr gesamtes arktisches Verbreitungsareal zur Brutzeit dauerhelle Bedingungen erfahren, zeitigen nördlichere Populationen durchschnittlich größere Gelege als weiter südlichere Populationen.

Die **Produktivitäts-Hypothese** geht davon aus, daß zwischen äquatornahen Regionen und solchen hoher geografischer Breite enorme Unterschiede in der saisonalen Produktivität der Lebensräume bestehen (Abb. 1-116). In den Tropen herrscht ein über das gesamte Jahr nahezu konstantes Nahrungsangebot mit nur geringen saisonalen Unterschieden. So ist auch zur Brutzeit kaum mehr Nahrung vorhanden als zu den übrigen Zeiten. Anders dagegen ist der saisonale Verlauf der verfügbaren Ressourcen in äquatorfernen Gebieten. Hier gibt es im Sommer einen riesigen «Überschuß» an Nahrung. Zusätzliche Nahrung für die Aufzucht von Jungen ist reichlich vorhanden. Auch große Bruten können hier erfolgreich aufgezogen werden.

Beide Hypothesen gehen davon aus, daß das verfügbare Nahrungsangebot die artspezifische Gelegegröße determiniert. Demnach le-

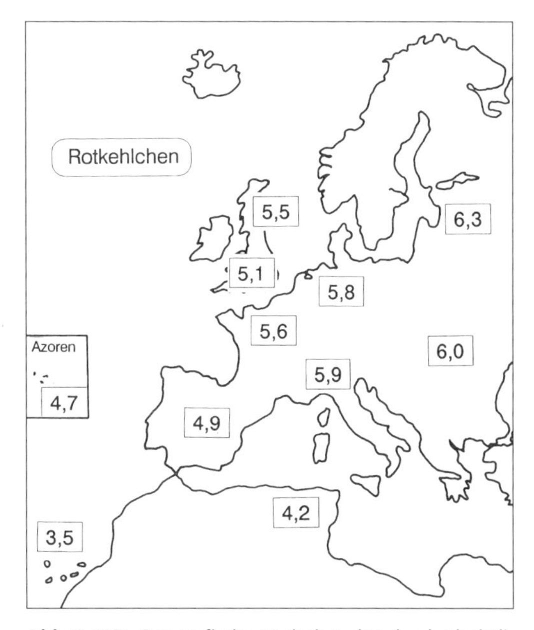

Abb. 1-115: Geografische Variation der durchschnittlichen Gelegegröße beim Rotkehlchen (nach Lack 1954).

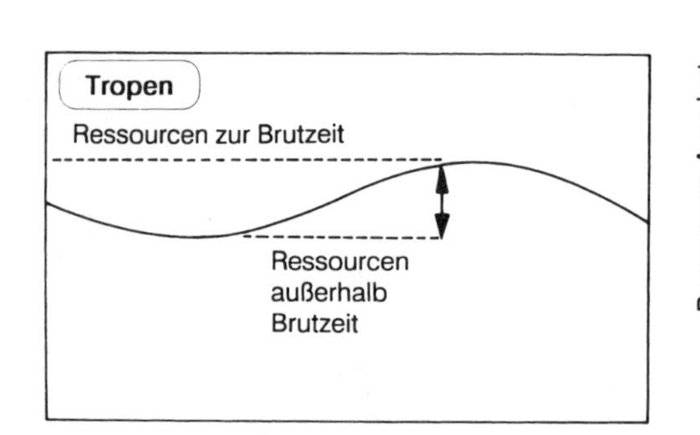

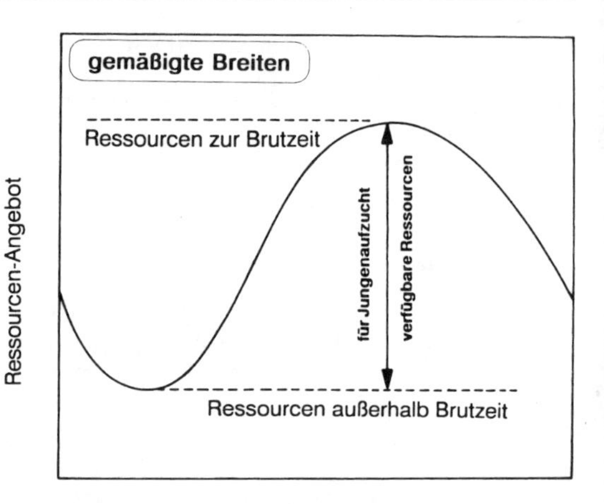

Abb. 1-116: Modell zur Erklärung der unterschiedlichen Gelegegröße zwischen tropischen und gemäßigten Regionen. Für die Aufzucht von Jungvögeln stehen in den saisonal produktiven gemäßigten Zonen mehr Ressourcen zur Verfügung als in den Tropen mit jahreszeitlich nur geringfügig schwankendem Angebot (nach Perrins u. Birkhead 1983 und Ricklefs 1980).

gen Vögel gerade so viele Eier im Gelege, daß daraus die meisten Nachkommen hervorgehen. Die durchschnittlich häufigste Gelegegröße sollte somit die durchschnittlich produktivste Gelegegröße sein. Entscheidend hierfür ist die Menge an Nahrung, die Altvögel ihren Nestlingen bringen können.

Eine Bestätigung erfährt diese Annahme insbesondere durch viele Untersuchungen an der Kohlmeise. Kohlmeisen brüten gern in Nistkästen, was Untersuchungen zur Fortpflanzungsbiologie sehr erleichtert. Die Gelegegröße von Kohlmeisen ist natürlicherweise sehr variabel (s. o.), und bei einem recht hohen Schlüpferfolg schlüpfen daraus viele Jungvögel, die alle ernährt sein wollen.

Bruten mit vielen Nestlingen werden von Kohlmeisen-Eltern erheblich häufiger versorgt als kleine Bruten (Tab. 1-3). Dennoch erfährt aber jeder einzelne Nestling in großen Bruten durchschnittlich erheblich weniger Fütterungen je Tag als solche in kleinen Bruten. Dies hat zur Folge, daß Nestlinge aus großen Bruten die Nester durchschnittlich leichter verlassen als solche aus kleinen Bruten (Abb. 1-117). Dies heißt, daß das individuelle Ausfliegegewicht um so geringer ist, je mehr Jungvögel sich in einem Nest befinden. Das unterschiedliche Ausfliegegewicht bedingt nun aber seinerseits eine unterschiedliche Überlebenswahrscheinlichkeit (Abb. 1-117), die sich darin ausdrückt, daß Jungvögel, die beim Verlassen des Nestes schwer waren, im nächsten Jahr erheblich häufiger wiedergefangen wurden als beim Ausfliegen leichte Vögel. Folglich überleben in großen Bruten mit beim Ausfliegen leichten Jungvögeln relativ weniger Jungvögel als in kleineren Bruten. Bezieht man diese Überlebensrate auf die Brutgröße, ergibt sich die in Abb. 1-117 dargestellte Optimumskurve. Dies bedeutet, daß nicht die größten Gelege die produktivsten sind, sondern durchschnittlich etwas kleinere. Unter Wirkung der natürlichen Selektion ist also die Gelegegröße begünstigt, die die höchste Überlebensrate hervorbringt. Diese «**individuelle Optimierungs-Hypothese**» ist weitgehend akzeptiert. Sie besagt, daß jedes Weibchen «weiß», wieviele Junge es unter den gegebenen Umweltbedingungen erfolgreich aufziehen kann.

Tab. 1-3: Tägliche Fütterungen an unterschiedlich großen Bruten der Kohlmeise (aus Perrins u. Birkhead 1983).

durchschnittliche Anzahl Nestlinge	Fütterungen je Brut und Tag	Fütterungen je Nestling und Tag
5,5	428	78
11	637	58 (–25%)

Allerdings erweist sich bei genauerer Betrachtung die Hypothese als nicht ausreichend, um die wirklich vorgefundenen Brutgrößen zu erklären. Denn in vielen Fällen besteht eine Diskrepanz zwischen der Gelegegröße, die die meisten Überlebenden hervorbringt und der, die in Wirklichkeit am häufigsten gefunden wird.

So ergibt sich beispielsweise für die Kohlmeise eine Gelegegröße mit 10 Eiern als die produktivste, am häufigsten werden jedoch 9 Eier je Gelege gefunden. In nahezu allen gut untersuchten Fällen ist dabei die am häufigsten gefundene Gelegegröße etwas geringer als die «produktivste». Hier muß die Wirkung weiterer Faktoren angenommen werden.

Möglicherweise spielt der **Räuberdruck** auf Bruten eine wichtige Rolle.

Große Bruten fallen durchschnittlich häufiger Räubern zum Opfer als kleinere Bruten. Junge in größeren Bruten sind hungriger und betteln intensiver und lauter als Nestlinge in Kleinbruten. Damit sind große Bruten sehr auffällig für Räuber. Auch füttern die Eltern große Bruten wesentlich häufiger als kleine und erhöhen so ebenfalls die Auffälligkeit für einen Räuber. Dadurch sind größere Gelege erheblich gefährdeter, von einem Räuber entdeckt zu werden als kleinere Gelege, die einem geringeren Räuberdruck ausgesetzt sind. Weiterhin beginnen Kohlmeisen mit der Bebrütung ihrer Eier nicht sogleich nach der Ablage des ersten Eies, sondern erst etwas später. Je mehr Eier im Gelege abgelegt werden, um so länger ist somit die Zeit, in der die Eier unbeaufsichtigt sind. Zudem werden große Gelege länger bebrütet als kleine. Beides macht große Gelege ebenfalls für eine Beraubung anfälliger als kleinere.

Eine andere Erklärung beruht auf der Annahme, daß Brüten und Aufzucht der Jungvögel den Altvögeln auch Kosten abverlangen. Das Legen eines großen Geleges «kostet» das Weibchen mehr als ein kleines Gelege. Auch der **energetische Aufwand** für das Warmhalten eines großen Geleges kann höher sein als für ein kleines Gelege. Je mehr Junge gefüttert werden müssen, um so größer ist der Aufwand und die Belastung für die Eltern. Reproduktion bedeutet somit für die Altvögel eine hohe Belastung, die die eigene Überlebensrate und somit auch die zukünftige Reproduktionsrate reduzieren kann.

Sieht man natürliche Selektion als Maximierung der **Lebenszeit-Reproduktion** (d.h. der Reproduktion über die gesamte Lebenszeit eines Tieres), so ist bei der Festlegung der aktuellen Gelegegröße ein Kompromiß zu erwarten aus individueller, aktueller brutzeitlicher Maximierung der Gelege-/Brutgröße und Maximierung der Überlebenswahrscheinlichkeit für die Eltern. Hieraus ergibt sich die in Abb. 1-118 dargestellte Modellsituation, die die realen Verhältnisse weitgehend erklärbar macht.

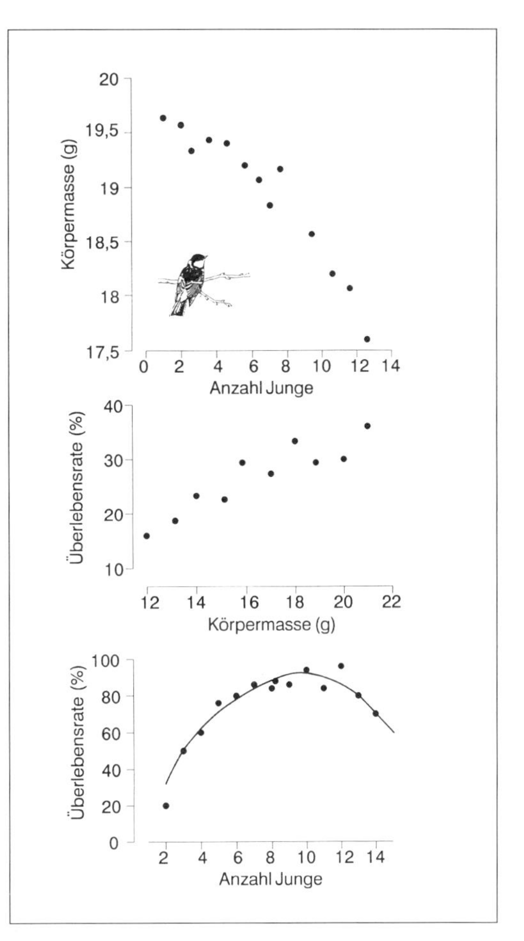

Abb. 1-117: Junge Kohlmeisen aus großen Bruten sind durchschnittlich leichter als solche aus kleineren Bruten (oben). Die Überlebensrate im ersten Lebensjahr beim Ausfliegen leichterer Kohlmeisen ist geringer als von schwereren Vögeln (Mitte). Aus beidem ergibt sich der im unteren Bild gezeigte Zusammenhang zwischen Überlebensrate und Brutgröße. Nicht die Bruten, die die meisten Nestlinge beinhalten, sind die produktivsten, sondern die etwas kleineren mit durchschnittlich besser ernährten Jungvögeln (nach Perrins 1974 und Perrins u. Birkhead 1983).

Dieses Modell geht zunächst von der einfachen Annahme aus, daß die produktivste Gelegegröße zugleich auch die häufigste Gelegegröße sein sollte (a). Große Gelege beinhalten aber hohe Kosten (b). Der größte «Nutzen» ergibt sich nun für die Gelegegröße, wo mit möglichst geringen Kosten die meisten Jungen erfolgreich großgezogen werden können. Sind die Brutgröße-abhängigen Kosten gering (c) kann die produktivste auch zugleich die häufigste Gelegegröße sein. Je aufwendiger jedoch

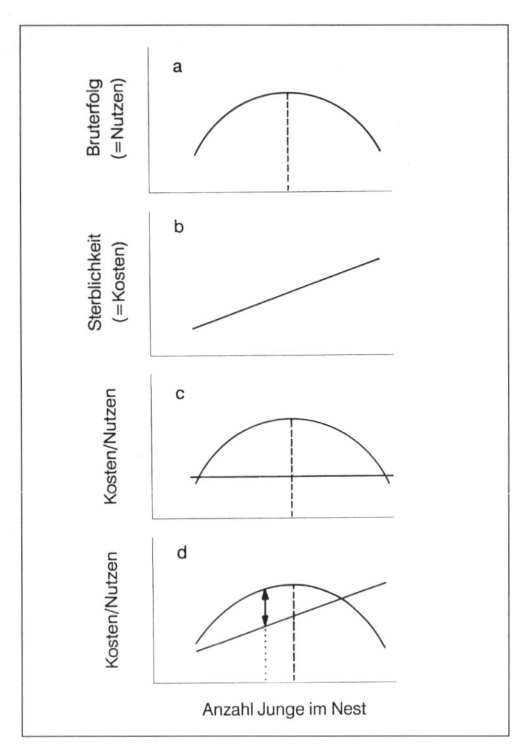

Abb. 1-118: Zusammenhang zwischen Bruterfolg (a) und elterlichem Aufwand (Kosten; b) und Brutgröße (Näheres s. Text; nach Perrins u. Birkhead 1983).

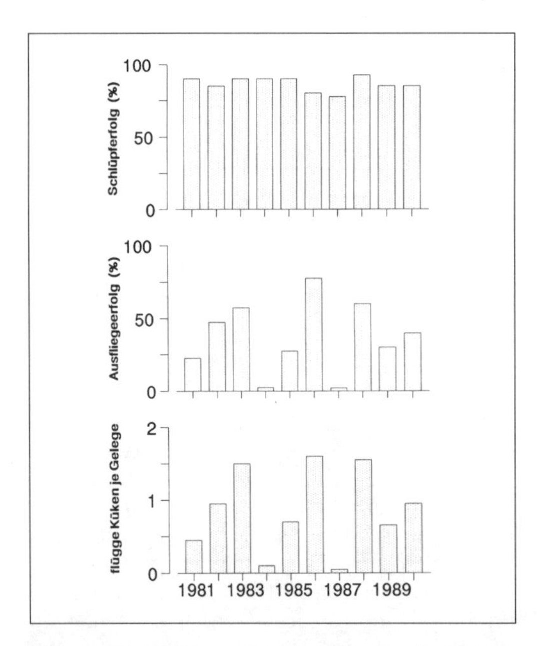

Abb. 1-119: Jährliche Schwankungen des Bruterfolgs bei Flußseeschwalben auf Oldeoog (Ostfriesische Inseln; nach Becker in Perrins et al. 1991).

das Bebrüten großer Gelege und die Aufzucht der Jungvögel ist, um so deutlicher wird die Diskrepanz zwischen produktivster und häufigster Gelege-/Brutgröße (d). Die «optimale» Gelege-/Brutgröße ist somit um so geringer, je mehr Kosten den Altvögeln zur Brut abverlangt werden.

Die reale Brutgröße bzw. die reale Fortpflanzungsrate ist dann zusätzlich von den aktuell herrschenden Bedingungen abhängig (vgl. oben), insbesondere von den Ernährungsmöglichkeiten.

Flußseeschwalben auf der Insel Oldeoog vor der ostfriesischen Küste legen alljährlich durchschnittlich etwa gleich viele Eier und der Schlüpferfolg ist in allen Jahren ähnlich hoch (Abb. 1-119). Der Ausfliegeerfolg unterliegt jedoch ganz erheblichen jährlichen Schwankungen, und folglich ist die Fortpflanzungsrate von Jahr zu Jahr sehr verschieden. Ursache hierfür sind die jährlich verschieden hohen Kükenverluste, was vor allem die Folge stark wechselnder Ernährungsbedingungen ist.

Beim Star ist die Anzahl je Brut ausfliegender Jungvögel von Jahr zu Jahr sehr verschieden. Während in manchen Jahren nahezu alle Nestlinge zum Ausfliegen kommen, ist in anderen die Ausfliegerate viel geringer und zudem in großen Bruten schlechter als in kleineren Bruten. Auch hier liegt die Ursache im Nahrungsangebot, das den Altvögeln zur Aufzucht ihrer Jungen zur Verfügung steht. In sehr guten Jahren mit einem guten Angebot an Insekten und somit hoher Fütterungsleistung ist der Bruterfolg erheblich besser als in Jahren geringen Insektenangebots.

1.5.3 Energetik des Brütens

«Brüten ist ein Zustand, in dem ein poikilothermes Objekt (Eier, Nestlinge) über längere Zeit von einem endothermen Organismus warm auf einer recht konstanten Temperatur (meist über der Umgebungstemperatur) gehalten werden muß» (Remmert 1980). Besonders deutlich wird dies bei Arten, die in kalter Umgebung brüten (Abb. 1-120). Die Bebrütungstemperatur, d.h. die Temperatur, in der die Embryonalentwicklung abläuft, beträgt meist 35–40 °C. Kurzfristig können Embryonen eine Abkühlung auf bis zu 0 °C tolerieren. Diese Toleranz ist jedoch abhängig vom Alter der Embryonen: Je länger ein Ei bebrütet ist, d.h. je älter ein Embryo ist, um so geringer ist seine Toleranz gegenüber Abkühlung. In heißen Klimaten oder bei sehr intensiver Sonnenbe-

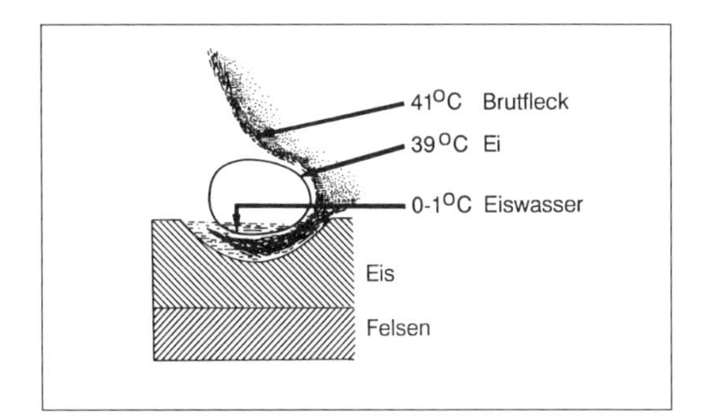

Abb. 1-120: Viele arktische Vögel legen ihre Eier direkt auf den gefrorenen Boden. Dickschnabellummen stehen während der Bebrütung ihres Eies auf dem Eis, das unter der Körperwärme schmilzt, wodurch das Ei teilweise im Schmelzwasser liegt. Um dennoch die über das gesamte Ei erforderliche hohe Bruttemperatur zu gewährleisten, wendet der brütende Vogel das Ei regelmäßig (nach Remmert 1980).

strahlung besteht die Gefahr der Überhitzung.

Zwei Fragen zur Energetik des Brütens sind von besonderem Interesse. Muß der brütende Altvogel zusätzliche Wärme produzieren, um die notwendige Wärmezufuhr an die Eier zu ermöglichen oder reicht seine allgemeine Wärmeproduktion dafür aus? Zu diesem Thema liegen eine Reihe von Untersuchungen vor, wobei sich aber kein einheitliches Bild zeigt.

Mißt man die Stoffwechselrate brütender bzw. frei im Nistkasten sitzender nicht brütender Stare, so ist der Energieverbrauch beider Gruppen bei **Umgebungstemperaturen** oberhalb etwa 10 °C nahezu gleich (Abb. 1-121). Unterhalb von 10 °C liegt der Energieverbrauch der brütenden Stare aber um 25–30% höher als der nicht brütender Tiere. Unterhalb von 10 °C, was in etwa die untere kritische Temperatur beim Star ist, produzieren also brütende Stare zusätzlich Wärme, um die Eitemperatur annähernd aufrecht zu erhalten. Auch künstliche Absenkung der Eitemperatur führte zu einer zusätzlichen Wärmeproduktion seitens des brütenden Altvogels. Insbesondere bei kühler Witterung muß also der brütende Altvogel zusätzlich Wärme für die Bebrütung bereitstellen, um so die Bruttemperatur auf den erforderlichen konstanten 38–39 °C zu halten. Da nun Brüten vielfach bei relativ niedrigen Außentemperaturen erfolgt, z. B. im zeitigen Frühjahr oder auch in kühlen Nächten, bedeutet Brüten in diesen Fällen einen erheblichen zusätzlichen Energieaufwand für den brütenden Altvogel.

Anders stellt sich dies bei der Amsel dar. Bei ihr liegt die Stoffwechselrate des brütenden Vogels immer unter der eines nichtbrütenden, freisitzenden Vogels. Während also Stare für das Brüten einen zusätzlichen Energieaufwand haben, ist bei der Amsel Brüten gegenüber Nichtbrüten «sparsamer» und somit eher eine «Erholung». Über eine Bebrütungszeit von 14 Tagen kalkuliert ergibt sich für eine brütende Amsel eine Ersparnis von etwa 20% im Vergleich zu einem nichtbrütenden Vogel. Ursache hierfür ist die gute Isolation des Nestes.

Was die Unterschiede zwischen den verschiedenen Arten ausmacht, ist derzeit nicht bekannt. Neben auch methodischen Unterschieden in den einzelnen

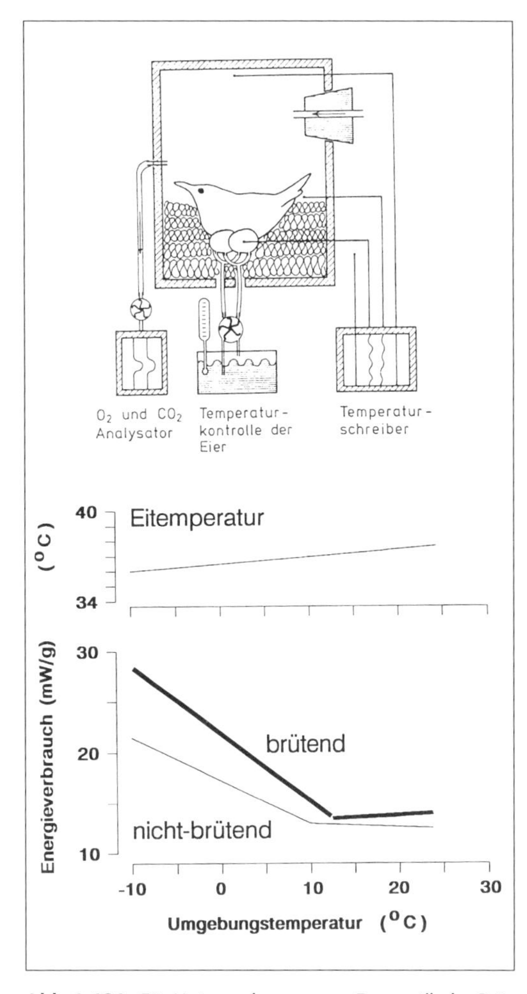

Abb. 1-121: Für Untersuchungen zur Energetik des Brütens beim Star waren Nistkästen als Stoffwechselkammern präpariert (oben). Gegenüber Staren, die sich im Nistkasten aufhielten, ohne Eier zu bebrüten, steigt der Energieverbrauch brütender Vögel unterhalb von etwa 10 °C steiler an und ist um 25–30% höher als der nichtbrütender Vögel. Auch bei tiefen Umgebungstemperaturen sinkt die Eitemperatur nur geringfügig (nach Biebach 1979).

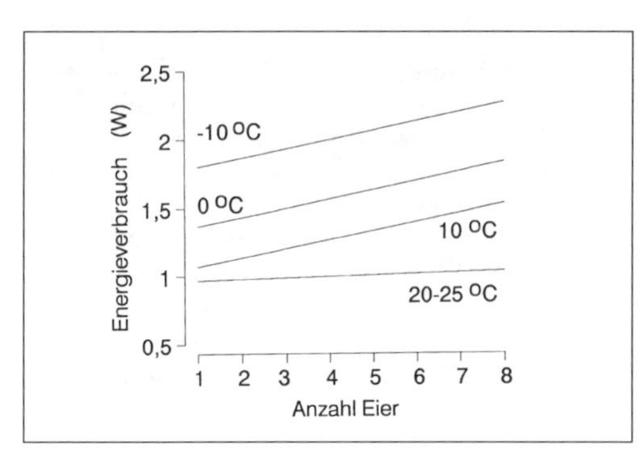

Abb. 1-122: Zusammenhang zwischen Energieverbrauch und Gelegegröße beim Star bei unterschiedlichen Umgebungstemperaturen (nach Biebach 1984).

Untersuchungen könnten Unterschiede in der Nestisolation, im Brutvermögen und im Brutverhalten der Altvögel, in den Eigenschaften der Eier oder im Embryonalstoffwechsel eine Rolle spielen.

Der Stoffwechsel heranwachsender Embryonen nimmt mit ihrem Alter zu. Bei der Amsel liegt er zum Ende der Bebrütung bei 60–70% des Stoffwechsels des Altvogels. Damit nimmt auch der embryonale Beitrag zur Bruttemperatur zu.

Eine weitere Frage ist, ob auch die **Gelegegröße** einen Einfluß auf den Energiestoffwechsel des brütenden Vogels hat, bzw. inwieweit möglicherweise die Stoffwechselleistung des brütenden Vogels die Gelegegröße mitbestimmen kann.

Hierzu liegen wiederum Untersuchungen am Star vor. Bei verschiedenen Umgebungstemperaturen wurde die Gelegegröße brütender Weibchen durch Wegnahme oder Hinzufügen von Eiern variiert und simultan dazu der Energiestoffwechsel des brütenden Vogels gemessen. Bei Umgebungstemperaturen oberhalb von etwa 20 °C gibt es keinen Zusammenhang zwischen Energieverbrauch des brütenden Vogels und der Gelegegröße (Abb. 1-122). Anders ist dies bei tieferen Temperaturen. Zunehmende Gelegegröße bedeutet hier einen zusätzlichen Energieaufwand des brütenden Vogels. Je zusätzlichem Ei steigt der Energieaufwand um etwa 4%. Zudem zeigt sich, daß die untere kritische Temperatur, d. h. die Temperatur, ab der bei weiter sinkender Umgebungstemperatur zusätzliche Wärmeproduktion erforderlich ist, mit zunehmender Eizahl im Gelege ansteigt. Während sie bei zwei Eiern im Gelege bei etwa 14 °C liegt, liegt sie bei 8 Eiern bei etwa 24 °C. Je mehr Eier im Gelege sind, um so aufwendiger ist also seine Bebrütung und um so höher ist der Energieaufwand für den brütenden Vogel. Damit steigt auch der tägliche Energiebedarf eines brütenden Vogels mit zunehmender Gelegegröße an, wie das Beispiel des Trauerschnäppers im Freiland zeigt (Abb. 1-123).

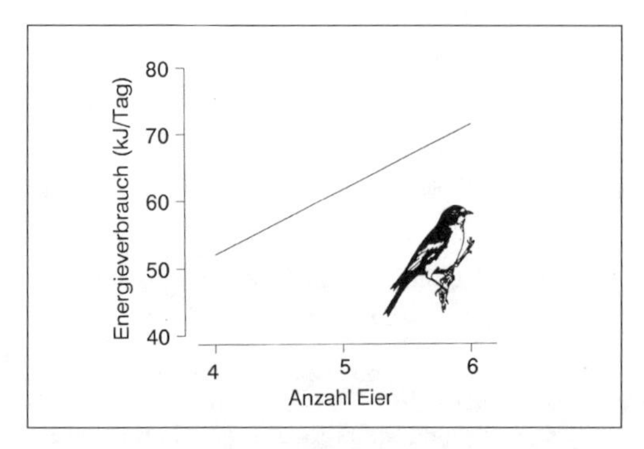

Abb. 1-123: Täglicher Energieverbrauch brütender Trauerschnäpper in Abhängigkeit von der Gelegegröße (nach Moreno u. Sanz 1994).

Um diesen **täglichen Energiebedarf** zu decken, haben brütende Vögel mehrere Möglichkeiten. So können sie häufiger und intensiver auf Nahrungssuche gehen, was jedoch bedeutet, daß sie das Gelege häufiger verlassen müssen, wodurch die Eier zwischendurch immer wieder abkühlen und dann zusätzliche Energie für das erneute Aufheizen auf die notwendige Bruttemperatur erforderlich ist. Bei Vogelarten, bei denen der brütende Partner vom anderen Altvogel gefüttert wird, beobachtet man einen Anstieg dieser Fütterungsaktivität mit zunehmender Eizahl im Gelege. Eine weitere Möglichkeit, den erhöhten Energieverbrauch für das Brüten zu decken, ist die Anlage von körpereigenen Energiereserven. So zeigen viele Arten eine vorbrutzeitliche Körpermassenzunahme, die wohl insbesondere als Anpassung an die Stoffwechselleistungen der Bebrütung zu sehen sind.

Während Trauerschnäpper-Weibchen, die auf 4 Eiern brüten, von Männchen nicht auf dem Nest gefüttert werden, erfolgte bei 8 Eiern im Gelege durchschnittlich etwa 3,3 mal je Stunde eine Partnerfütterung, bei 12 Eiern im Gelege sogar 5,3 mal je Stunde. Sofern bei einer Art beide Partner brüten, beobachtet man bei größeren Gelegen eine häufigere Ablösung.

In großen Gelegen können niemals alle Eier gleichzeitig in engem Kontakt mit dem Brutfleck des brütenden Vogels stehen. Damit erfahren nicht alle Eier den gleichen direkten Wärmetransfer. Periphere Eier kühlen ab und müssen regelmäßig gewendet bzw. wieder «nach innen» geschafft und erneut erwärmt werden. Dieses in großen Gelegen häufige

Wiederaufwärmen vorübergehend peripherer Eier bedeutet einen zusätzlichen Energieaufwand für den brütenden Altvogel. Trotz aller Anstrengungen des brütenden Vogels erfahren in großen Gelegen die einzelnen Eier aber einen relativ geringeren Wärmegenuß als Eier in kleineren Gelegen. Möglicherweise führt dies zu einer reduzierten Überlebensrate von Embryonen und/oder verzögerten Entwicklung und somit zu einer reduzierten Überlebensrate bei Jungvögeln aus großen Gelegen. Unter der Wirkung natürlicher Selektion wären damit etwas kleinere als die maximal möglichen Gelegegrößen begünstigt, da sie die meisten überlebenden Jungen für die nächstfolgende Generation liefern können.

Einen wichtigen Einfluß auf den Bruterfolg kann auch die **Brutleistung der Altvögel** haben.

In der Nähe von Vancouver/Kanada wurden europäische Stare und südostasiatische Haubenmainas freigesetzt. Beide Arten brüten dort und beide legen durchschnittlich 5 Eier je Gelege. Deutliche Unterschiede zeigen sich jedoch im Bruterfolg. Während die Stare in etwa den Bruterfolg erbrachten, wie er auch in ihrer europäischen Heimat bekannt ist, war der Schlüpf- und Ausfliegeerfolg der Mainas dagegen wesentlich schlechter als in ihrem südostasiatischen Herkunftsgebiet. Wurden die Eier der beiden Arten zur Bebrütung wechselseitig ausgetauscht, erbrachten die nun von den europäischen Staren erbrütenden Maina-Eier aber normalen Schlüpferfolg, die von den Mainas bebrüteten Staren-Eier dagegen schlechten Schlüpferfolg. Offensichtlich waren die Mainas nicht in der Lage, unter den Bedingungen Vancouvers (April-Temperatur: Vancouver 10 °C, Hongkong 25 °C) ihre Gelege entsprechend zu bebrüten. Daß dieser Unterschied im Schlüpferfolg tatsächlich auf die Temperaturbedingungen von Vancouver zurückzuführen ist, wurde schließlich experimentell bestätigt: Wurden die Nistkästen der Mainas künstlich auf etwa die Bedingungen von Hongkong beheizt, so stellte sich der normale gute Bruterfolg ein.

Ursache für diesen Unterschied im Brutergebnis zwischen Staren und Mainas ist die **Bebrütungstechnik**. Als tropische Vögel sind Mainas diskontinuierliche Brüter, d.h. wegen der natürlicherweise hohen Umgebungstemperatur in ihrem natürlichen Brutgebiet brauchen sie nicht ständig auf den Eiern zu sitzen, da die Eier bei so hohen Außentemperaturen kaum auskühlen. Dieses Verhalten behielten die Mainas auch unter den wesentlich kühleren Bedingungen Vancouvers bei. Hier jedoch kühlten die Eier in den Brutpausen jeweils

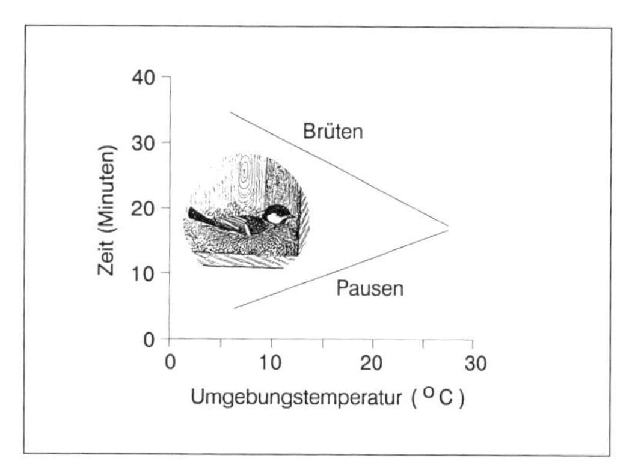

Abb. 1-124: Bei höherer Umgebungstemperatur unterbrechen brütende Kohlmeisen die Bebrütung ihrer Eier häufiger und länger als bei niedrigen Temperaturen (nach Kluijver 1950).

stark aus, was dann die hohe Embryonensterblichkeit zur Folge hatte. Auch bei heimischen Vogelarten ist die Bebrütungsintensität abhängig von der Umgebungstemperatur. Kohlmeisen brüteten bei hoher Umgebungstemperatur weniger fest (kontinuierlich) als bei niedriger Außentemperatur (Abb. 1-124).

Eine solche Abhängigkeit des Brutverhaltens von den **Temperaturbedingungen** der Umwelt findet sich besonders bei Arten extremer Lebensräume, deren Besiedlung ganz besondere Anpassungsformen notwendig macht, in Hitzewüsten oder in Kältegebieten.

In Kalifornien brüten manche Vogelarten auf den sehr heißen ausgetrockneten Salzseen, wo sie ihre Eier vielfach direkt auf den Boden legen. Die Gefahr der Überhitzung der Eier vermeiden diese Vögel vor allem durch zwei Verhaltensweisen. Mit der im Tagesverlauf zunehmenden Umgebungstemperatur geben die Altvögel das Bebrüten der Eier auf und beschatten sie in der Folgezeit nur mehr, indem sie sich so über das Gelege stellen, daß dieses durch ihren Körperschatten bedeckt ist. Zudem kühlen die Altvögel das Gelege durch Benässen. Dazu bringen die Altvögel im Brustgefieder anhaftendes Wasser herbei, das sie dann über die Eier verteilen. Durch evaporative Kühlung erniedrigt sich die Lufttemperatur im Nest und folglich auch die Eitemperatur.

Vor einem ganz anderen Problem stehen Vögel, die Kältewüsten besiedeln. Die Kaiserpinguine der Antarktis kehren am Ende des antarktischen Sommers im März an ihre Brutplätze zurück, die zum Teil viele Kilometer vom Eisrand entfernt sind. Zu Beginn des arktischen Winters Ende April/Anfang Mai legt das Weibchen ein Ei, das sie anschließend dem Männchen zur Bebrütung übergibt. Während das Weibchen ins offene Wasser zurückkehrt, bebrütet

Abb. 1-125: Kaiserpinguin mit Jungem. (Aufnahme: W. Arntz)

das Männchen das auf seinen Füßen liegende Ei zwei Monate lang, den ganzen Winter hindurch (Abb. 1–125). Es frißt in dieser Zeit nichts, sondern lebt ausschließlich von seinen körpereigenen Energiereserven, die es sich den Sommer über angefressen hatte. Zur Schlüpfzeit des Jungen im Juli (Hochwinter) kehren die Weibchen gut genährt zu den Brutplätzen zurück und übernehmen dort das frischgeschlüpfte Jungtier, das sie dann auch zum ersten Mal füttern. Nun kehrt das Männchen wieder zur Nahrungssuche ins Meer zurück. Während der nächsten 7 Wochen wird das Jungtier von den Eltern zunächst abwechselnd versorgt, später dann gemeinsam gefüttert. Zu dieser Zeit halten sich die Jungtiere in «Kindergärten» auf, bis sie dann etwa im Januar flügge sind. Möglich ist dieses Brutgeschäft unter den winterlichen Bedingungen der Antarktis nur durch zwei besondere Anpassungsleistungen: die Anlage großer körpereigener Reserven und eine außergewöhnliche Hungerkapazität.

2 Populationsökologie

Natürliche Selektion erfolgt am Individuum, und sie schafft eine Gruppe von Individuen derselben Art, die gemeinsam zu einer bestimmten Zeit an einem bestimmten Ort zusammen sind. Eine solche Gruppe wird im folgenden als **Population** verstanden. Ein besonderes Problem dabei ist jedoch die räumliche Begrenzung. Viele Organismen leben in einem Kontinuum ohne strenge Grenzen. Die Ortsdefinition für eine Population ist somit gewöhnlich gegeben durch den Untersucher selbst. Eine Population ist demnach die Gruppe von Individuen, die ein Untersucher für seine Untersuchung gewählt hat. So ist es durchaus statthaft, von der Amsel-Population eines Stadtparkes, von der Weißstorch-Population eines ganzen Bundeslandes oder auch von der Wanderfalken-Population Europas zu sprechen. Die Definition einer «Population» als Untersuchungseinheit ist abhängig von der Populationsgröße, d.h. der Anzahl Vögel je Fläche, und ihrer Mobilität. Je standorttreuer eine Population ist, um so leichter ist ihr Areal zu definieren. Je mehr Individuen, d.h. je dichter die Besiedlung ist, um so kleiner kann eine Untersuchungsfläche sein.

Populationen sind durch folgende Grundeigenschaften ausgezeichnet: **Geburten** (Natalität) und **Zuwanderung** (Immigration) erhöhen die Populationsdichte, **Sterblichkeit** (Mortalität) und **Abwanderung** (Emigration) vermindern sie. Will man eine Population und ihre Entwicklung verstehen, gilt es, diese Grundelemente einer Population zu analysieren.

Die Beschreibung von Populationswachstum und die **Demografie** der Population (= die Analyse der Geburts-, Sterbe- und Dispersionsvorgänge) sind dabei wichtige Grundlagen zum Arten- und Naturschutz, gestatten sie doch vielfach eine Kausalanalyse beteiligter Faktoren.

2.1 Ermittlung der Populationsgröße

Grundlage jeder populationsdynamischen Analyse ist die Ermittlung der Populationsgröße (N) bzw. der Populationsdichte (N/Fläche). Hierzu bieten sich prinzipiell zwei Methoden an, zum einen direkte Methoden, die absolute Bestandszahlen ergeben, zum anderen indirekte Methoden mit relativen Angaben.

Zählungen sind eine direkte Methode. Bei z.B. seltenen Arten, bei lokal konzentriertem Vorkommen (Kolonien) oder auch auf kleinen übersichtlichen Flächen lassen sich vielfach alle Individuen einer Population zählen. In den meisten Fällen jedoch wird eine Totalerfassung nicht möglich sein. Hier helfen dann nur Stichproben bzw. Schätzverfahren weiter.

Die bei Vögeln bekannteste Methode ist die **Brutvogel-Bestandserfassung** über die Anzahl revieranzeigender Männchen. Trotz einer Reihe von Störgrößen kann diese Methode bei einiger Erfahrung durchaus wertvolle Ergebnisse liefern. Allerdings ist sie nur anwendbar bei revieranzeigenden Vogelarten und damit in der Regel nur zur Brutzeit. Insbesondere außerhalb der Brutzeit wichtige Methoden sind «Punkt-Stop-Zählungen» und «Linientaxierungen». Bei **«Punkt-Stop-Zählungen»** verweilt der Beobachter für eine vorgegebene Zeit an einem Ort, registriert dort alle Beobachtungen und begibt sich anschließend zu einem weiteren Punkt. «**Linientaxierungen**» dagegen erfassen die Individuen entlang einer vorbestimmten Wegstrecke. Beide Methoden sind mehr dazu geeignet, relative Vergleiche vorzunehmen als absolute Bestandszahlen zu ermitteln und zu vergleichen. Eine weitere wichtige Methode zur Schätzung der Populationsgröße sind «**Fang-Wiederfang**»-Analysen. Ihnen liegt zugrunde, daß ein Tier gefangen, markiert und freigelassen und später wieder gefangen wird. Unter bestimmten Annahmen kann so recht einfach eine Populationsschätzung vorgenommen werden. Der einfachste

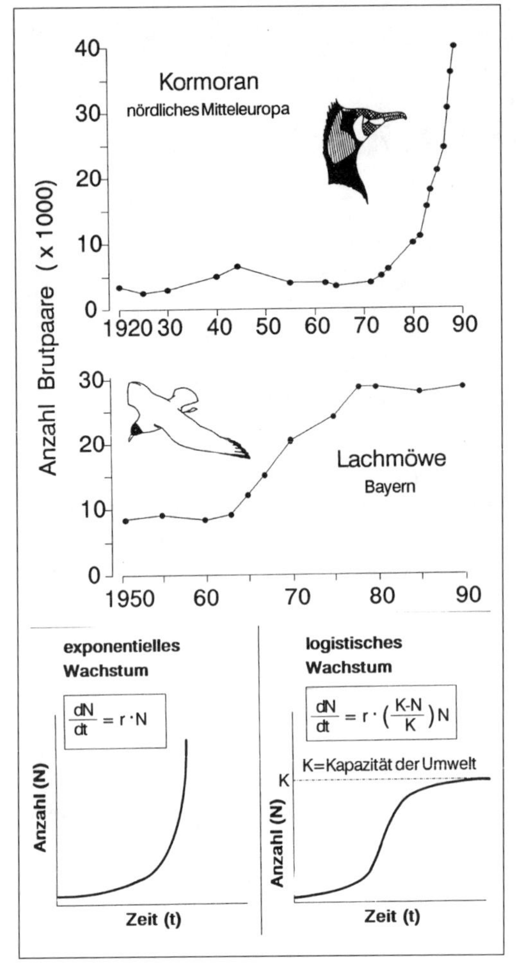

Abb. 2-1: Beispiel für Populationsentwicklungen und die zugehörigen Wachstumskurven (Kormoran: nach Suter 1989; Lachmöwe: nach Heinze 1992).

Fall ist gegeben, wenn in der Population zwischen Erstfang und Wiederfang kein Zu- oder Abgang an Tieren erfolgt, was z. B. gegeben ist, wenn das Zeitintervall zwischen Fang und Wiederfang kurz und der Zeitpunkt günstig gewählt wurde. Vielfach wird man jedoch sogenannte offene Populationen bearbeiten, wo dann zu berücksichtigen ist, daß zwischen Fang und Wiederfang Geburt, Sterblichkeit, und Ab- oder Zuwanderung möglich sind.

2.2 Populationswachstum

Populationen können über die Zeit in Größe und Dichte mehr oder weniger stabil sein, zu- oder abnehmen. Bei der Neubesiedlung von Flächen oder bei Erschließung neuer Ressourcen ist oftmals ein rapides **exponentielles Populationswachstum** zu beobachten (Abb. 2-1). Keine Population kann sich jedoch fortwährend exponentiell entwickeln. Unter den gegebenen Umweltbedingungen wird nach einer gewissen Zeit die Zunahme abflachen und sich auf einen neuen Wert einpendeln (Abb. 2-1). In einem solchen Fall sprechen wir von einem sigmoiden Wachstumsverlauf bzw. einem **logistischen Wachstum**.

Während das exponentielle Populationswachstum ausschließlich bestimmt ist von der spezifischen Zuwachsrate (r), ist das sigmoide Wachstum zusätzlich abhängig von der Kapazität der Umwelt (K). In beiden Fällen kann unter der Annahme, daß keine Zu- und Abwanderung erfolgt, r ausgedrückt werden als die Differenz zwischen der individuellen Geburtenrate (b) und der individuellen Sterberate (d) bzw. der durchschnittlichen Anzahl Nachkommen je Individuum und Zeiteinheit und der durchschnittlichen Anzahl Todesfälle je Individuum und Zeiteinheit.

K und r können in Raum und Zeit variabel sein. Populationen stabilisieren sich oft über die Regulation von Geburts- und Sterberate (unter Vernach-

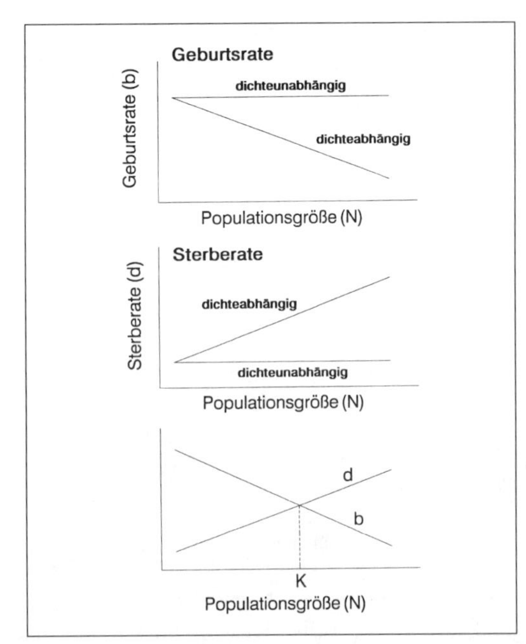

Abb. 2-2: Die individuelle Geburts- (b) und Sterberate (d) können von der Populationsdichte unabhängig oder abhängig sein. Natürliche Populationen stabilisieren sich, wenn beide Raten den gleichen Wert erreichen (nach Wilson u. Bossert 1973).

lässigung von Zu- und Abwanderung!). Sowohl die Geburtsrate wie die Sterberate können sich in Abhängigkeit von der Populationsgröße verändern (**Dichteabhängigkeit**) oder aber auch davon unabhängig sein (**Dichteunhabhängigkeit**; Abb. 2-2). Populationen stabilisieren sich dann, wenn die individuelle Geburtsrate (b) oder die individuelle Sterberate (d) oder beide in ausreichendem Maße auf eine Veränderung der Populationsdichte reagieren, so daß beide Raten den gleichen Wert erreichen.

K, die Kapazitätsgrenze der Umwelt, ist vielfach bestimmt durch das Nahrungsangebot, das Angebot an Nistplätzen oder auch an Ruheplätzen. K kann somit eine jahreszeitlich ganz unterschiedliche Bedeutung haben. Dies und eine gewisse «Trägheit» des Systems führen dann zu Fluktuation von Beständen um N = K (Abb. 2-3).

Ist r negativ, d.h. (b – d) < 0, erfolgt eine Bestandsabnahme. Auch sie kann exponentiell verlaufen (Abb. 2-4).

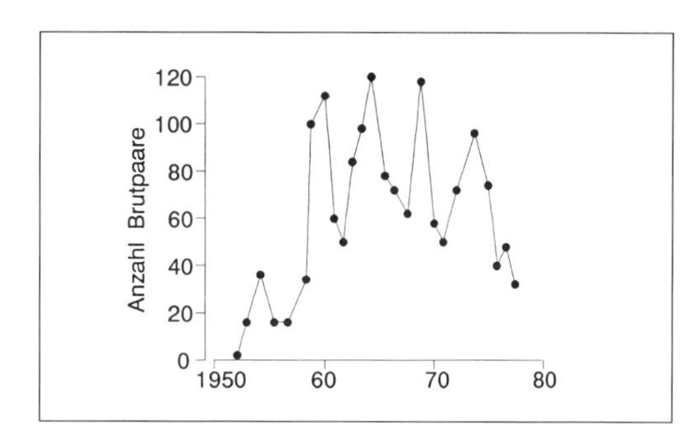

Abb. 2-3: Die Bestandsentwicklung von Schwarzhalstauchern in Oberschwaben/Baden-Württemberg (nach Prinzinger 1979).

2.3 Demografie

Um die an einer Populationsentwicklung beteiligten Faktoren zu ermitteln, benötigt man detaillierte demografische Angaben zur Reproduktion (Geburtsrate), zu den Sterblichkeitsverhältnissen, zur Altersstruktur und zu Zu- und Abwanderungen. Die in vielen Populationen wichtigsten Komponenten sind dabei Natalität und Mortalität.

2.3.1 Natalität (Geburtenrate)

Natalität ist die jährliche Geburtsrate und wird üblicherweise ausgedrückt in Anzahl Junge je Weibchen und Jahr. Nicht jedes gelegte Ei erbringt aber einen flüggen Jungvogel. Während der Eiablage, der Bebrütung oder der Nestlingszeit kann es zum Verlust ganzer Gelege oder auch einzelner Eier bzw. Nestlinge kommen. Somit wird nur ein Teil der gelegten Eier auch wirklich erfolgreich sein. Die detaillierte Analyse dieser Brutverluste kann wichtige Informationen liefern, welche «Umweltfaktoren» im einzelnen wirksam sind.

Der **Nesterfolg** beschreibt den Prozentsatz erfolgreicher Nester, d.h. solcher Nester, aus denen mindestens ein Jungvogel flügge wird, im Vergleich zu allen Nestern mit Eiern. Der **Schlüpferfolg** beschreibt den Anteil erfolgreich geschlüpfter Eier an der Summe aller gelegter Eier. Der **Ausfliegeerfolg** schließlich ist der Anteil ausgeflogener Junge an der Summe aller abgelegten Eier. Der **Bruterfolg** beschreibt den Anteil flügger Junge an der Gesamtzahl aller in der Population gelegten Eier. Die **Reproduktionsrate** schließlich gibt die durchschnittliche Anzahl flügger Jungvögel je Weibchen oder Paar und Saison an.

Der Bruterfolg von Vogelarten ist artspezifisch sehr verschieden. Bei Singvögeln unserer Breiten beispielsweise beträgt der Bruterfolg meist zwischen 30 und 80%. Der Bruterfolg ist zudem ganz allgemein abhängig vom Nisttyp. Offene Nester am Boden haben mit durchschnittlich etwa 40% einen geringeren Bruterfolg als offene Nester im Gebüsch mit etwa 55–60%. Den durchschnittlich höchsten Bruterfolg zeigen Höhlenbrüter mit etwa 70–80%. Auch haben viele tropische Vogelarten einen durchweg geringeren Bruterfolg als Brutvögel nördlicher Breiten. So beträgt der durchschnittliche Bruterfolg von Vogelarten nördlicher Breiten etwa 60%, derer aus gemäßigten Breiten 47%, aus den feuchten Tropen dagegen nur 32%.

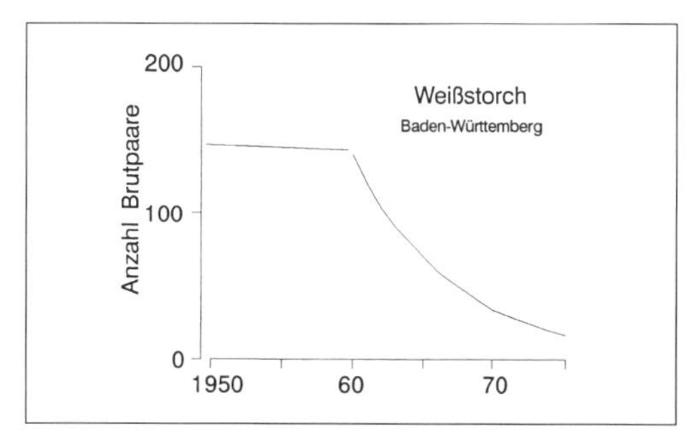

Abb. 2-4: Bestandsentwicklung des Weißstorchs in Baden-Württemberg zwischen 1950 und 1976 (nach Bairlein u. Zink 1979).

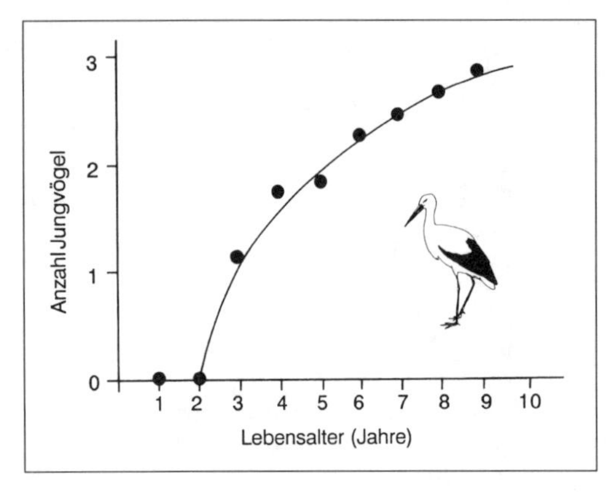

Abb. 2-5: Altersabhängiger Fortpflanzungserfolg (Fertilitätskurve) beim Weißstorch (nach Creutz 1985).

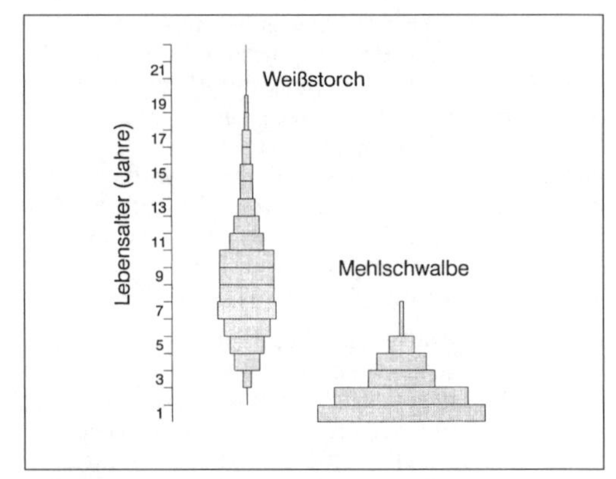

Abb. 2-6: Alterszusammensetzung einer langlebigen (Weißstorch) und kurzlebigen (Mehlschwalbe) Vogelart.

Insbesondere bei langlebigen Arten ist der individuelle Bruterfolg altersabhängig: Ältere Individuen brüten erfolgreicher als jüngere, Erstbrüter erfolgloser als «erfahrene». Weißstörche beispielsweise brüten in der Regel zum ersten Mal als dreijährige. Doch ist der Bruterfolg dieser Erstbrüter noch recht gering und erreicht erst allmählich den Wert erfahrener Brutvögel (Abb. 2-5). Auch bei manchen Kleinvögeln ist der durchschnittliche Bruterfolg abhängig vom Lebensalter. Für die populationsdynamische Analyse bei Kleinvögeln ist diese Abhängigkeit aber wenig bedeutsam, da in solchen Kleinvogel-Populationen der Anteil älterer Vögel in der Regel recht gering ist (Abb. 2-6). Anders dagegen ist dies bei langlebigen Arten, wo die jährliche Reproduktion der gesamten Population insbesondere von den älteren Vögeln bestimmt ist. Die Kenntnis der Altersstruktur der Population und der Fertilitätskurve (altersabhängige Fortpflanzung) sind Voraussetzung für die Bestimmung der durchschnittlichen Netto-Reproduktionsrate. Sie beschreibt die durchschnittliche Anzahl weiblicher Nachkommen, die jedes Weibchen im Verlauf seines Lebens zur Population beiträgt.

2.3.2 Mortalität

Die Analyse der Sterblichkeitsverhältnisse in einer Population erfolgt vielfach über sogenannte **Lebenstafeln**. Dabei wird für eine Gruppe von Individuen mit bekanntem Alter (z. B. Geburtstermin) registriert, in welchem Alter sie starben (Tab. 2-1). Die durchschnittliche jährliche Verlustrate ist die Sterblichkeit. Die Analyse solcher Lebenstafeln liefert vielfach befriedigende Ergebnisse bei ausreichend besetzten Altersklassen. Bei zu gering besetzten Altersklassen ist es deshalb vorteilhaft, benachbarte Klassen zusammenzufassen, z. B. Sterblichkeit im 1. Lebensjahr gegenüber Sterblichkeit in allen späteren Jahren zusammen (Adultsterblichkeit).

Detaillierte Einblicke in den zeitlichen Verlauf der Mortalitätsrate liefert die grafische Darstellung der Sterblichkeitsverhältnisse in sog. Überlebensfunktionen (**Überlebenskurven**; Abb. 2-7). Typisch für nahezu alle Vogelarten ist eine hohe Sterblichkeit im ersten Lebensjahr (steiler Kurvenverlauf) gefolgt von einer meist wesentlich geringeren in späteren Jahren, die vielfach über die Jahre ziemlich konstant ist und erst in hohem Alter «abbricht». Bei vielen Singvögeln liegt beispielsweise die Erst-

Tab. 2-1: Lebenstafel SW-deutscher Weißstörche (aus Bairlein u. Zink 1979).

Altersklassen (Jahre)	Anzahl Totfunde	zu Beginn der Altersklasse: Lebende	Sterblichkeit (%)
0–1	145	240	60,4
1–2	24	95	
2–3	21	71	
3–4	9	50	
4–5	8	41	
5–6	14	33	
6–7	3	19	
7–8	3	16	25,8
8–9	2	13	
9–10	3	11	
10–11	1	8	
11–12	3	7	
12–13	3	4	
13–14	1	1	

jahressterblichkeit bei 70–80%, die Adultsterblichkeit dagegen bei nur mehr etwa 50%.

Umfangreiches Material erlaubt eine «Feinanalyse». So zeigt die Überlebenskurve von Schleiereulen jeweils hohe Sterblichkeitsraten für die Wintermonate, geringere dagegen zu den anderen Zeiten des Jahres. Mortalität bei Schleiereulen erfolgt also vornehmlich im Winter.

Die Sterblichkeitsverhältnisse sind artspezifisch sehr verschieden. In der Regel haben große Arten geringere Adultsterblichkeiten als kleine Arten (Abb. 2-8). Die Kenntnis der altersabhängigen Mortalität ist besonders wichtig bei langlebigen Arten. Langlebige Arten brüten in der Regel nicht im ihrer Geburt nächstfolgenden Jahr, wie dies bei nahezu allen Kleinvögeln der Fall ist, sondern das sogenannte Erstbrutalter liegt wesentlich höher (Abb. 2-9). Zur Abschätzung der Wachstumsrate einer Population müssen deshalb bei langlebigen Arten altersabhängige Fertilität und altersabhängige Mortalität der Weibchen zur Netto-Reproduktionsrate kombiniert werden. Diese **Netto-Reproduktionsrate** R_0 gibt dabei die durchschnittliche Anzahl von weiblichen Nachkommen an, die jedes Weibchen im Verlauf seines Lebens hervorbringt.

So beträgt die Netto-Reproduktionsrate für ein Weißstorchweibchen, das bereits in seinem fünften Lebensjahr stirbt, gerade 0,65 Junge (Tab. 2-2).

Tab. 2-2: Berechnung der Netto-Reproduktionsrate für ein Weißstorch-Weibchen, das in seinem 4. Lebensjahr erstmals brütete und im 6. Lebensjahr starb.

Netto-Reproduktionsrate $R_0 = \Sigma (l_x \times b_x)$
l_x: jährliche Überlebensrate; b_x: jährliche Reproduktionsrate (Junge)

Überlebensrate im 1. Lebensjahr	$l_1 = 0{,}40$
jährl. Überlebensrate in späteren Lebensjahren	$l_2 = 0{,}25$

Jahre	jährliche Überlebensrate (l_x)	jährliche Fortpflanzungsrate (b_x)	jährliche Reproduktionsrate ($l_x \times b_x$)
0–1	0,40	0	0
1–2	0,30	0	0
2–3	0,225	0	0
3–4	0,169	1,74	0,29
4–5	0,127	2,80	0,36
			Netto-Reproduktionsrate: 0,65

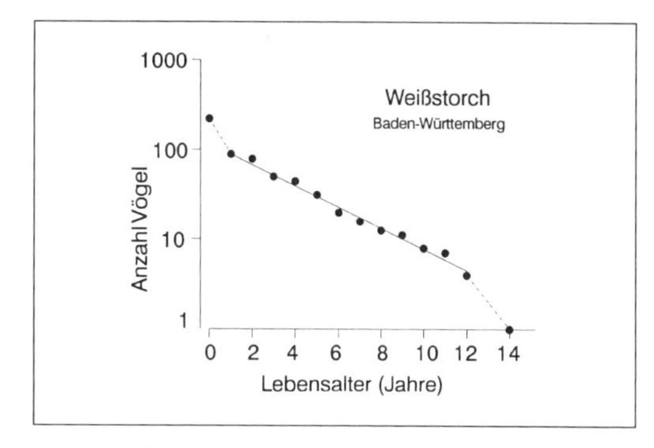

Abb. 2-7: Überlebenskurve südwestdeutscher Weißstörche. Abgesehen von einer erhöhrten Sterblichkeit im ersten Lebensjahr und im hohen Alter ist die jährliche Überlebensrate über viele Jahre recht konstant (nach Bairlein u. Zink 1979).

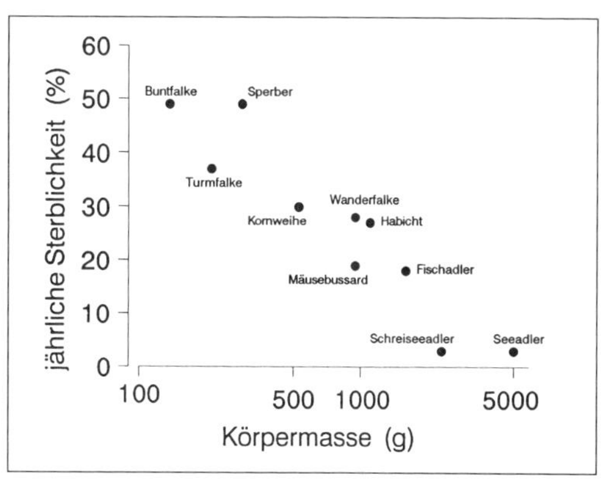

Abb. 2-8: Die durchschnittliche jährliche Sterblichkeitsrate ist abhängig von der Körpergröße (Körpergewicht; nach Newton 1979).

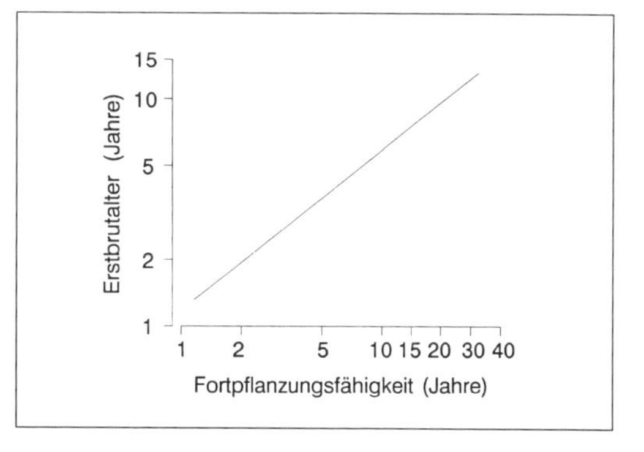

Abb. 2-9: Je älter Vögel werden und je länger damit ihre Fortpflanzungsfähigkeit anhält, um so später beginnen sie zum ersten Mal zu brüten. Die meisten Singvögel brüten bereits im ersten Jahr nach ihrer Geburt.

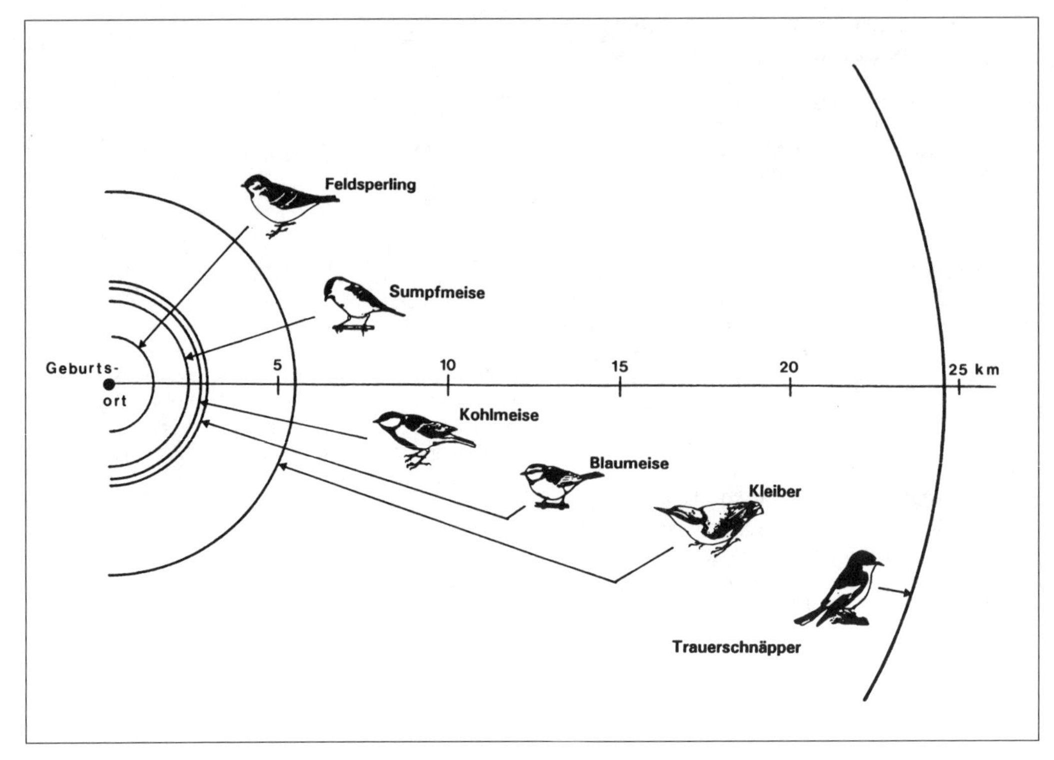

Abb. 2-10: Mittlere Ansiedlungsentfernungen von Kleinvögeln bei Braunschweig in Beziehung zu ihrem Geburtsort (nach Winkel in Bairlein 1992).

2.3.3 Dismigration (Ansiedlungsstreuung)

Die Entwicklung von Populationen ist nicht nur abhängig von Geburten und Todesfällen, sondern auch von Zu- und Abwanderung. Starke Zuwanderung führt zu Populationswachstum, Abwanderung zum Rückgang.

Für auf der Isle of May (Schottland) brütende Papageitaucher errechnete sich beispielsweise aus den Reproduktions- und Sterblichkeitsdaten eine maximal mögliche jährliche Zuwachsrate von 7%. In Wirklichkeit jedoch betrug die jährliche Bestandszunahme 22%. Diese Zunahme kam durch Immigration von Vögeln aus anderen Kolonien zustande.

In vielen Fällen ist das Ausmaß an Zu- und Abwanderung in einer Population nur schwer zu untersuchen. Auch bei intensiver, individueller Markierung gelingen vielfach nur indirekte Daten. Sie belegen aber, daß solche Dispersionsprozesse eine wichtige Rolle im Verständnis der Populationsbiologie einer Art spielen.

Für eine süddeutsche Population der Mönchsgrasmücke ergab sich beispielsweise folgende Situation: In 1975 brüteten 20 Paare (40 Individuen), die zusammen 58 flügge Jungvögel erbrachten. Von den 40 Altvögeln des Vorjahres kehrten 1976 17 Individuen (42,5%) in die Brutpopulation zurück, ebenso 4 der vorjährigen Jungvögel, insgesamt also 21 Individuen aus der vorjährigen Population. Allein zum Aufrechterhalten des Bestandes von 40 Individuen wären also 19 Zuwanderer erforderlich gewesen. In Wirklichkeit jedoch nahm die Population von 1975 auf 1976 auf 48 Brutvögel zu, d.h. zu den 21 «eigenen» Vögeln gesellten sich 27 Zuwanderer. Ein ähnliches Bild ergab sich in einer Kohlmeisen-Population: Hier betrug der durchschnittliche Anteil jährlicher Zuwanderer 43%.

Zuwanderung (Immigration) kann also ein ganz bedeutender Faktor im Populationsgeschehen sein. Sie stellt einen wichtigen Beitrag zum Genfluß zwischen Populationen dar. Die diesem Genfluß zugrunde liegende Prozesse (Dispersionsprozesse) sind aber bei Vögeln bisher noch wenig untersucht. An diesem Genfluß können die Alt- (Brut-) Vögel wie die Jungvögel beteiligt sein.

In den Entfernungen, in denen sich Alt- oder Jungvögel relativ zu ihrem früheren Brutort bzw. Geburtsort ansiedeln, gibt es aber zwischen Alt- und Jungvögeln vielfach erhebliche Unterschiede.

Während beispielsweise mehrjährige Trauerschnäpper sich nur selten weit entfernt von ihrem vorjährigen Brutort ansiedeln, streuen Jungvögel erheblich weiter. Zudem sind Männchen ortstreuer als Weibchen. Auch wenn die mittlere Ansiedlungsentfernung der Jungvögel vieler Arten i. d. R. größer ist als die der Altvögel, erfolgt auch die Ansiedlung der Jungvögel vornehmlich in der Nähe des Geburtsortes. Die absolute Entfernung vom Geburtsort ist dabei artspezifisch sehr verschieden und reicht von wenigen 100 m bei manchen Singvögeln bis hin zu vielen km bei größeren Arten (Abb. 2-10).

Die bisher gezeigten Muster der Ausbreitung sind dabei typisch für Arten mit kontinuierlicher Brutverbreitung. Ein ganz anderes Bild ergibt sich bei Arten mit diskontinuierlicher Verbreitung, z. B. der in Kolonien brütenden Seevögel. Hier ist das Ansiedlungsmuster im besonderen abhängig von der Verteilung geeigneter Brutplätze.

Die Ausbreitung von Jungvögeln weg vom Brutort erfolgt in der Regel ohne eine Richtungsbevorzugung. Das Ansiedlungsverhalten ist zudem abhängig von einer Reihe weiterer Faktoren. So kann es beeinflußt sein von der Qualität des Lebensraumes, vom Bruterfolg (Tab. 2-3), vom Paarungsverhalten oder der Populationsdichte.

In Abhängigkeit solcher Parameter zeigen Vögel also ein ganz unterschiedliches Ausmaß an Ortstreue (Philopatrie). Als **Brutortstreue** bezeichnet man dabei die Ansiedlung vorjähriger Brutvögel am oder nahe bei ihrem vorjährigen Brutort. Diese Brutortstreue ist bei vielen Arten sehr hoch. **Geburtsortstreue** beschreibt die Ansiedlung vorjährig geschlüpfter Jungvögel nahe an ihrem Geburtsnest. Ortswechsel (Ansiedlungsstreuung) führt zur **Dispersion** von Individuen. Als Dispersion ist dabei der Zustand der Verteilung der Individuen im Raum zu sehen; es ist nicht der Vorgang selbst. Dieser Ortswechsel, der im Gegensatz zu Migrationen meist ungerichtet erfolgt, kann ausgelöst sein durch passive Vorgänge oder aktive Prozesse. Von Ausnahmen abgesehen (z. B. Windverfrachtung) spielt passiver Ortswechsel bei Vögeln in der Regel keine Rolle. Von großer Bedeutung sind jedoch aktive Prozesse, die man auch als **Dismigration** bezeichnet. Solche

Tab. 2-3: Nistplatztreue weiblicher Sperber. In guten Habitaten und bei Bruterfolg sind Sperber-Weibchen ortstreuer als in schlechten Habitaten und bei Brutverlusten (nach Newton 1979).

im Vorjahr	im Folgejahr	
	im selben Territorium	in einem anderen Territorium
gutes Habitat		
Bruterfolg	11 (100%)	0
Brutverlust	1 (100%)	0
schlechtes Habitat		
Bruterfolg	16 (59%)	11
Brutverlust	2 (15%)	11

Ortswechsel können endogen bedingt sein, d. h. vom Vogel selbst ausgehen, oder von exogenen, äußeren Faktoren abhängig sein. Den endogen bedingten Ortswechsel bezeichnet man als **Dispersal**, den exogen bedingten als **Spacing**. Endogene Faktoren sind meist die Ursache für die erstmalige Ansiedlungsstreuung der Jungvögel. Exogene Faktoren dagegen lösen das Spacing (Ausweichen) aus. Nicht selten ist die Erstansiedlung von Jungvögeln ein zeitliches Nacheinander von Dispersal und Spacing (Abb. 2-11).

Die Dominanzverhältnisse und die aktuelle Populationsdichte sind die wohl wichtigsten Ursachen für Dismigration. Nicht selten vertreiben dominante Individuen unterlegene, die dann an andere Orte ausweichen. Hohe Populationsdichte vermehrt die intraspezifische Konkurrenz und führt so ebenfalls zu einem Ausweichen von Individuen. Schließlich darf angenommen werden, daß «Inzuchtvermeidung» eine wichtige Ursache für das endogene Dispersal ist, da damit vermieden wird, daß sich Eltern und Kinder am selben Ort ansiedeln.

Dismigration (Ansiedlungsstreuung) ist zu sehen als ein Kompromiß aus individueller Selektion (höhere Fitness an einem bekannten Ort) und Gruppenselektion mit Vorteilen für die Population. Zu letzteren zu zählen sind beispielsweise die Erschließung neuer Lebensräume, die Dichteregulation, die Langzeit-Stabilisierung einer Population und der Genfluß. Das Auftreten von ortstreuen und ortsuntreuen (streuenden) Individuen in einer Population ist ein Verhaltenspolymorphismus, der eine optimale Anpassung an eine dynamische Umwelt darstellt, in der ein starres Festhalten

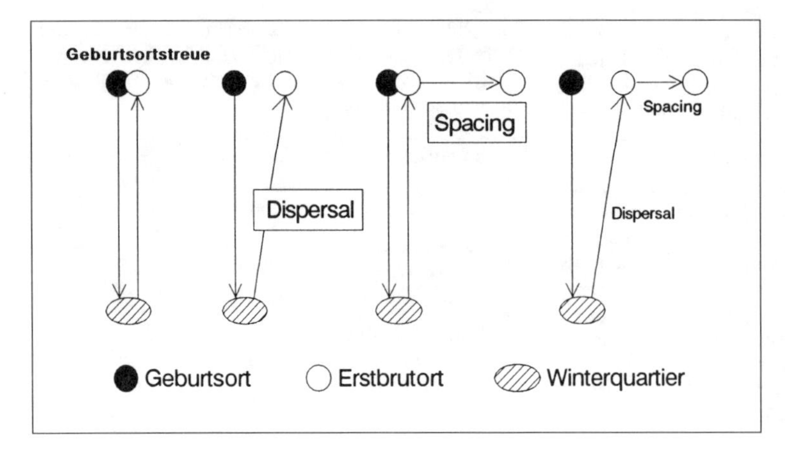

Abb. 2-11: Schematische Darstellung der Ansiedlungsverhältnisse von Jungvögeln (nach Berndt u. Sternberg 1969).

an einem einzigen Ansiedlungsgebiet katastrophale Folgen haben könnte.

Ein schönes Beispiel hierfür ist der Florida-Buschhäher. In seinen Lebensräumen führen natürliche Waldbrände lokal zu einer Vernichtung von Teilpopulationen. Mit der pflanzlichen Regeneration solcher Flächen erfolgt dann eine rasche Wiederbesiedlung durch Immigration mit hoher Fortpflanzungsrate (Gründerphase) auf solchen Jungflächen.

2.4 Regulation der Populationsdichte

Die Populationsdichte einer Art zeigt oft erhebliche Unterschiede zwischen verschiedenen Lebensräumen oder geografischen Regionen und zwischen verschiedenen Jahren. Bei der Analyse von Populationen und deren Dynamik stellen sich zwei prinzipielle Fragen:

1. Was bestimmt die Dichte der Population an einem Ort bzw. warum ist die Dichte an verschiedenen Orten oftmals verschieden?
2. Welche Faktoren bestimmen die jährlichen Dichteschwankungen bzw. welches sind die Ursachen solcher jährlichen Fluktuationen?

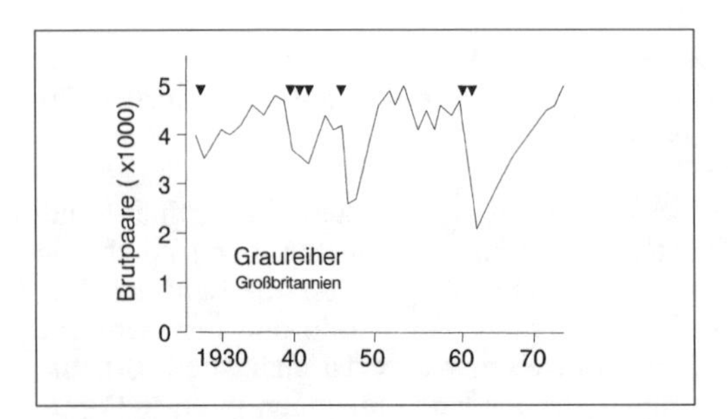

Abb. 2-12: Bestandsveränderungen des Graureihers in Großbritannien; Dreiecke markieren strenge Winter (nach Creutz 1981).

Die jährlichen Fluktuationen können bestimmt sein von **dichteunabhängigen** Faktoren oder **dichteabhängigen** Faktoren. Dichteunabhängige Faktoren wirken zufällig und sind somit nicht abhängig von der Populationsdichte. Dichteabhängige Faktoren dagegen sind in vielfältiger Form abhängig von der Populationsdichte und bewirken längerfristig eine Stabilisierung der Population um eine mittlere Dichte.

2.4.1 Dichteunabhängige Faktoren

Der wohl wichtigste Dichte-unabhängige Faktor ist das **Wetter**. Witterungskatastrophen können die Bestände von Vogelarten zum Teil ganz erheblich reduzieren (Abb. 2-12), und die jährliche Populationsdichte ist oftmals abhängig von der Witterung (Abb. 2-13). Witterungseinflüsse können auf ganz verschiedenen Ebenen wirken.

Bei Trauerschnäppern in Nord-Finnland betrug der Schlüpferfolg in Jahren mit niedrigen Temperaturen zur Brutzeit gerade etwa 40%, während er sonst bei etwa 90% lag.

In naßkalter Witterung kann es nicht selten zu erheblichen Verlusten unter den Nestlingen und gar zu Totalverlusten von Bruten kommen. Allerdings ist dabei meist nicht bekannt, ob es sich hierbei um direkte temperaturbe-

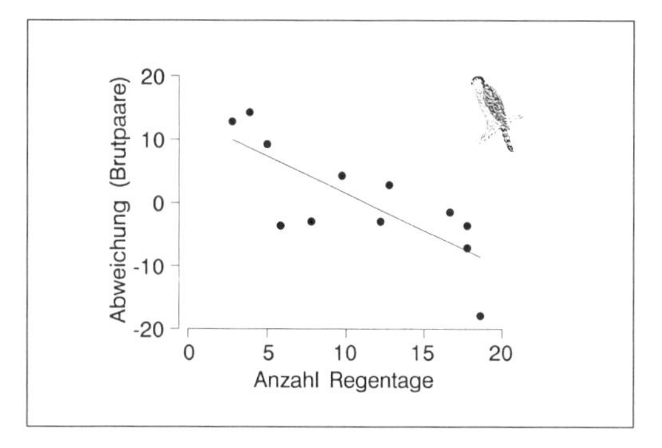

Abb. 2-13: Zusammenhang zwischen Anzahl an Regentagen und Populationsänderungen beim Sperber in Schottland. Je häufiger es im April regnet, um so weniger Paare schreiten zur Brut (nach Newton u. Marquiss 1986).

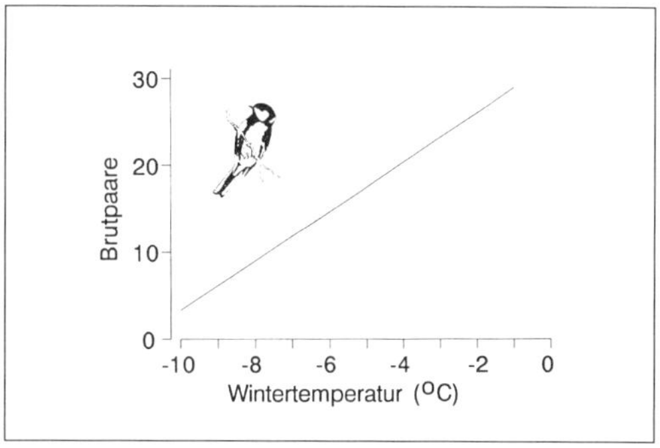

Abb. 2-14: Je kälter der vorhergehende Winter war, um so weniger Kohlmeisen brüteten auf einer Probefläche in S-Finnland (nach Perrins 1979).

dingte Verluste handelt oder ob sie nicht indirekt auf eine witterungsbedingt schlechte Nahrungsversorgung zurückgehen.

So kommt es bei Schleiereulen im Winter nur dann zu einem Bestandseinbruch, wenn es kaum Mäuse gibt. Sind dagegen Mäuse in ausreichender Zahl vorhanden, zeigen auch Schleiereulen kaum eine Reaktion auf z. B. kalte Wintertemperaturen.

Auf einer Probefläche in Südfinnland brüteten im folgenden Sommer um so weniger Kohlmeisen, je kälter der vorausgehende Winter war (Abb. 2-14). Wurden in manchen Wintern die Kohlmeisen jedoch zusätzlich künstlich gefüttert, waren die Sommerbestände bei ähnlicher Wintertemperatur höher. Auch britische Kohlmeisen sind in ihrem jährlichen Brutbestand abhängig von der Ernährungssituation im vorausgehenden Winter: Gab es im Winter viele Bucheckern, nahmen die Brutvogelbestände zu, bei weitgehend fehlender Bucheckernmast jedoch ab. Dabei ist insbesondere die Überlebensrate der jungen Meisen vom Nahrungsangebot im Winter bestimmt (Abb. 2-15). In Wintern mit einem reichen Angebot an Bucheckern ist die Überlebensrate der Jungvögel wesentlich besser als in Bucheckern-armen Wintern.

Ein erst in jüngster Zeit beachteter dichteunabhängiger Faktor ist der Befall an Parasiten und auch das Auftreten von Krankheiten. **Parasiten** und **Krankheiten** treten sicherlich zufällig auf und sind somit dichteunabhängig. Die Wahrscheinlichkeit jedoch, daß sie epidemisch auftreten und so von Bedeutung für die jährliche Populationsdichte sind, dürfte aber doch dichteabhängig erfolgen. Bei geringer Populationsdichte führt ein Parasitenbefall oder eine Krankheit wohl nur selten zu einer epidemieartigen Ausbreitung; bei hoher Populationsdichte ist jedoch die gegenseitige Infektionsgefahr wesentlich höher.

Wie wichtig ein Parasitenbefall für das Verständnis der Populationsregulation bei Vogelarten sein kann, wurde kürzlich für das Schottische Moorschneehuhn gezeigt, wo der Bruterfolg der Weibchen negativ korreliert ist mit dem Befall mit dem im Verdauungstrakt der Vögel parasitisch vorkommenden Nematoden *Trichostrongylus tenuis.*

Vielfach werden dichteunabhängige Faktoren als wenig bedeutsam in Vogelpopulationen angesehen. Möglicherweise wurde ihre Bedeutung aber bisher unterschätzt, weil die Mehrzahl solcher Untersuchungen in «optimalen» Lebensräumen durchgeführt wurden, wo meist hohe Bestandsdichten vorlagen und so die dichteabhängigen Faktoren eine relativ grö-

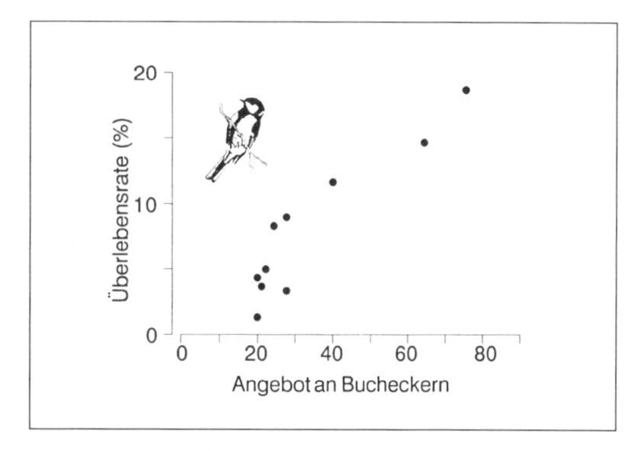

Abb. 2-15: Die Überlebensrate junger Kohlmeisen in ihrem ersten Lebensjahr ist umso höher, je mehr Bucheckern im Herbst als Nahrung zur Verfügung stehen (nach van Balen 1980).

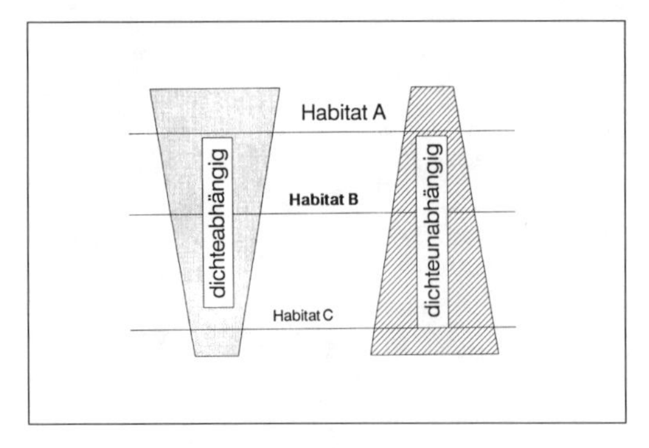

Abb. 2-16: Die relative Bedeutung dichteabhängiger bzw. dichteunabhängiger Faktoren in der Regulation der Populationsgröße ist abhängig von der Qualität des Habitats. In dicht besiedelten Vorzugshabitaten (A) sind dichteabhängige Faktoren bedeutsamer, in dünn besiedelten Habitaten (C) dagegen mehr die dichteunabhängigen Faktoren (nach Krebs 1985).

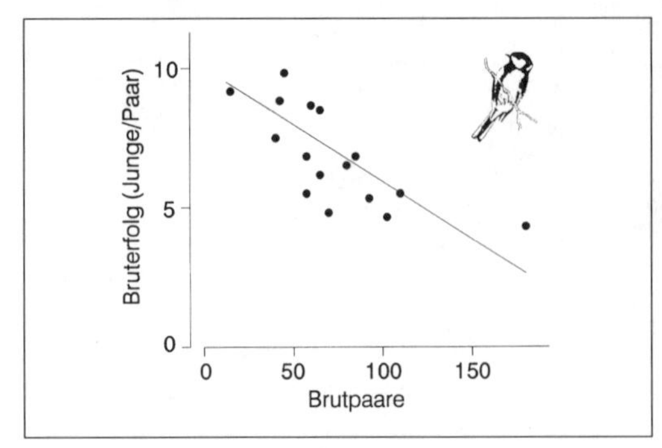

Abb. 2-19: Zusammenhang zwischen Bruterfolg und Populationsdichte bei der Kohlmeise. Bei hoher Populationsdichte werden weniger Junge je Paar flügge als bei geringer Dichte (nach Lack 1973).

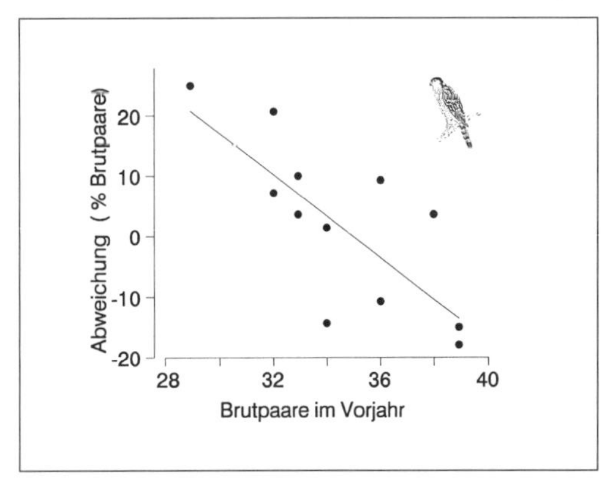

Abb. 2-17: Dichteabhängige Regulation beim Sperber. Bei im Vorjahr hoher Populationsdichte brüteten aktuell weniger Paare als bei geringerem Vorjahresbestand (nach Newton u. Marquiss 1986).

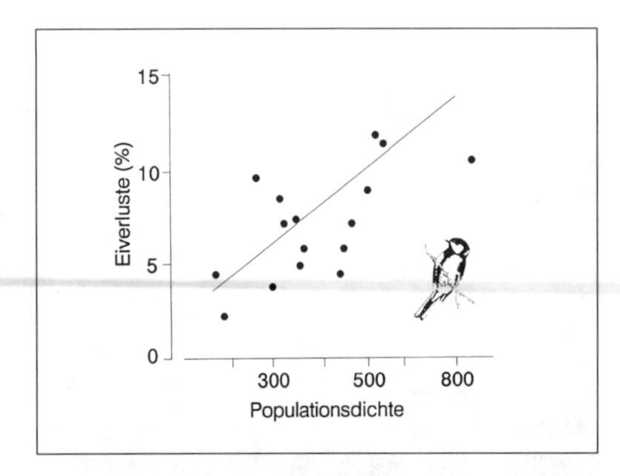

Abb. 2-18: Abhängigkeit des Schlüpferfolges bei Kohlmeisen von der Populationsdichte (nach Perrins 1979).

ßere Bedeutung haben. In der Regel dürfte aber die Populationsdichte kontrolliert sein in einem Zusammenspiel sowohl von dichteunabhängigen (= abiotischen) als auch von dichteabhängigen (= biotischen) Faktoren, wobei die Habitatqualität einen großen Einfluß haben dürfte (Abb. 2-16).

2.4.2 Dichteabhängige Faktoren

Bei dichteabhängigen Faktoren handelt es sich meist um kompensatorische Reaktionen, wo z. B. bei geringer Populationsdichte eine höhere Reproduktionsrate möglich ist als bei hoher Populationsdichte. Die Rolle dichteabhängiger Faktoren ist dann besonders auffällig, wenn die jährlichen Populationsschwankungen in enger Beziehung zur Dichte des Vorjahres stehen (Abb. 2-17).

Brüteten in einem Jahr viele Sperber, so nahm der Bestand zum Folgejahr hin ab; bei geringerer Brutpaardichte kam es zu einer Bestandszunahme.

Unter den möglichen dichteabhängigen Parametern sind die **Reproduktionsrate** und die **Mortalität** am besten untersucht.

Von der Populationsdichte abhängige Veränderungen sind bekannt für die Gelegegröße (Abb. 1-114), den Schlüpferfolg (Abb. 2-18) und vielfach auch für den Ausfliegeerfolg (Abb. 2-19).

Wie die Populationsdichte auf Gelegegröße und Schlüpferfolg wirkt, ist weitgehend unbekannt. Vorstellbar ist, daß eine hohe Populationsdichte Weibchen so beeinflußt, daß sie zur Eiproduktion nicht über genügend Reserven verfügen, und so weniger Eier produzieren. Auch könnte die Fertilisation der Eier durch viele intraspezifische Auseinandersetzungen beeinflußt sein. Weiterhin ist vorstellbar, daß bei hoher Populationsdichte die Brutaufmerksamkeit und Brutintensität beeinflußt sind, die dann eine geringere Schlüpfrate bedingen.

Ein wichtiger dichteabhängiger Faktor ist die **Prädationsrate**.

In einer Meisenpopulation bei Oxford war die Prädationsrate durch Wiesel (*Mustela nivalis*) in Jahren mit hoher Kohlmeisendichte wesentlich höher als in Jahren geringer Dichte (Abb. 2-20). Möglicherweise sind dichte Bestände für Räuber «auffälliger» oder aber Räuber interessieren sich insbesondere dann für Bruten als Beute, wenn sie sich wegen der hohen Dichte einen hohen Erfolg versprechen.

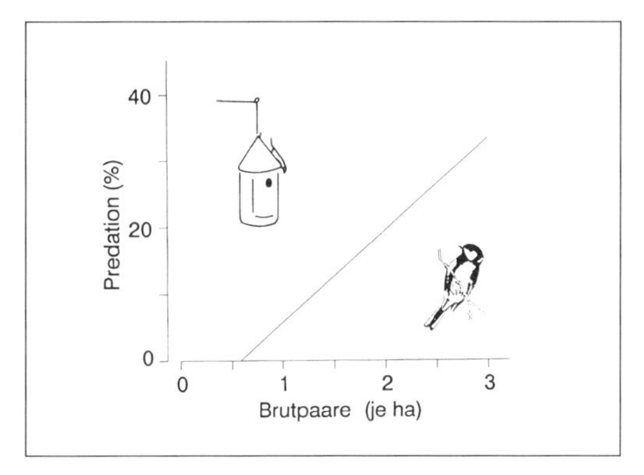

Abb. 2-20: Brüteten in einem Untersuchungsgebiet bei Oxford/England viele Meisen, war die Beraubung durch Wiesel höher als in Jahren geringer Dichte (nach Dunn 1977).

Ein weiterhin interessanter Zusammenhang besteht zwischen der Populationsdichte und der **Häufigkeit an Zweitbruten**.

Während bei hoher Kohlmeisendichte meist nur wenige Zweitbruten auftreten, kommt es bei geringer Dichte sehr viel häufiger zu Zweitbruten.

Auch kann das **Ausfliegegewicht** von Nestlingen dichteabhängig variieren.

So waren in einer schwedischen Untersuchung an Trauerschnäppern die durchschnittlichen Gewichte von flüggen Trauerschnäppern auf Flächen niedriger Brutdichte signifikant höher als auf Flächen mit hoher Brutdichte. Dabei ist dieser Unterschied jedoch nur in solchen Jahren festzustellen, in denen witterungsbedingt schlechte Ernährungsbedingungen herrschten. In «guten» Jahren ergibt sich kein Zusammenhang zwischen Gewicht der ausfliegenden Jungvögel und der Populationsdichte.

Dieses Beispiel macht erneut deutlich, daß diese Dichteregulation vornehmlich über die Ernährungssituation erfolgt. Geringes Ausfliegegewicht bei hoher Dichte ist dann möglicherweise auch die Ursache für dichteabhängige Beziehungen zur Sterblichkeit von bereits ausgeflogenen Jungvögeln.

Die Sterblichkeitsrate von jungen Kohlmeisen im Herbst bei Oxford war nämlich umso höher, je höher die Brutdichte war (Abb. 2-21). Ursache hierfür ist, daß Jungvögel bei hoher Populationsdichte weniger «fit» (leichter) ausfliegen als bei niedriger Dichte, wodurch ihre Überlebensrate beeinflußt ist.

Dies ist auch bei der Amsel oder beim Trauerschnäpper gezeigt. Von beim Verlassen des Nestes leichten Jungvögel kehrten im Folgejahr sehr viel weniger an ihren Geburtsplatz zurück als von schweren Vögeln.

Gerade die Sterblichkeitsverhältnisse von Jungvögeln im Herbst scheinen aber besonders bedeutungsvoll für die Größe des nächstjährigen Brutbestandes.

Nach Jahren mit hoher herbstlicher Jungvogelsterblichkeit und somit einem geringen Anteil an Jungvögeln in der Spätherbstpopulation war der kommende Brutbestand bei Kohlmeisen geringer als im Vorjahr, in Jahren geringer herbstlicher Jungvogelsterblichkeit dagegen zeigte sich eine Zunahme in der Anzahl im Folgejahr brütender Kohlmeisen.

Wie wichtig die herbstlichen Sterblichkeitsverhältnisse sind, zeigte sich auch in einer holländischen Population von Kohlmeisen, deren Bruterfolg experimentell verändert wurde. Von 1956–1960 flogen

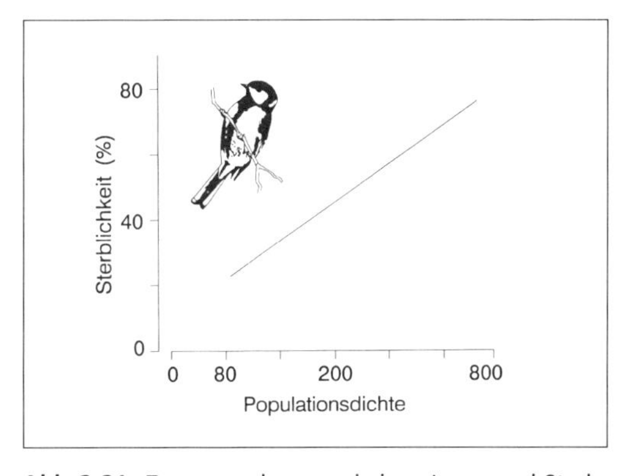

Abb. 2-21: Zusammenhang zwischen Jungvogel-Sterblichkeit und Populationsdichte bei der Kohlmeise bei Oxford/England (nach Perrins 1979).

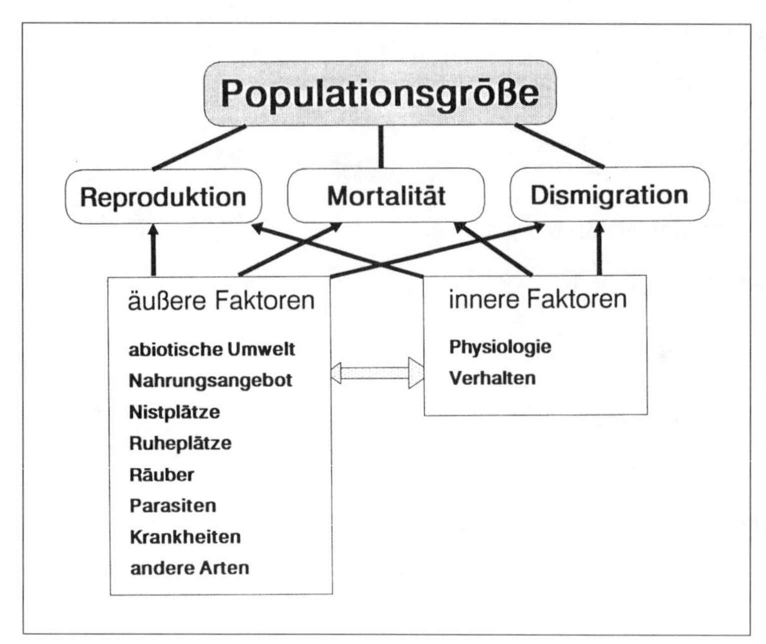

Abb. 2-22: Die Populationsgröße einer Vogelart ist bestimmt von der Fortpflanzungsrate (Reproduktion), von den Sterblichkeitsverhältnissen (Mortalität) und dem Ansiedlungsverhalten (Dismigration). Sie sind ihrerseits vielfältig beeinflußt von äußeren und inneren Faktoren.

alljährlich durchschnittlich 274 Jungvögel aus. In den Folgejahren wurden Nestlinge aus der Population entfernt, so daß nur etwa 40% der sonst ausfliegenden Jungvögel ausgeflogen sind. Dennoch veränderte sich der Brutbestand an Kohlmeisen nicht. Als Folge dieser Reduktion haben sich nämlich die Sterblichkeitsverhältnisse kompensatorisch verändert. Während vor 1960 nur etwa 26% der Brutvögel und 11% der Jungvögel das folgende Lebensjahr überlebten, erhöhte sich anschließend (bei um 60% reduziertem «Ausfliegeerfolg») die Überlebensrate der Altvögel auf 54% und die der Jungvögel auf 20%. Mögliche Ursachen hierfür sind, daß die sonst übliche Begrenzung der Überlebensrate durch das Nahrungsangebot im Winter bei geringerer herbstlicher Populationsdichte weniger wirksam ist, und daß damit auch die herbstliche territoriale Aggressivität, ein wichtiger Faktor in der Regulation der herbstlichen Mortalität, erheblich geringer ist.

Territorialität spielt bei territorialen Arten eine wichtige Rolle in der Regulation der Populationsgröße. In den meisten Populationen führt Territorialverhalten dazu, daß einige Individuen am Brüten gehindert werden, obwohl sie eigentlich brutreif und brutfähig sind. Dies führt zu einem Überschuß an sogenannten Nichtbrütern. Eindrucksvoll nachgewiesen werden kann das Vorhandensein eines solchen Überschusses fortpflanzungsfähiger Individuen durch Wegfang. Sofern nämlich ein solcher Überschuß existiert, sollte sich die Populationsdichte der brütenden Individuen nicht verändern.

In einer Kohlmeisen-Population bei Oxford wurden im März 1968 und 1969 die Hälfte der jeweils bereits etablierten Brutpaare aus ihren Territorien entfernt. Innerhalb nur weniger Tage waren die freigewordenen Territorien komplett durch andere Individuen besetzt, nahezu ausschließlich von einjährigen Individuen aus weniger guten Bruthabitaten der nächsten Umgebung. Dies bedeutet, daß über das Territorialverhalten der älteren Brutvögel insbesondere junge Erstbrüter betroffen sind. Umgekehrt führte Hinzufügen von Altvögeln dazu, daß diese rasch aus der Population vertrieben wurden.

Viele Faktoren sind an der Regulation der Populationsgröße von Vogelarten beteiligt (Abb. 2-22). Vornehmlich ist sie bestimmt von intraspezifischer Konkurrenz um Ressourcen, gerade um Nahrung. Doch auch Interaktionen mit anderen Arten (interspezifische Interaktionen) können in der Regulation der Populationsdichte einer Vogelart eine wichtige Rolle spielen.

2.4.3 Interspezifische Interaktionen

Kohl- und Blaumeisen brüten in Naturhöhlen in Bäumen oder (heute) in den zahlreich aufgehängten künstlichen Nisthöhlen. Beide Arten sind damit potentielle Konkurrenten um Nisthöhlen, insbesondere, wenn solche nur spärlich vorhanden sind. Dieser Zusammenhang ist eindrucksvoll gezeigt für Untersuchungsgebiete in der Oberrhein-Ebene mit optimalem Bruthabitat.

Ein geringes Angebot von nur 40 Nisthöhlen je km^2 führte über die Zeit zu einer völligen Verdrängung der Blaumeise infolge des Konkurrenzdrucks durch Kohlmeise und Feldsperling. Vielfach fanden sich in den von den Kohlmeisen besetzten Höhlen sogar noch Eier oder Junge der dort vorher brütenden Blaumeise. Die Blaumeise war also eindeutig der interspezifisch konkurrenzstärkeren Kohlmeise unterlegen. Dies zeigt ein weiteres Experiment. Wurden nämlich in einem weiteren optimalen Gebiet die zunächst aufgehängten Nisthöhlen durch solche mit etwas kleinerem Flugloch ersetzt, das den Kohlmeisen den Einschlupf erschwerte, so nahmen die Blaumeisen rasch zu und erreichten eine Brutdichte, wie sie sonst für Blaumeisen in diesem Habitat unbekannt war; die Kohlmeisen verschwanden zunehmend (Abb. 2-23). Allerdings ist dieser interspezifische Ausschluß der Blaumeise durch die Kohlmeise nur bei geringem Höhlenangebot wirksam. Bei hoher Nistkastendichte sind die Bestandsentwicklungen von Kohl- und Blaumeisen sehr ähnlich.

Auch Mönchs- und Gartengrasmücken scheinen sich zur Brutzeit konkurrenzbedingt in ihrer Populationsdichte zu beeinflussen. Auch wenn es mehrere Belege gibt, daß beide Arten durchaus in sehr enger Nachbarschaft zueinander brüten können, scheint die Populationsdichte der Gartengrasmücken von der Dichte an Mönchsgrasmücken abhängig zu sein. In einem englischen Untersuchungsgebiet waren in einem «Normaljahr» 13 Mönchsgrasmücken-Reviere und 4 Gartengrasmücken-Reviere besetzt (Abb. 2-24). Im Jahr 1979 wurden dann die Mönchsgrasmücken (10 besetzte Reviere) vor Eintreffen der Gartengrasmücken weggefangen. Als Folge stellten sich dann 9 besetzte Gartengrasmücken-Reviere ein. Zunehmende Rückbesiedelung der Untersuchungsfläche durch Mönchsgrasmücken führte zur Verdrängung zweier Gartengrasmücken-Reviere.

Nicht nur die unmittelbar zur Brutzeit wirkende Konkurrenz, sondern auch interspezifische Interaktionen im Winter können die Po-

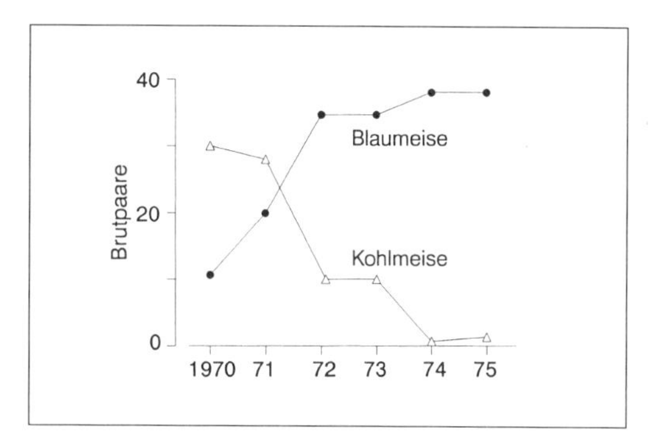

Abb. 2-23: Wurden in einem Untersuchungsgebiet in der Oberrhein-Ebene zunehmend Nistkästen ausgebracht, die nur für Blaumeisen zugänglich waren, nahm der Bestand an Blaumeisen rasch zu (nach Löhrl 1977).

pulationsdichte einer Vogelart beeinflussen. Bei Kohl- und Blaumeise besteht auch im Winter eine ausgeprägte Konkurrenz, nämlich um Schlafhöhlen. Wurden in einer belgischen Studie die Kohlmeisen durch engere Fluglöcher an Nistkästen ausgeschlossen, war der Brutbestand an Blaumeisen in der kommenden Brutzeit deutlich höher.

Auch die Konkurrenz um Nahrung im Winter beeinflußt den Brutbestand der Blaumeisen. Bei zusätzlicher Winterfütterung blieb der folgende Brutbestand der Kohlmeisen nahezu unverändert, wogegen die Brutpaardichte der Blaumeisen zunahm.

Interspezifische Konkurrenz um limitierte Ressourcen, z. B. Nistplätze, Schlafplätze, Territorien, Nahrung, kann also die Populationsdichte einer «unterlegenen» Art erheblich beeinflussen.

Eine besondere Form interspezifischer Wechselbeziehungen in der Regulation einer artspezifischen Populationsgröße ergibt sich aus **Räuber-Beute-Beziehungen**. Räuber, die vorwiegend von einer einzigen Beute abhängig sind, folgen in ihrer Häufigkeit den Abundanzschwankungen ihrer Beute.

Viele auf Kleinsäuger spezialisierte Greifvögel und Eulen zeigen ausgeprägte Bestandsfluktuationen, die vielfach Massenwechsel von Kleinsäugern widerspiegeln. So brüteten in Jahren mit vielen Gelbhalsmäusen im Berliner Grunewald Waldkäuze erfolgreicher als in Jahren mit geringem Kleinsäugerangebot, und in guten Lemmingjahren gibt es in der Arktis mehr Schnee-Eulen als sonst.

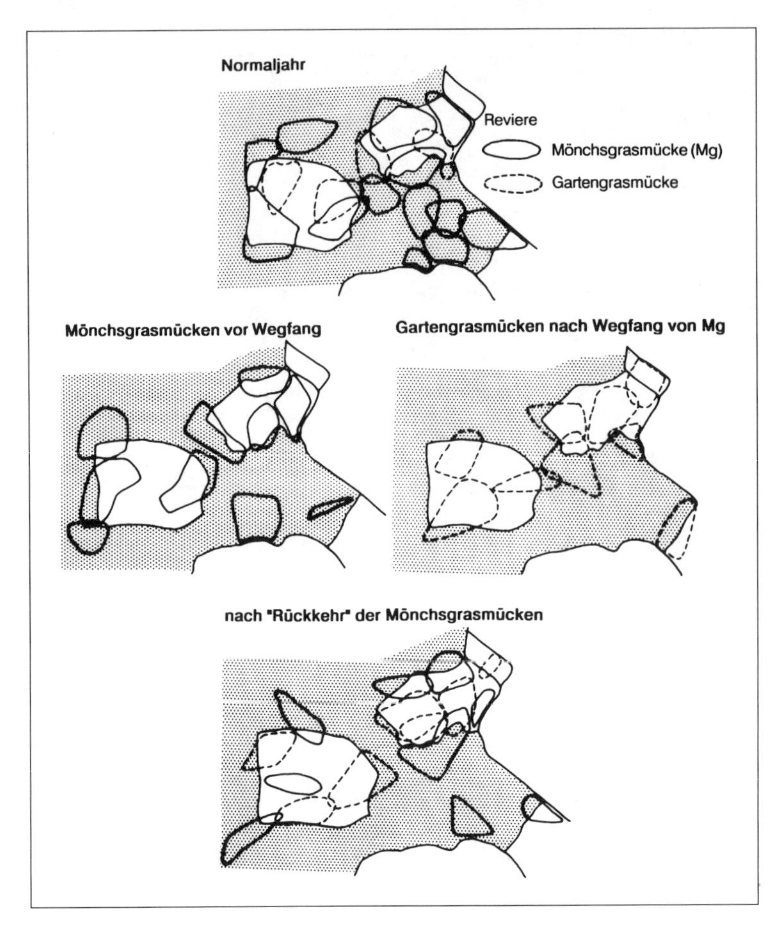

Abb. 2-24: Interspezifische Konkurrenz bei Mönchs- und Gartengrasmücken. Wurden Mönchsgrasmücken, die bereits Reviere besetzt hatten, vor Eintreffen der Gartengrasmücken weggefangen, siedelten sich wesentlich mehr Gartengrasmücken an als in einem «Normaljahr» (nach Garcia 1983).

Dennoch ist bei Vogelarten über die Rolle von Räubern in der Regulation der Populationsdichte ihrer Beute noch wenig bekannt.

In Kohlmeisen-Populationen bei Oxford können durch Prädation durch Wiesel in einzelnen Jahren bis zu 50% der Bruten betroffen sein, und zudem können bis zu 15% der brütenden Weibchen dem Wiesel zum Opfer fallen. Auch Sperber können eine ganz erhebliche Prädation auf Kleinvogel-Populationen haben. So gingen in einer holländischen Population 44% der Verluste von Kohlmeisen zur Brutzeit auf den Sperber zurück. Dennoch führte in keinem dieser Fälle diese hohe Prädationsrate zu irgendwelchen auffälligen Auswirkungen auf den jährlichen Brutbestand der Kohlmeisen.

Die jährliche Prädation durch Wiesel war dabei stark schwankend und abhängig vom Angebot an Kleinsäugern, der hauptsächlichen Beute des Wiesels. In Jahren hoher Kleinsäugerdichte war die Prädationsrate gering, in Jahren mit wenigen Mäusen dagegen sehr hoch. Kohlmeisen sind wohl nur eine **alternative Beute**, auf die bei Mangel an hauptsächlicher Beute ausgewichen wird.

Dieses Ausweichen auf alternative Beute erklärt wohl auch das lange unverstandene Phänomen, daß die Brutbestände bzw. der Bruterfolg vieler arktischer und subarktischer Vogelarten (Gänse, Limikolen, Schneehühner) in Abhängigkeit vom Massenauftreten an Kleinsäugern (Lemminge, Erdmäuse) fluktuieren, ohne daß sie selbst diese Kleinsäuger fressen. In all diesen Fällen reichen Witterungsfaktoren, die diese so unterschiedlichen Arten in gleicher Weise beeinflußt haben könnten, zur Erklärung dieses Phänomens nicht aus. Vielmehr ist es wohl der Effekt periodisch schwankender Prädation in Abhängigkeit vom Kleinsäugerangebot. In Jahren geringer Kleinsäugerdichte weichen die Räuber (z. B. Fuchs, Marder) auf Vogelbeute aus. Dies erklärt dann beispielsweise, daß in Jahren hoher Lemmingdichte der Bruterfolg der Ringelgänse wesentlich höher ist als in Jahren geringer Lemmingdichte in den Brutgebieten, wenn offensichtlich kaum ein Jungvogel überlebt (Abb. 2-25).

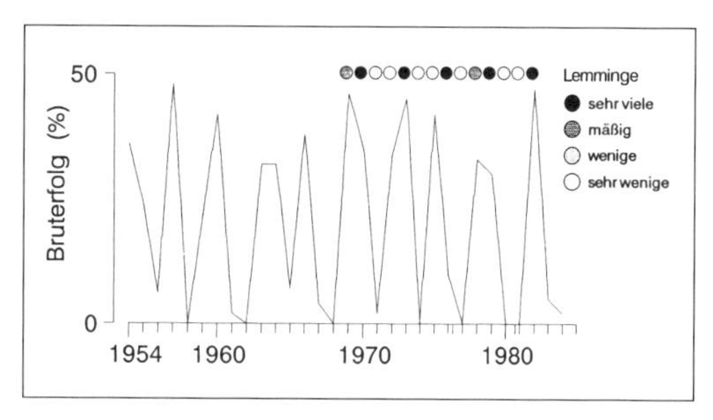

Abb. 2-25: Jährliche Schwankungen des Bruterfolgs von Ringelgänsen und seine Beziehung zur Häufigkeit von Lemmingen auf der Taimir-Halbinsel (nach Summers 1986).

2.5 Verteilung von Vögeln: Territorialität – Kolonialität

Dispersionsprozesse führen zur Verteilung von Organismen im Raum. Prinzipiell sind drei verschiedene Verteilungstypen möglich: zufällige Verteilung, gleichmäßige Verteilung und aggregierte Verteilung (Abb. 2-26). Zufällige Verteilung ist möglich, wenn sich Bruthöhlenbäume in einem Wald zufällig verteilen oder wenn bei völlig gleichmäßiger Verteilung der Nahrung sich wenige nahrungssuchende Individuen «konkurrenzfrei» verteilen können.

Im allgemeinen sind Vögel entweder gleichmäßig oder aggregiert verteilt. Die zur Brutzeit auffälligste Aggregation von Vögeln ist das Brüten in **Kolonien**. Viele andere Vogelarten jedoch sind eher gleichmäßig (regelmäßig) verteilt. Ursache hierfür ist in vielen Fällen die **Territorialität** vieler Arten. Jegliche Form der Territorialität resultiert in der Verteidigung eines bestimmten Raumes, des Territoriums oder Reviers. Reviere können jedoch ganz unterschiedlich groß sein. Die Reviergröße steht in enger Beziehung zur Körpergröße. Sie kann bei Kleinvögeln nur wenige 100 m^2 ausmachen, bei großen Räubern dagegen viele 100 km^2 betragen. Zudem zeigt sich ein interessanter Unterschied zwischen verschiedenen Ernährungsstrategien. Herbivore Arten haben bei gleicher Körpergröße durchschnittlich wesentlich kleinere Reviere als räuberische Arten.

Bei Vögeln lassen sich sechs hauptsächliche funktionelle Typen der Territorialität aufzeigen (Tab. 2-4). Das typische Vogelrevier ist Typ A oder B: Gerade zur Brutzeit wird vielfach ein Gebiet verteidigt, innerhalb dessen alle Aktivitäten stattfinden, wie vor allem Brut und Ernährung.

Reviere verursachen Kosten, um sie gegenüber den Rivalen zu verteidigen. Die arttypische bzw. situationsgerechte Reviergröße ist dabei wohl immer ein Kompromiß aus dem Gewinn, der sich aus der Territorialität ergibt, und den hierfür notwendigen Kosten (Abb. 2-27).

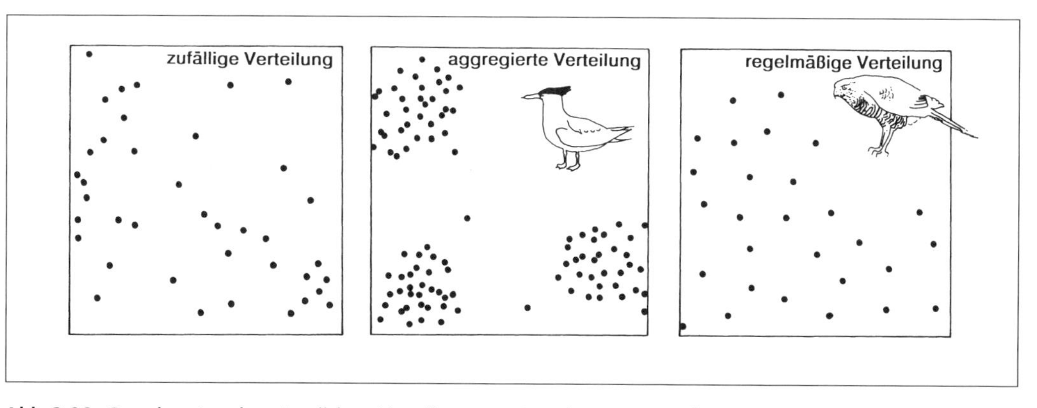

Abb. 2-26: Grundmuster der räumlichen Verteilung von Vogelarten. Für zufällige Verteilung gibt es kein reales Beispiel, aggregierte Verteilung ist typisch für Koloniebrüter und bei geklumptem Vorkommen von Ressourcen, regelmäßige Verteilung ist typischerweise das Ergebnis von Territorialverhalten (nach Perrins u. Birkhead 1983).

Tab. 2-4: Funktionelle Klassifikation von Territorien (Reviere) bei Vögeln.

Typ	Funktion
A	größeres verteidigtes Gebiet, innerhalb dessen **alle** Aktivitäten stattfinden (z.B. Brut, Ernährung)
B	nur für die Brut verteidigtes Gebiet
C	Nest-Territorium: unmittelbarer Bereich um Nest (z.B. Koloniebrütern)
D	Paarungs-Revier
E	verteidigter Schlafplatz
F	außerbrutzeitliches Territorium; teilweise nur für wenige Stunden oder Tage

In vielen Fällen steht dabei die Reviergröße in enger Beziehung zum Nahrungsangebot. Ist das Nahrungsangebot in einem Gebiet hoch, so ist oftmals die Reviergröße kleiner als bei geringem Nahrungsangebot. Die aktuelle Reviergröße wird dabei so gewählt, daß die täglichen Bedürfnisse an Nahrung gerade gedeckt werden.

Dies zeigt eindrucksoll eine Untersuchung am Sichelnektarvogel. Unabhängig von der Reviergröße war in allen Revieren immer in etwa die gleiche Anzahl an Nahrungsblüten zu finden. Offensichtlich bemißt also ein Nektarvogel seine Reviergröße danach, daß er immer ausreichend Blüten zur Verfügung hat. Dabei zeigte sich weiterhin, daß diese Blütenmenge gerade genug Nektar gibt, um den täglichen Energiebedarf des Nektarvogels zu dekken. Dieser Zusammenhang zwischen dem zu dekkenden täglichen Energiebedarf innerhalb eines Reviers und der Reviergröße macht dann verständlich, weshalb große Arten mit einem hohen Energiebedarf größere Reviere haben als kleinere Arten.

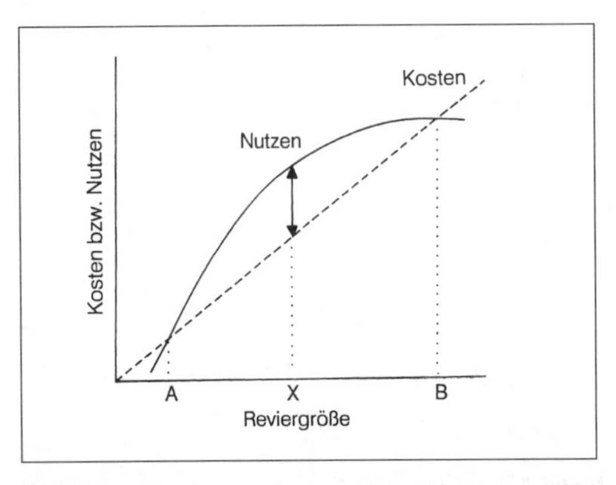

Abb. 2-27: Für einen revierverteidigenden Vogel ergibt sich als optimale Reviergröße (X) ein Territorium, das bei einem verhältnismäßigen Aufwand (Kosten) für die Verteidigung des Areals den größten Nutzen erbringt. Sehr große Reviere (B) erfordern einen sehr hohen Aufwand für ihre Verteidigung, sehr kleine Reviere (A) verfügen nicht über ausreichende Ressourcen (nach Perrins u. Birkhead 1983).

Daß Vögel die zur Revierverteidigung notwendigen Kosten tatsächlich berücksichtigen, zeigen Untersuchungen an den ebenfalls nektarfressenden Iiwis auf Hawaii. Die Stärke der Revierverteidigung war abhängig von der Anzahl an Blüten im Nahrungsgebiet. Bei hohem Blütenangebot wurden die Reviere nicht verteidigt, da offensichtlich immer ausreichend Blüten zur Verfügung standen, um den täglichen Nahrungsbedarf auch mehrerer Individuen zu dekken. Eine Revierverteidigung ist unter solchen Umständen nicht eforderlich. Auch bei sehr geringem Angebot an Blüten wurden keine Reviere mehr verteidigt. Offensichtlich lohnt sich nicht, ein geringes Angebot an Blüten zu verteidigen, da der Gewinn aus ihrer exklusiven Nutzung nicht ausreicht, die Kosten der Verteidigung einer solch spärlichen Ressource auszugleichen. Intensive Revierverteidigung wurde dagegen bei einem mittleren Angebot an Blüten beobachtet. Nur dann stand der Aufwand für die Verteidigung in lohnender Relation zum Gewinn aus der exklusiven Nutzung der Blüten im Revier. Territorialität tritt somit nur dann auf, wenn sich deren Kosten «auszahlen». Dies gilt auch für manche außerbrutzeitlichen Territorien.

Auf ihrem Zug nach West-Afrika in Portugal rastende Trauerschnäpper sind territorial. Sie verteidigen diese Reviere nur so lange, bis sie ein ausreichendes Abfluggewicht für ihren Trans-Sahara-Zug erreicht haben, meist 1–9 Tage. Nicht territoriale Trauerschnäpper dagegen benötigen zu dieser Fettdeposition erheblich länger. Ein ähnlicher Zusammenhang ist auch von rastenden Kolibris vor dem Zug über den Golf von Mexiko bekannt. Die von ihnen täglich individuell gewählte Reviergröße war abhängig von der täglichen Gewichtszunahme, und es bestand eine enge Beziehung zum erforderlichen Abfluggewicht. War die anfängliche Rate der Depotfettbildung gering, vergrößerten die Kolibris ihr Territorium.

Die Verteilung von Vögeln im Raum kann auch abhängig sein vom **Räuberdruck**.

So ist Nestraub bei Kohlmeisen umso höher, je dichter der Bestand an Brutpaaren, d.h. je geringer der Abstand zum nächsten Nest war (Abb. 2-28a). In diesem Fall fördert Prädation eine mehr gleichförmige Verteilung.

Anders dagegen ist der Fall bei der Trottellumme, die ihre Nester gegen Räuber verteidigt. Je dichter die Trottellummen brüteten, umso geringer ist die Prädationsrate (Abb. 2-28b). In diesem Fall fördert die Selektion durch Räuber eine Klumpung, d. h. die Koloniebildung.

In der Räuberabwehr bietet eine **Kolonie** Vorteile, weil
a) die Gruppe Räuber früher erkennt,
b) Räuber gemeinsam besser abgewehrt werden können, und
c) die individuelle Wahrscheinlichkeit, einem Räuber zum Opfer zu fallen, geringer ist.

Kolonien können auch **Informationszentren** sein, vor allem für eine optimierte Nahrungssuche. So ist auffällig, daß Koloniebrüten insbesondere bei solchen Vogelarten auftritt, die Nahrungsressourcen nutzen, die in Raum und Zeit unvorhersagbar und weit verstreut sind. Beispiele hierfür sind viele Seevögel, die Fischschwärme befischen, oder Mauersegler, Mehlschwalben und die Fahlstirnschwalben Nordamerikas, die von schwärmenden Fluginsekten abhängig sind.

Koloniebildung ist dabei eine Strategie, um diese unvorhersagbaren Nahrungsgründe möglichst rasch zu lokalisieren. Dabei wird entweder ein Nahrungsplatz an den bereits anwesenden Artgenossen erkannt und danach gezielt angeflogen oder erfolglose Individuen erkennen in der Kolonie mit Nahrung ankommende, also erfolgreiche Artgenossen und fliegen diesen dann zu deren Nahrungsplatz hinterher. Auslöser für das Nachfliegeverhalten kann dabei das Tragen von Beute im Schnabel sein, z. B. bei Seeschwalben oder Papageitaucher. Da nun der Jagderfolg aber stets wechselt und auch für den einzelnen, gerade noch erfolgreichen Vogel nicht vorhersehbar ist, haben in einem solchen Informationssystem alle Mitglieder die gleichen Vorteile.

Koloniebildung kann auch einfach nur deshalb zustande kommen, weil sichere Brutplätze nur begrenzt zur Verfügung stehen und jedes Individuum bestrebt ist, einen solchen sicheren Platz zu wählen. So kommt es dann zwangsläufig dazu, daß an solchen Plätzen viele Individuen zur Brut zusammen kommen.

Die Koloniegröße scheint bestimmt zu sein durch intraspezifische Konkurrenz um Nahrung, die Verteilung der Nahrung und die Distanz, die zur Nahrungssuche abgeflogen werden muß, und stellt sich dar als ein Kompromiß aus den Vorteilen und den Nachteilen, die Brüten in Kolonien für die Lebenszeitfortpflanzungsrate haben. Als optimale Koloniegröße wird diejenige definiert, die durchschnittlich den höchsten Lebenszeitfortpflanzungserfolg erbringt.

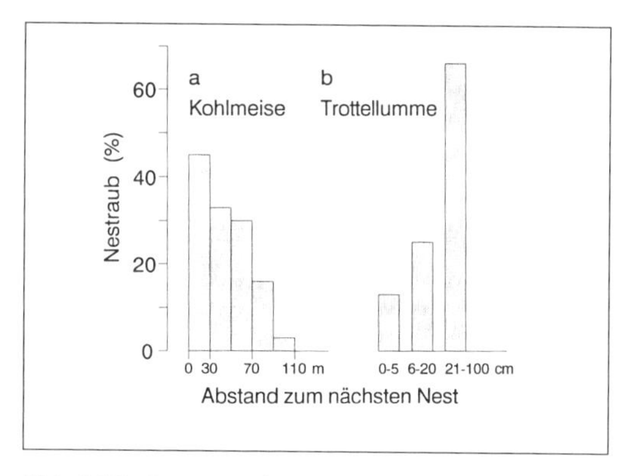

Abb. 2-28: Zusammenhang zwischen Nestraub und Brutdichte (ausgedrückt als Abstand zum nächsten Nest) bei Kohlmeise und Trottellumme. Je näher bei Kohlmeisen Nester zusammenstehen, um so höher ist die Wahrscheinlichkeit eines Nestraubs. Hier fördert Selektion größere Nestentfernungen. Anders ist dies bei den in Kolonien brütenden Trottellummen, die ihre Nester gemeinsam gegen Räuber verteidigen. Hier fördert die Selektion ein Zusammenrücken (nach Krebs u. Davies 1981).

Dabei sind durchaus mehrere Möglichkeiten gegeben. Bei einer Reihe von Arten ist gezeigt, daß die jeweils größten Kolonien die besten Bruterfolge erzielen. Meist ist dies auf die dann erheblich bessere Räuberabwehr zurückzuführen. Bei einem hohen Risiko der Infektion mit Parasiten oder bei hoher intraspezifischer Aggressivität einschließlich hohem Risiko an Kannibalismus sind dagegen möglichst kleine Kolonien günstiger.

In vielen Fällen folgt der Fortpflanzungserfolg in Kolonien verschiedener Größe aber einer Optimumskurve. Der durchschnittlich höchste Bruterfolg ist vielfach in mittelgroßen Kolonien zu finden; kleine oder sehr große Kolonien dagegen weisen geringere individuelle Fortpflanzungsraten auf. Hier liegt ein Kompromiß aus den Vor- und Nachteilen des Brütens in Kolonien vor. In seltenen Fällen ist kein Zusammenhang zwischen Fortpflanzungserfolg und Koloniegröße zu beobachten. Bei nordamerikanischen Fahlstirnschwalben ist der jährliche Bruterfolg bestimmt vom Erfolg des Informationsflusses über das Nahrungsangebot und vom Befall mit Ektoparasiten. Mit zunehmender Koloniegröße nimmt der Jagderfolg zu und somit verbessert sich die Ernährungssituation für die Jungvögel, zugleich aber nimmt auch der Befall mit Ektoparasiten zu, der den Bruterfolg mindert.

Obwohl also unter bestimmten ökologischen Umständen Koloniebildung durchaus vorteilhaft ist, brüten nur etwa 13% aller Vogelarten in Kolonien. Offensichtlich überwiegen die «Nachteile» kolonieartigen Brütens. Zu nennen sind hier: zunehmende intraspezifische Konkurrenz um Ressourcen, erhöhte intraspezifische Aggressivität, das Risiko des Kannibalismus, das Risiko einer sogenannten fehlgerichteten Jungenpflege, das Risiko der epidemieartigen Infektion durch Krankheiten und Parasiten, und daß Kolonien aufgrund ihrer Auffälligkeit selbst auch eine gut vorhersagbare Nahrungsressource für Räuber sind.

3 Vogelgemeinschaften

3.1 Die ökologische Nische

In der Regel lebt in einem Lebensraum nicht nur eine Art; meist kommen mehrere Arten gemeinsam vor. In den verschiedenen Lebensräumen stellen sich so charakteristische Artengemeinschaften ein. Die Mechanismen einer solchen Koexistenz sind vielfältig. Viele der Vorstellungen zum Funktionieren von Lebensgemeinschaften beruhen auf dem sogenannten **Konkurrenz-Ausschluß-Prinzip**. Nach diesem Prinzip können Arten mit identischen Ansprüchen in Raum und Zeit nicht koexistieren. Vielmehr muß es Koexistenzmechanismen bzw. Isolationsmechanismen geben, die das Nebeneinander verschiedener Arten ermöglichen und auf Dauer garantieren. Ökologisch ähnliche Arten können sich geografisch ausschließen, indem sie unterschiedliche Brutareale haben (Abb. 3-1). Weiterhin können sich Arten über ihre Höhenverbreitung «aus dem Weg gehen» (Abb. 3-2) oder sie bevorzugen unterschiedliche Landschaftsausschnitte (Abb. 3-3).
Doch kommen auch viele nah verwandte Arten syntop, d. h. gemeinsam in einem Lebensraum vor. Hier zeigen sich dann vielfältige Möglichkeiten der ökologischen Differenzierung, meist auf der Grundlage feiner Unterschiede im Körperbau.

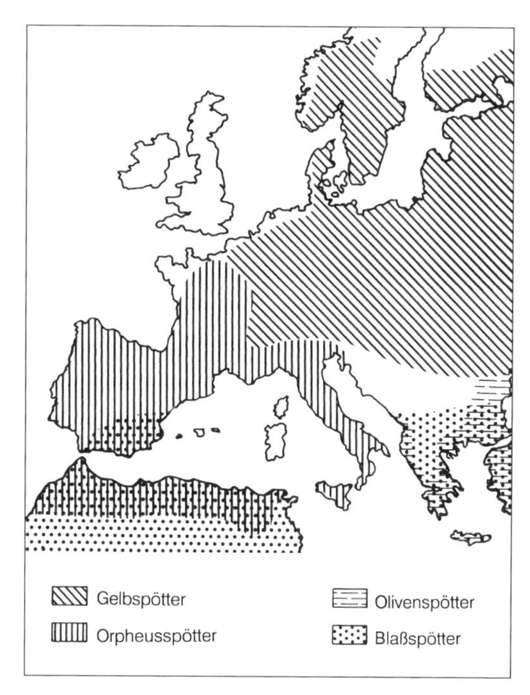

Abb. 3-1: Die Spötter Europas sind in ihrer Brutverbreitung geografisch weitgehend getrennt (nach Lack 1971).

Sumpf- und Teichrohrsänger können auf engstem Raum dadurch koexistieren, daß sie einen Lebensraum mit Mischvegetation besiedeln, in der fließende Übergänge zwischen Schilfröhricht und Krautvegetation auf kleinstem Raum eine mosaikartige Vernetzung unterschiedlicher Habitatstrukturen schaffen und so die Nutzung unterschiedlicher Singwarten und ganz unterschiedlicher Nahrungsorte ermöglichen (Abb. 3-4).

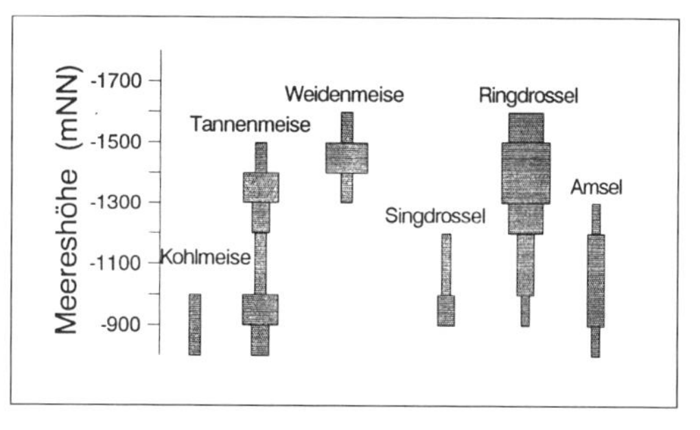

Abb. 3-2: Höhenverbreitung einiger Vogelarten im Werdenfelser Land. Die horizontale Breite der Balken gibt die relative Häufigkeit in den verschiedenen Höhenstufen wieder (nach Bezzel u. Ranftl 1974).

Nahrungssuchende Meisen sind entlang eines Fichtenastes deutlich horizontal separiert (Abb. 3-5). Während Tannenmeisen vornehmlich die äußersten, benadelten Zweige aufsuchen, finden sich Hau-

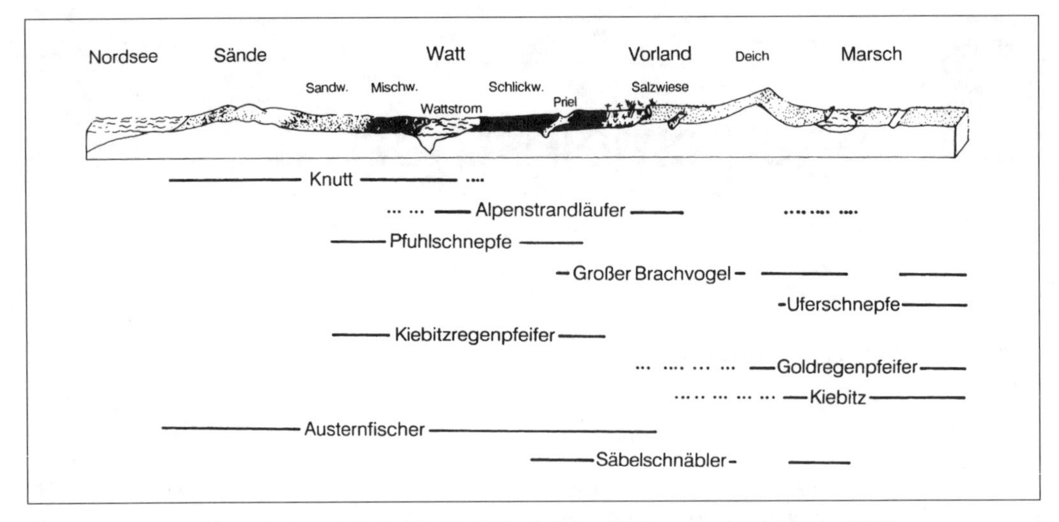

Abb. 3-3: Biotopwahl von Watvögeln im Schleswig-Holsteinischen Wattenmeer (nach Busche 1980).

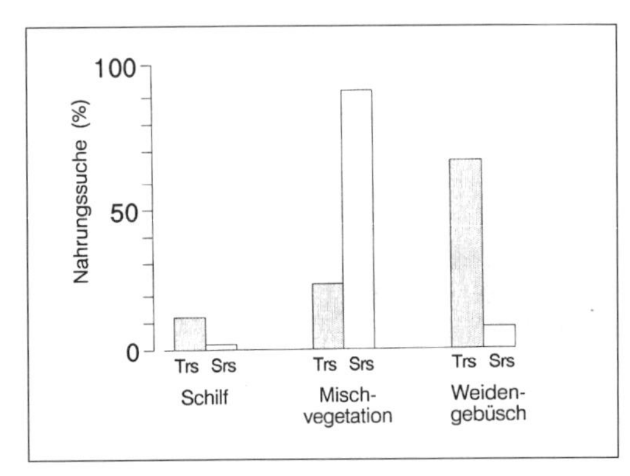

Abb. 3-4: Verteilung nahrungssuchender Teich- (Trs) und Sumpfrohrsänger (Srs) in unterschiedlichen Vegetationstypen (nach Schulze-Hagen u. Sennert 1990).

benmeisen vorzugsweise am Ast, Weidenmeisen dagegen mehr am Stamm. Viele Beispiele zeigen auch eine Separierung des Nahrungsraums in der Höhe (Abb. 3-6).

Von besonderer Bedeutung ist die **nahrungsökologische Differenzierung** nach dem Schnabelbau, dem Nahrungsspektrum und der bevorzugten Beutegröße.

Sommergoldhähnchen wählen beispielsweise größere Nahrungsobjekte als Wintergoldhähnchen, und die Artenzusammensetzung des Nahrungsspektrums beider Arten ist verschieden, insbesondere im Winter, wenn für diese Insektenfresser relative Nahrungsknappheit herrscht (Abb. 3-7). Beide Arten sind zudem bei ihrer Nahrungssuche deutlich ethologisch differenziert. Während Sommergoldhähn-

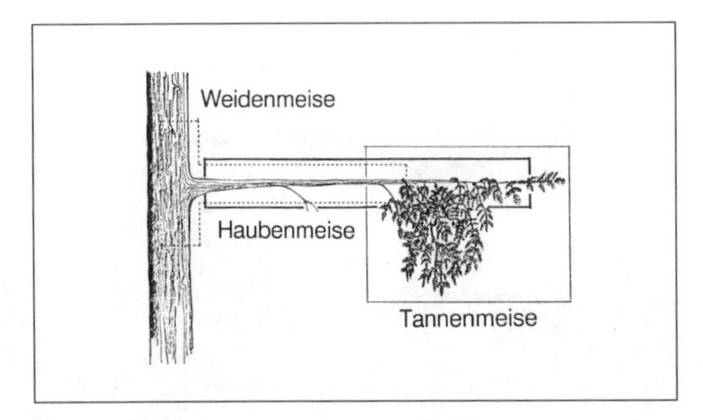

Abb. 3-5: Während sich Tannenmeisen zur Nahrungssuche vornehmlich in den äußersten Zweigspitzen aufhalten, nutzen Haubenmeisen mehr Äste und Zweige, und Weidenmeisen befinden sich vornehmlich im inneren Astbereich und am Stamm (nach Perrins 1979).

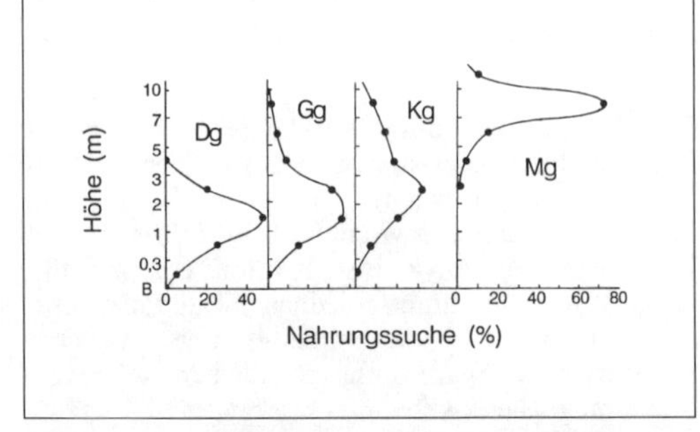

Abb. 3-6: Dorngrasmücke (Dg), Gartengrasmücke (Gg), Klappergrasmücke (Kg) und Mönchsgrasmücke (Mg) bevorzugen bei ihrer Nahrungssuche unterschiedliche Vegetationshöhen (nach Cody 1978).

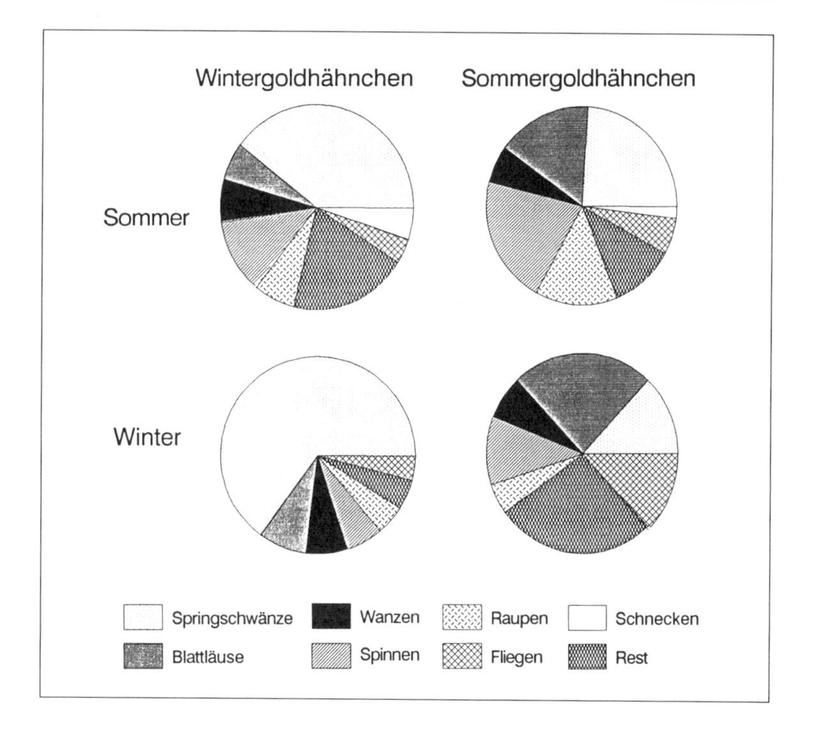

Abb. 3-7: Nahrungswahl von Winter- und Sommergoldhähnchen im Sommer und Winter (nach Thaler u. Thaler 1982).

chen vornehmlich auf mehr horizontalen Unterlagen Nahrung suchen, halten sich Wintergoldhähnchen besonders an vertikalen Strukturen auf, und zudem unterscheiden sich beide Arten in ihrer Fortbewegungsgeschwindigkeit bei der Nahrungssuche. Während sich Wintergoldhähnchen langsam suchend durch die Vegetation bewegen und nach etwa 20 Minuten Nahrungssuche gerade ca. 150 m zurückgelegt haben, haben sich Sommergoldhähnchen in dieser Zeit bereits etwa dreimal so weit fortbewegt. Sommergoldhähnchen scheinen also einen wesentlich größeren Nahrungsraum abzudecken als Wintergoldhähnchen, die dafür aber möglicherweise intensiver suchen.

Neben der nahrungsökologischen Differenzierung syntop lebender Vogelarten kommt es auch zu einer unterschiedlichen **Nistplatzwahl**.

So nutzen höhlenbrütende Singvögel ganz unterschiedliche Nisthöhlen. Experimentell ist dies mit künstlichen Nistkästen unterschiedlicher Fluglochgröße geprüft. Trotz des Angebots an Nisthöhlen mit größeren Fluglöchern besiedelten Blaumeise, Sumpfmeise und Tannenmeise vornehmlich die Höhlen mit dem geringsten Fluglochdurchmesser, wogegen Kohlmeisen keine besondere Wahl zeigten, vorausgesetzt, der Nisthöhleneingang ist überhaupt für sie groß genug.

Noch wenig untersucht ist die Bedeutung der **zeitlichen Differenzierung** in der Nutzung gemeinsamer Ressourcen von Vogelgemeinschaften. Neben einem unterschiedlichen saisonalen Auftreten könnten hier insbesondere die z.T. sehr unterschiedlichen täglichen Aktivitätsmuster der verschiedenen Arten bedeutsam sein.

Greifvögel und Eulen sind hierfür ein schönes Beispiel. Beide nutzen in großem Umfang dieselbe Nahrungsgrundlage, nämlich Kleinsäuger. Die einen am Tag, die anderen bei Nacht. Auch viele nah verwandte Kleinvögel zeigen unterschiedliche tägliche Aktivitätsmuster, die sogar von unter kontrollierten Laborbedingungen aufgezogenen und gehalten Vögeln beibehalten werden und offensichtlich eine genetisch determinierte Grundlage haben.

Diese wenigen Beispiele mögen genügen zu zeigen, daß die Ressourcen eines Lebensraumes in der Regel räumlich-zeitlich so auf die Bewohner aufgeteilt sind, daß direkte Konkurrenz minimiert ist. Diese Aufteilung der Ressourcen auf verschiedene Vogelarten wird dabei vielfach unter dem Konzept der **ökologischen Nische** betrachtet. Hierunter versteht man die quantitative Beschreibung der gesamten Lebensraumansprüche einer Art. Die «Nische» ist damit immer ein multi-dimensionales Beziehungsgefüge und beschreibt die Ansprüche einer Art in einer Lebensgemeinschaft. Für das Verständnis der ökologischen Position einer Art in einer Lebensgemeinschaft ist es

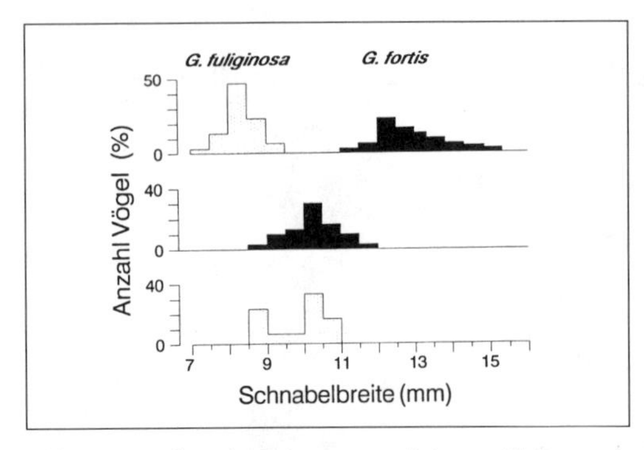

Abb. 3-8: Auf Inseln Galapagos, auf denen Kleingrundfink (*Geospiza fuliginosa*) und Mittelgrundfink (*G. fortis*) gemeinsam vorkommen, sind beide Arten in ihren Schnabelmaßen und somit in ihrer Nahrungswahl deutlich separiert, wogegen sie ähnliche Schnabelgrößen aufweisen, wenn sie jeweils nur einzeln vorkommen (nach Lack 1947 und Krebs 1985).

daher nur bedingt sinnvoll, die Nische für einen isolierten Faktor zu beschreiben.

Für jeden Faktor oder jede Ressource gibt es ein artspezifisches Optimum und einen Toleranzbereich, der bei Generalisten weit, bei Spezialisten sehr eng ist. Darüberhinaus kann diese Einteilung für verschiedene Faktoren oder Ressourcen ganz unterschiedlich sein. Aussagen, daß eine Art ein Generalist oder ein Spezialist ist, sind somit immer nur für den gerade isoliert betrachteten Faktor gültig. Weiterhin spielt die Jahreszeit eine wichtige Rolle. So können die ökologischen Ansprüche im Winter ganz andere sein als im Sommer. Auch tageszeitliche Aspekte gilt es zu berücksichtigen. Erst alle an den Lebensumständen einer Art beteiligten Faktoren ergeben als Summe der Toleranzbereiche die ökologische Nische.

Dieses Konzept der ökologischen Nische ist die Basis für das **Konkurrenz-Ausschluß-Prinzip**. Arten mit denselben oder stark überlappenden Ansprüchen können im selben Biotop nur dann miteinander existieren, wenn es zu einer gewissen Verschiebung ihrer ökologischen Nische kommt. Einige Beispiele mögen dies verdeutlichen.

Auf den Galapagos lebt von den Darwin-Finken auf der Insel Daphne nur der Mittelgrundfink *Geospiza fortis*, auf der Insel Crossman dagegen nur der Kleingrundfink *Geospiza fuliginosa*. Die Schnabelgröße der beiden Arten ist jeweils sehr ähnlich (Abb. 3-8). Anders ist dies jedoch auf den Inseln, wo beide Arten zusammen vorkommen. Die dortigen *G. fuliginosa* haben jeweils einen erheblich kleineren Schnabel als *G. fortis* und auch einen kleineren als beim isolierten Vorkommen auf Crossman. *G. fortis* dagegen hat auf Inseln mit gemeinsamen Vorkommen einen erheblich größeren Schnabel als im Einzelvorkommen. Gegenüber dem Einzelvorkommen kam es also bei beiden Arten zu einer **morphologischen Merkmalsverschiebung** von ursprünglich ähnlichen zu erheblich divergierenden Schnabelgrößen. Folglich nutzt *G. fuliginosa* bei gemeinsamen Vorkommen mit *G. fortis* vornehmlich kleinere Beuteobjekte, *G. fortis* dagegen größere. Bei jeweils isoliertem Vorkommen dagegen ist die Nahrungswahl sehr ähnlich.

Zahlreich sind auch die Beispiele für **ökologische Merkmalsverschiebungen**. Während z. B. die nahe verwandten Arten Gelbspötter und Orpheusspötter allopatrisch (in verschiedenen Gebieten) eine sehr ähnliche Brutbiologie aufweisen, kommt es bei sympatrischem Vorkommen (im selben Gebiet) zu erheblichen Unterschieden in der arttypischen Brutbiologie. Bei sympatrischen Vorkommen ist der Brutbeginn beim Gelbspötter früher, beim Orpheusspötter dagegen später. Zudem bauen Gelbspötter sympatrisch ihre Nester in höherer, Orpheusspötter dagegen in niedriger Vegetation im Vergleich zur allopatrischen Situation. Auch ist der Bruterfolg beider Arten bei sympatrischem Vorkommen geringer als bei allopatrischem Vorkommen.

3.2 Eigenschaften von Lebensgemeinschaften

Diese Merkmalsverschiebung, d. h. Verschiebung der ökologischen Ansprüche verschiedener Arten bei gleichräumigem Vorkommen, gestattet das Zusammenleben vieler Arten in einer **Lebensgemeinschaft**. Unter Lebensgemeinschaft versteht man Bestände verschiedener Arten, die gemeinsam auf einer Untersuchungsfläche bzw. in einem gemeinsamen Lebensraum vorkommen. Lebensgemeinschaften besitzen Eigenschaften, die nicht allein durch die Komponenten der Individuen oder die Faktoren einer Population beschrieben werden können, auch wenn diese wichtige Grundlage für das Verständnis von synökologischen Zusammenhängen sind. Wesentliche Faktoren, die die Lebensgemeinschaften kennzeichnen, sind **Artenmannigfaltigkeit** (Artenzahl, Häufigkeit), **Dominanzstrukturen** und die **trophische Struktur** (Energie- und Materialfluß).

Minimale Grundlage jeder synökologischen Analyse ist die **Artenliste**. Artenlisten und Häufigkeitsangaben zu den einzelnen Arten sind gerade heute wichtige Kriterien in der Ausweisung von Schutzgebieten oder bei Umweltverträglichkeitsprüfungen.

Die Artenzahl ist neben den Eigenschaften des Lebensraums auch abhängig von der Größe der betrachteten Fläche. Es besteht ein allgemeiner Zusammenhang in einer sogenannten **Arten-Areal-Kurve** (Abb. 3-9). Solche Arten-Areal-Kurven erlauben für Großräume, z. B. Mitteleuropa, oder auch für einzelne Lebensräume gewisse Vorhersagen über die Anzahl der zu erwartenden Arten. Die auf einer Beobachtungsfläche festgestellte reale Artenzahl kann dann mit dieser Vorhersage verglichen und mögliche Diskrepanzen können interpretiert werden. Art-Areal-Beziehungen gelten für jeden Lebensraum, der hinsichtlich seiner Vogelwelt untersucht wird. Hieraus ergeben sich wichtige praktische Konsequenzen. Denn Zählergebnisse sind damit immer stark abhängig von der Größe der untersuchten Fläche, und Vergleiche des Artenbestandes verschiedener Flächen sind nur sinnvoll, wenn ähnlich große Flächen untersucht worden sind. Allerdings ist der Erfassungsgrad der Artenzahl auf einer bestimmten Fläche auch von der Anzahl an Zählungen abhängig. Zu wenige Erfassungen führen zwangsläufig zu einer Unterschätzung der tatsächlich vorhandenen Artenzahl.

Art-Areal-Kurven sind lebensraumcharakteristisch. Strukturreiche Flächen weisen in der Regel mehr Arten auf als strukturarme und die Art-Areal-Kurven verlaufen so verschieden steil (Abb. 3-10).

Die Artenzahl ist die einfachste Möglichkeit, die Artenvielfalt in einem Lebensraum zu beschreiben. Sie läßt aber außer acht, daß verschiedene Arten in ganz unterschiedlicher Häufigkeit auftreten. In nahezu allen Lebensgemeinschaften sind einige wenige Arten recht häufig vertreten (sogenannte dominante Arten), viele andere dagegen weniger häufig oder sogar sehr selten. Artenzahl allein ist somit nur ein bedingtes Maß, die Artenmannigfaltigkeit einer Lebensgemeinschaft zu beschreiben. Auch muß die **Dominanzstruktur** einer Vogelgemeinschaft berücksichtigt werden.

Vergleicht man beispielsweise die Avizönosen verschiedener städtischer Lebensräume mit der eines Waldes (Abb. 3-11), so zeigt sich, daß in Wohnblockbereichen eine Art mehr als 50% des Bestandes ausmachen kann, im Wald dagegen die Dominanzverhältnisse ausgeglichener sind und hier die häufigste Art gerade auf etwa 12% kommt.

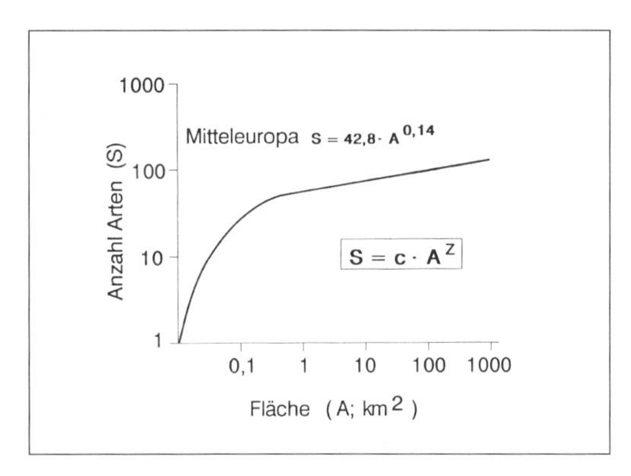

Abb. 3-9: Arten-Areal-Kurve der Brutvögel Mitteleuropas (nach Bezzel 1982).

Artenzahl und die relative Häufigkeit der Arten werden vielfach in einem sogenannten **Diversitätsindex** zusammengefaßt, um so mit einer Maßzahl den Vergleich verschiedener Lebensgemeinschaften vornehmen zu können.

Für die Beschreibung der Artendiversität wird sehr häufig der **Shannon-Weaver-Index** $H' = \sum_{i=1}^{S} p_i \times \ln p_i$, mit der Artenzahl S und der relativen Häufigkeit jeder einzelnen Art p_i (i = 1 bis S) eingesetzt. H' ist zum einen abhängig von der Artenzahl S, zum anderen von der «Equitabilität», d. h. der Ähnlichkeit in der Häufigkeit (Dominanz). H' nimmt mit zunehmender Artenzahl zu und wird maximal (H_{max}), wenn alle Arten gleich häufig vertreten sind ($H_{max} = \ln S$). Bei gleicher Artenzahl ist H' um so geringer, je dominanter einige wenige Arten sind. Deshalb ist es sinnvoll, die beobachtete Diversität mit der maximal möglichen zu vergleichen, um so den Einfluß unter-

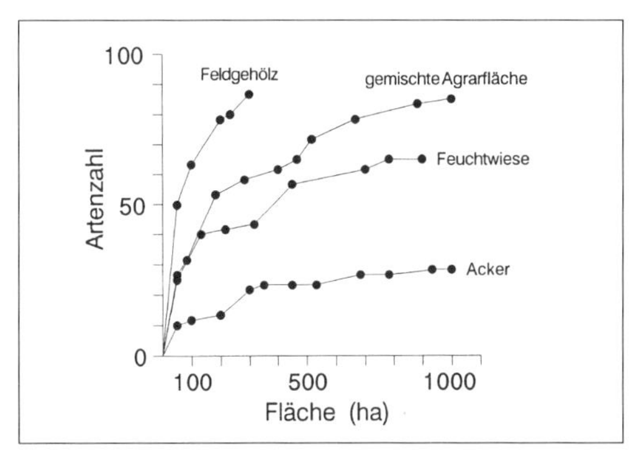

Abb. 3-10: Arten-Areal-Kurve für verschiedene Probeflächen in der Agrarlandschaft (nach Bezzel 1982).

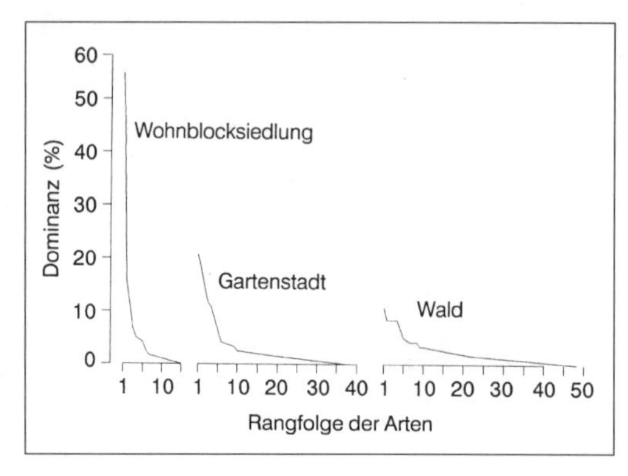

Abb. 3-11: Dominanzverhältnisse auf Probeflächen im Raum Hamburg. Im Siedlungsbereich sind einige wenige Arten sehr dominant, im Wald dagegen finden sich ausgeglichenere Verhältnisse (nach Mulsow 1980 und Bezzel 1982).

schiedlicher Dominanzstrukturen zu berücksichtigen. Ein Maß für die Gleichmäßigkeit der Artenhäufigkeit in einer Lebensgemeinschaft ist die sogenannten Eveness $E = H'/H_{max}$. Sie gibt die relative Ausprägung der gefundenen Artdiversität H' zu der aus der Artenzahl zu ermittelnden maximalen Diversität H_{max} an. Geringe Werte von E zeigen an, daß einige Arten besonders dominant sind. Hohe Werte (max. 1,0) weisen auf ausgeglichene Dominanzstruktur. Beispiele für Diversitätsberechnungen sind in Tab. 3-1 zusammengestellt.

Tab. 3-1: Vorkommen (Dominanz) und Diversität der Brutvögel auf landwirtschaftlichen Flächen Mecklenburgs (nach Bezzel 1982).

	Acker	Intensiv-Mähwiese	Naßwiese, Viehkoppel
Gebietsgröße (ha)	243	77	96
Anzahl Brutpaare	116	99	71
Brutpaare je 10 ha	4,8	12,9	7,4
Rebhuhn	2,6	–	–
Kiebitz	1,7	2	4,2
Feldlerche	87,1	90	43,7
Haubenlerche	0,9	1	–
Schafstelze	6,9	3	4,2
Wiesenpieper	0,9	3	26,8
Sumpfrohrsänger	–	–	1,4
Braunkehlchen	–	–	9,9
Rohrammer	–	–	9,9
Diversität	0,45	0,42	1,49

Diese Unterschiede in der Vogelartendiversität zwischen verschiedenen Lebensräumen haben vielfach ihre Ursache in deren strukturellen Unterschieden. Wiederholt ist gezeigt worden, daß die Vogelartendiversität mit der Strukturdiversität des Lebensraums ansteigt. An Habitatstrukturen (z. B. Pflanzenstrukturen) reiche Lebensräume weisen oftmals erheblich artenreichere Vogelbestände auf als strukturärmere Biotope.

Vielfach wurden hohe Diversitätsmaße mit der **Stabilität** einer Biozönose gleichgesetzt. Geringe Diversitätswerte galten als Ausdruck instabilber Verhältnisse. Komplexität in der Biozönose und des damit zusammenhängenden Nahrungsnetzes führt aber nicht automatisch zu zunehmender Stabilität. Zudem gilt festzustellen, daß Stabilität weniger statisch als vielmehr dynamisch zu sehen ist. Sie beschreibt die Fähigkeit eines Systems, sich von störenden Einflüssen zu erholen. Die Amplitude einer Auslenkung gibt die **Elastizität** des Systems an. Wie Abb. 3-12 zeigt, ist Artendiversität von einer Vielzahl von Faktoren abhängig, die zudem noch untereinander Wechselbeziehungen aufweisen.

Weitgehend unbekannt sind die Mechanismen, die Artendiversität aufrechterhalten. Ein mathematisches Maß für Artendiversität ist somit nur bedingt geeignet, die biotischen Verhältnisse in einer Lebensgemeinschaft zu beschreiben. Insbesondere gilt zu berücksichtigen, daß ein solcher Diversitätsindex die spezifische Artzusammensetzung einer Lebensgemeinschaft vernachlässigt. So können, rein rechnerisch, völlig verschiedene Lebensgemeinschaften identische Diversitätswerte aufwei-

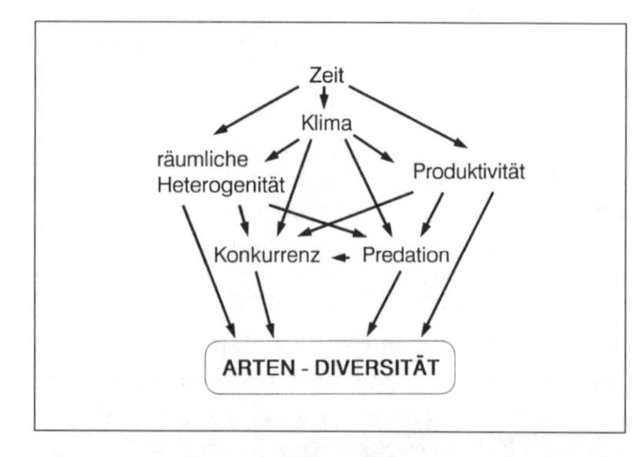

Abb. 3-12: Die Diversität von Vogelarten-Gemeinschaften ist von vielen Faktoren abhängig (nach Pianka 1974).

sen, obwohl sie keine einzige Art gemeinsam haben.

Die Analyse von Lebensgemeinschaften erfordert somit also neben der Berücksichtigung von Artenzahl und Dominanzstruktur gerade auch die qualitative Beurteilung der Artenliste und hierbei gerade der dominanten Arten, die mit ihren Eigenschaften und Ansprüchen die Struktur und Dynamik einer Lebensgemeinschaft erheblich bestimmen.

Ein weiteres wichtiges Kriterium in der Analyse von Lebensgemeinschaften, zumal im Vergleich, ist die absolute Häufigkeit der Arten, ihre **Abundanz** (Dichte; Individuen bzw. Paare/Fläche). Für vergleichende Analysen ist aber wiederum zu berücksichtigen, daß die Abundanz bei vielen Vogelarten mit der Größe der Untersuchungsfläche variiert (Abb. 3-13). Ursache hierfür ist, daß Probeflächen mit zunehmender Größe meist auch inhomogener werden und deshalb auch für die einzelne Art weniger geeignete Lebensraumbereiche einschließen. Großflächige Abundanzen liegen damit in der Regel immer unter kleinräumigen, insbesondere dann, wenn diese auf «optimalen» Flächen erhoben worden sind. Die Untersuchung von Kleinflächen führt immer zu einer erheblichen Überschätzung der großflächigen Vorkommensdichte einer Art.

Die Berücksichtigung der Abundanz von Tierarten ist insbesondere entscheidend für die Beurteilung der Rolle von Tieren in der Dynamik von Lebensgemeinschaften und in Ökosystemen.

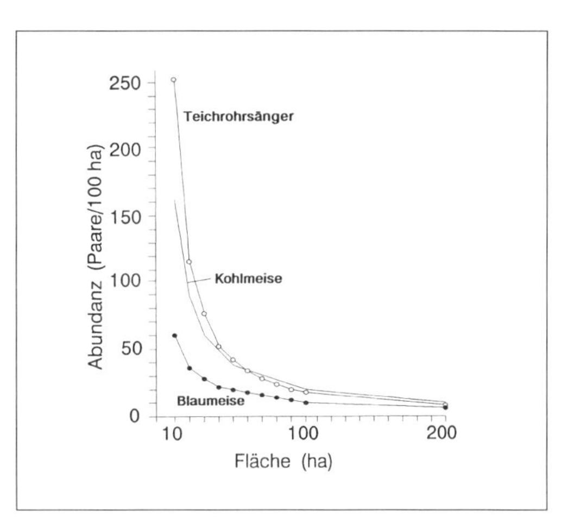

Abb. 3-13: Mit zunehmender Größe einer Probefläche nimmt die Dichte (Abundanz) stark ab (nach Bezzel 1982).

3.3 Räumlich-zeitliche Dynamik in Vogelgemeinschaften

Lebensgemeinschaften, gerade in äquatorfernen Gebieten, zeigen vielfach eine ausgeprägte Saisonalität. So können Artinventar, Dominanzstruktur und Abundanzverhältnisse während des Sommerhalbjahres ganz anders sein als im Winter.

Während beispielsweise auf vielen heimischen Gewässern im Sommer nur wenige Wasservögel brüten, können die Winterbestände viele tausend Individuen umfassen. Ein weiteres Beispiel einer hohen saisonalen Dynamik zeigt Abb. 3-14, die monatliche Zählergebnisse auf einer Probefläche bei Garmisch-Partenkirchen darstellt. Sowohl Artenzahl wie Individuenzahl zeigen eine ausgeprägte Saisonalität. Ökosystemanalytische Ansätze müssen deshalb immer die saisonale Dynamik (Phänologie) des untersuchten Lebensraumes berücksichtigen.

Neben saisonalen Veränderungen der Zusammensetzung einer Vogelgemeinschaft wandeln sich solche Gemeinschaften auch kontinuierlich über längere Zeiträume. Infolge pflanzlicher Sukzession verändern sich Artenzusammensetzung und Struktur auch von Vogelgemeinschaften ganz erheblich. Solche Veränderungen sind immer mit einer Umstrukturierung der Zönose verbunden.

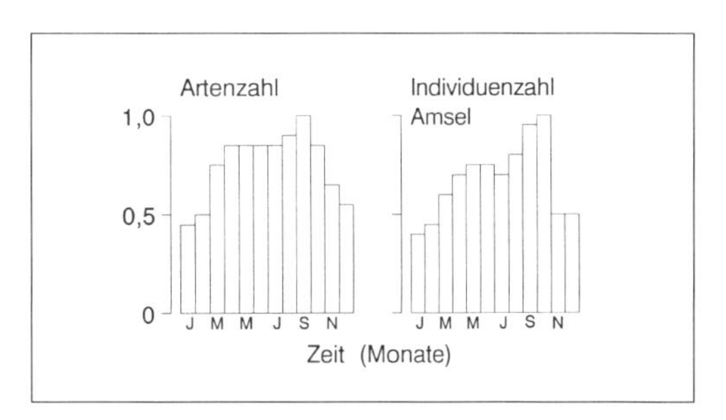

Abb. 3-14: Relative Häufigkeit von Artenzahl und Individuenzahl (am Beispiel der Amsel) auf einer Probefläche bei Garmisch-Partenkirchen im Verlauf eines Jahres. Artenzahl wie Individuenzahl unterliegen ausgeprägten jahreszeitlichen Schwankungen (nach Bezzel 1982).

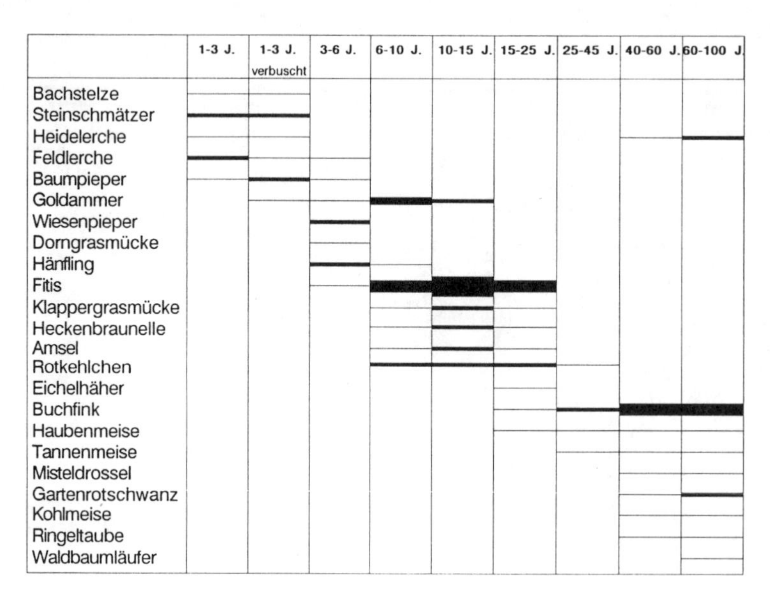

Abb. 3-15: Zusammensetzung und Sukzession der Brutvogelgemeinschaft in Kiefernforsten der Lüneburger Heide. Die Dicke der waagerechten Linien kennzeichnet unterschiedliche Siedlungsdichten (nach Dierschke 1973).

Ein besonders schönes Beispiel für Langzeitsukzessionen sind die Untersuchungen in Kiefernforsten der Lüneburger Heide. In Abhängigkeit vom Alter der Kiefernforste veränderte sich der Artbestand komplett (Abb. 3-15). Während sich in jungen Beständen zunächst nur Bodenbrüter ansiedelten, fanden sich in den Altbeständen vorwiegend freibrütende und höhlenbrütende Baumbrüter. In den Zwischenstadien herrschten Buschbrüter vor. Über alle Arten gemessen, ergab sich zwischen der Jungkultur und dem Hochwald ein etwa 90%iger Artenaustausch. Der Artenaustausch von Stadium zu Stadium war sehr unterschiedlich, mit anfangs hohen und später niedrigeren, konstanten Raten. Auch die Abundanzverhältnisse veränderten sich über die Zeit ganz erheblich. Wie rasch sich die Artenzusammensetzung verändern kann, zeigte sich nach orkanartigen Stürmen, wenn in die Altstadien durch Windbruch wieder Jungstadien eingebracht wurden. Zwar nahmen frei nistende Baumbrüter um etwa 48% ab, insgesamt aber ergab sich eine Zunahme der Arten von 17 auf 27 und eine Zunahme der Abundanz um 51%. Besonders Busch- und Bodenbrüter profitierten auf den Windwurfflächen; sie nahmen um 440% (!) zu.

Diese Daten zeigen, wie veränderlich die Struktur und Zusammensetzung einer Vogelgemeinschaft auf einer Fläche im Verlauf der Sukzession oder durch «Katastrophen» sein kann.

4 Vögel im Ökosystem

Lebensgemeinschaften (Biozönosen) bilden zusammen mit ihrer unbelebten Umwelt ein Ökosystem (Wirkungsgefüge mit vielfältigen Faktoren). Jedes Ökosystem besitzt besondere Strukturen und Funktionen. Die Hauptfunktion eines Ökosystems liegt im Kreislauf der Stoffe und dem damit einhergehenden Energiefluß. Ökosysteme sind offene Systeme und sie besitzen eine gewisse Fähigkeit zur Selbstregulation.

4.1 Vögel als Konsumenten

In einem Ökosystem sind Vögel vor allem als Konsumenten verschiedener Ordnung an den Stoff- und den Energiekreisläufen beteiligt (Abb. 4-1). Durch ihre Wanderungen tragen sie zudem zum Austausch zwischen verschiedenen Ökosystemen bei.

Die wirkliche Rolle von Vögeln im Stoff- und Energiekreislauf von Ökosystemen ist nur in wenigen Einzelfällen bekannt oder abschätzbar. Insbesondere dort, wo es zur Brutzeit, während des Zuges oder in Winterquartieren zu Massenauftreten kommt, kann der Anteil an Biomasse, der von Vögeln umgesetzt wird, aber sehr beachtlich sein.

So errechnet sich für eine große Lummenkolonie von beispielsweise 1 Mio. Brutpaaren ein täglicher Nahrungsfisch-Bedarf von etwa 200 Tonnen. Für die etwa 70 Millionen brütenden Seevögel von South Georgia in der Antarktis wird die jährliche Entnahme an Nahrung – zu 73% Krill *Euphausia superba* – auf etwa 7,8 Millionen Tonnen geschätzt, wovon allein etwa 4 Millionen Tonnen durch den Goldschopfpinguin entnommen werden. Für das holländische Wattenmeer wird angenommen, daß

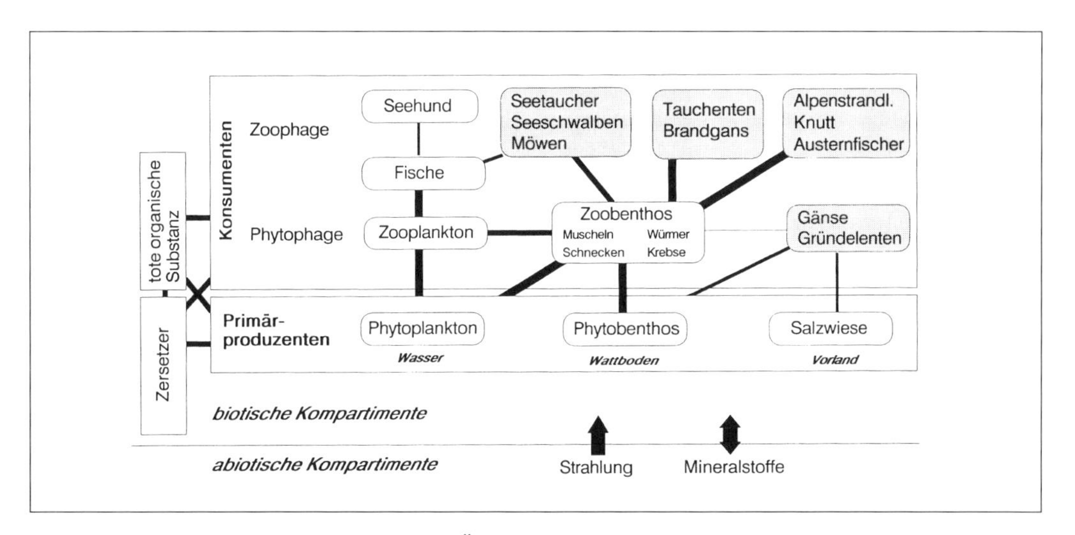

Abb. 4-1: Die Stellung von Vogelarten in einem Ökosystem am Beispiel des Wattenmeers. Vögel sind vor allem als Konsumenten an den Stoff- und Energiekreisläufen in einem Ökosystem beteiligt (nach Busche 1980, Ellenberg 1973 und Schaefer 1992).

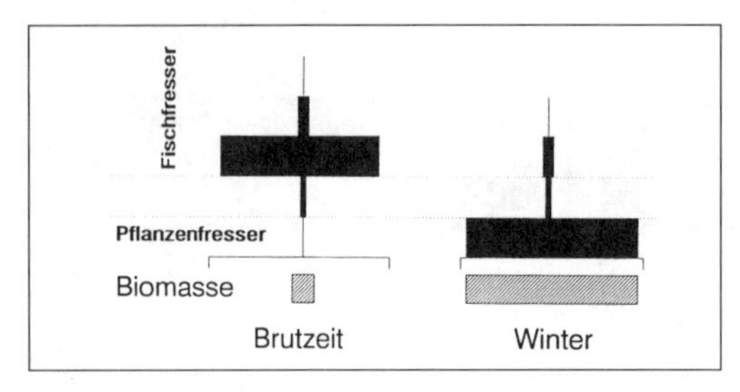

Abb. 4-2: Zur Brutzeit dominieren am Skutari-See in Mazedonien die Kleinfischfresser, im Winter dagegen ist die Wasservogelgemeinschaft bestimmt von den Pflanzenfressern. Im Verlauf eines Jahres kommt es so zu einer erheblichen Verschiebung der Trophieebenen. Die Biomassen verhalten sich zwischen Brutzeit und Winter wie 1 : 7 (nach Reichholf 1976).

Vögel jährlich etwa 80.000 Tonnen Biomasse an Nahrung entnehmen.

Im Greifswalder Bodden an der Ostseeküste rasten alljährlich auf dem Frühjahrszug bis zu 100.000 Tauchenten, vor allem Eis- und Bergenten. Wichtigste Nahrung ist die Sandklaffmuschel *Mya arenaria*. Von der insgesamt vorhandenen Biomasse an Muscheln (etwa 37.500 Tonnen) entnehmen die rastenden Tauchenten pro Rastperiode von 30 Tagen etwa 840 Tonnen, das sind etwa 2,2% des Angebots. Für die gesamte südliche Ostsee wird die Entnahme an tierischer Biomasse durch nordische Tauchenten im Winter auf 1% geschätzt.

Ein sehr eindrucksvolles Beispiel der Stellung und Bedeutung von Vögeln in einem Ökosystem ist vom Nakuru-See in Kenia bekannt, einem sogenannten Soda-See im ostafrikanischen Grabenbruch, der so extreme Bedingungen aufweist, daß dort nur wenige Pflanzen- und Tierarten vorkommen. Vor dem Eingriff des Menschen gab es hier nur einen einzigen Primär-Produzenten, die Blaualge *Spirulina platensis*. Ihre Biomasse war mit 180 g Trockensubstanz/m^3 so hoch, daß das Seewasser immer sehr trübe war. Die tägliche Produktion an *Spirulina* betrug etwa 1,2 g Trockensubstanz/m^3. Ursprünglich einziger bedeutender Konsument war der Zwergflamingo. Zwischen 1972 und 1974 hielten sich am See durchschnittlich etwa 915.000, maximal sogar 1,5 Mio. Zwergflamingos zur Nahrungssuche auf. Die Nahrungskette bestand somit nur aus einem Produzenten und einem Konsumenten. Von der täglichen Produktion an Blaualgen konsumierten die Zwergflamingos durchschnittlich etwa 60%, bei hoher Dichte sogar bis zu 130%, d.h. mehr als die tägliche Produktion.

Heute stellt sich die Situation am Nakuru anders und wesentlich komplizierter dar. Mit dem künstlichen Einbringen von Buntbarschen, die ebenfalls *Spirulina* fressen, stellte sich ein völlig neues Nahrungsgefüge ein. Nun finden wir am Nakuru auch viele Fischfresser, wie Pelikane und Reiher.

Solche komplexen Ökosysteme sind dann nicht mehr durch einfache Nahrungsketten zu beschreiben, sondern stellen komplexe Nahrungsnetze dar. In diesen Nahrungsgefügen findet man eine Reihe sogenannter **ökologischer Gilden**, also funktionelle Artengruppen, innerhalb derer die Arten ähnliche Ressourcen in ähnlicher Weise nutzen. Beispiele hierfür sind die Gilde der herbivoren Arten (z.B. Gänse), die Gilde der insektivoren Arten (z.B. viele unserer Singvögel), die Gilde der höheren Carnivoren (z.B. Greifvögel, Eulen, Fischfresser) oder die Gilde der Aasfresser (z.B. Geier). Dabei besteht heute die Vorstellung, daß innerhalb einer Gilde einzelne Arten durchaus durch andere ersetzt werden können, ohne daß die ökologische Funktion der gesamten Gilde und ihre Rolle und Bedeutung im System verändert wird.

Die Rolle einzelner Gilden kann dabei auch jahreszeitlich ganz verschieden sein. Am Skutari-See dominiert zur Brutzeit die Gilde der «Kleinfisch-Fresser» mit Zwergscharben und kleinen Reiher-Arten; die Gruppe der Primärkonsumenten fällt kaum ins Gewicht (Abb. 4-2). Ganz anders ist diese Situation jedoch im Herbst und Winter. Nun dominieren die «Pflanzenfresser» wie herbivore Enten und Bläßhühner, die in hoher Individuendichte auftreten. Zugleich hat sich dadurch die Gesamt-Biomasse an Konsumenten etwa versiebenfacht. Ursache für diese Verschiebungen in der Struktur der Wasservogelgemeinschaft sind nahrungsökologische Veränderungen als Folge der saisonalen Wanderungen der Fische im Skutari-See. Während sich im Frühjahr viele Fische vornehmlich im Flachwasser aufhalten, und hier für die im Flachwasser jagenden Fischfresser wie Reiher gut zugänglich sind, wandern die Fische mit im Sommer fallendem Wasserspiegel und nach ihrer Laichzeit zurück ins Freiwasser. Nun sind sie jedoch für Reiher nicht mehr erreichbar. Es kommt zu einem erheblichen Artenwechsel unter den Kleinfisch-Fressern, da nun im Winter die tauchfähigen Unterwasserjäger auftreten. Gegenüber den herbivoren Arten ist ihr Anteil in der Trophiestruktur aber gering. Sie wird von den Primärkonsumenten bestimmt, die die sommerliche Produktion an Wasserpflanzen nutzen. Von überwinternden Larven des Apfelwicklers *Carpocapsa pomonella* nutzen Vögel, vornehmlich Kleiber und Baumläufer, etwa 90%.

Dieses letzte Beispiel macht neben anderen deutlich, daß Vögel, zumindest zeitweise, einen ganz erheblichen Anteil einer Insektenart konsumieren können. Schon früh hat man deshalb gerade insektivore Vögel in Zusammenhang mit **biologischer Schädlingsbekämpfung** gebracht, insbesondere in der Forstwirtschaft. Die tatsächliche Bedeutung von Vögeln bei der Verhinderung oder Beendigung von Insektenkalamitäten ist zwar kaum vollständig ermittelt, doch gibt es verschiedene Beispiele, die belegen, daß insektivore Vogelarten doch signifikante Einwirkungen auf die Dichte von Forstinsekten haben können. Neben ihrer direkten Wirkung als Räuber von Eiern, Larven, Puppen und Imagines können Vögel auch als Ausbreiter von Insektenkrankheiten indirekt auf solche Insekten wirken und so beispielsweise beitragen zu verhindern, daß es zum Ausbruch von Kalamitäten kommt. So spielen Vögel im Sinne einer vorbeugenden biologischen Schädlingsbekämpfung eine nicht unerhebliche Rolle.

Als tierische Konsumenten erzeugen Vögel auch Exkremente, die im Ökosystem bleiben oder auch aus ihm hinausgetragen werden können. Das wohl bekannteste Beispiel hierfür sind die Seevögel, bei denen oftmals Nahrungs- und Ruheräume weit auseinderliegen können. So erfolgt die Nahrungssuche auf der offenen See, die Ablage der Exkremente jedoch meist an Land. Sichtbares Beispiel sind die großen Mengen an abgelagertem Guano in verschiedenen südamerikanischen und südafrikanischen Seevogelkolonien, die teilwase schon seit langem sogar kommerziell abgebaut werden. Dieser Guano verändert nicht nur die Inseln selbst, von ihm geht durch Auswaschung auch ein düngender Effekt auf die umliegenden Küstengewässer aus, der aber bisher kaum bekannt ist.

Düngung durch Exkremente ist für Gänse nachgewiesen. Wildgänse beweiden ihre Nahrungsplätze und setzen dabei auch eine Vielzahl an Kotbällchen ab. Eine etwa 1 kg schwere Graugans produziert täglich etwa 170 Kothäufchen mit einem Gesamtgewicht von 120 g (Trockengewicht). Dieser Kot enthält durchschnittlich 2,3% Stickstoff und 1% Phosphor. Bei einer mittleren Intensität der Beweidung von 800 «Gänsetagen» je Hektar gelangen damit 2,2 kg Stickstoff und etwa 1 kg Phosphor als Dünger auf die beweideten Flächen. Dies macht zwar nur wenige Prozent des Auftrages an Kunstdünger aus, hat aber durchaus ertragsfördernde Wirkung. Auf mäßig beweideten Flächen mit Wintergerste wurde eine Ertragssteigerung von bis zu 34% festgestellt. Für ein kanadisches Rastgebiet von Schneegänsen ist gezeigt, daß dort das Graswachstum im Frühjahr intensiver und die folgende Heuernte umso reicher waren, je mehr Gänse auf der Fläche geweidet hatten.

Wo allerdings der Lebensraum für die Gänse eingeengt ist und sich somit Gänse auf wenigen Weideplätzen konzentrieren müssen, kann es zu einer Überbeweidung und zu nennenswerten Beeinträchtigungen des Ertrages kommen.

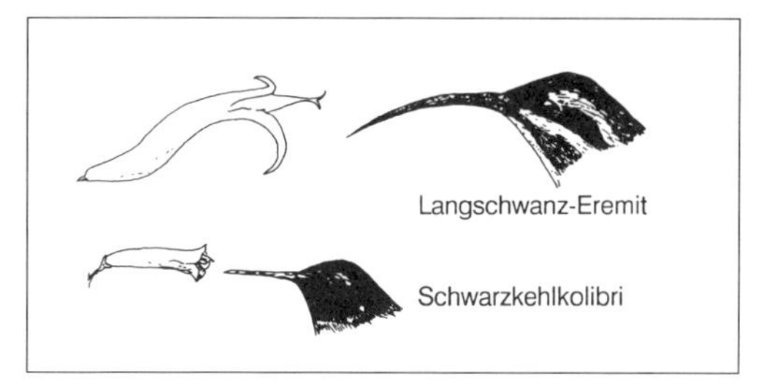

Abb. 4-3: In vielen tropischen Ökosystemen spielen Vögel auch eine wichtige Rolle als Bestäuber. Dabei haben sich vielfach erstaunliche Übereinstimmung zwischen Blütenform und Schnabelform entwickelt (nach Johnsgard 1983).

4.2 Ornithophilie, Ornithochorie

Neben der Rolle von Vögeln in Ökosystemen als teilweise sehr bedeutsame Konsumenten haben sie aber auch noch andere wichtige Funktionen.

In vielen tropischen Lebensräumen übernehmen Vögel zu einem erheblichen Teil die Rolle der Blütenbestäuber. Tropische Regenwälder weisen eine sehr hohe Pflanzenartendiversität auf. Viele Arten kommen nur in geringer Dichte vor, und die Abstände zwischen den Individuen einer Art können sehr groß sein. Hier spielen Vögel und Fledermäuse eine große Rolle als Bestäuber, da sie als gute Flieger große Distanzen leicht überwinden können. **Ornithophilie** (Vogelbestäubung) ist deshalb weit verbreitet.

In der Neotropis sind es die Kolibris (Trochilidae) und die Zuckervögel (Coerebidae), in der Paläotropis dagegen die Nektarvögel (Nectariniidae), die Kleidervögel (Drepanididae), die Honigfresser (Meliphagidae) und die Pinselzungenpapageien (Trichoglossidae), die als Bestäuber agieren. Diese sogenannten Blumenvögel «erledigen» die Bestäubung bei ihrer Nahrungsaufnahme an den Blüten, denen sie Nektar mit Schnabel und Zunge entnehmen. Vielfach haben sich über die Zeit erstaunliche Übereinstimmungen zwischen Schnabelbau und Blütenform der Vogelblumen entwickelt (Abb. 4-3). Typisches Syndrom aller Vogelblumenblüten sind leuchtende Farben, reichlich dünnflüssiger Nektar und Duftlosigkeit.

In vielen Lebensgemeinschaften spielen Vögel auch eine wichtige Rolle in der Verbreitung von Pflanzen (**Ornithochorie**). Viele beerentragende Sträucher werden durch Vögel verbreitet (z. B. Schwarzer Holunder *Sambucus nigra*, Brombeere *Rubus fruticosus*, Eberesche *Sorbus aucuparia*), bei vielen müssen die Samen sogar erst einmal den Darm von Vögeln passiert haben, um keimfähig zu werden. Bei der Mistel (*Viscum album*) ist es zudem erforderlich, daß die Samen von Vögeln auf Ästen plaziert werden. Diese enge Beziehung zwischen Pflanzenverbreitung und Vögeln drückt sich vielfach sogar in deutschen Vogelnamen aus, z. B. Misteldrossel, Eichelhäher, Tannenhäher. Der Eichelhäher ist der wohl wichtigste Verbreiter der Eiche.

5 Vögel und Naturschutz

Wohl alle Ökosysteme unterliegen heute anthropogenen Einflüssen. Besonders offensichtlich ist dies dort, wo der Mensch direkt in die Lebensgemeinschaften eingreift, beispielsweise durch Lebensraumzerstörung oder Nutzung von Tier- und Pflanzenarten. Viele Einflüsse jedoch erfolgen indirekt wie durch den Eintrag von umweltfremden Stoffen (meist Schadstoffen) oder durch vielfältige Veränderungen der Nahrungsgrundlage von Tier- und Pflanzenarten. Dies alles hat unweigerlich Auswirkungen auf die Lebensgemeinschaften, die Struktur und Dynamik von Ökosystemen und letztlich der ganzen Biosphäre. Auch Vögel sind davon in vielfältiger Weise betroffen, und zahlreiche Beispiele liegen vor, von denen aber im folgenden nur einige wenige dargestellt werden sollen.

Die Bestände vieler Vogelarten haben über die letzten Jahrzehnte z. T. dramatisch abgenommen.

Bis Ende der 50er Jahre brüteten noch an verschiedenen Stellen Mitteleuropas Weißstörche. Seither jedoch sind die Bestände in vielen Gegenden stark rückläufig, ja mancherorts sind Weißstörche nahezu verschwunden. So brüteten in Dänemark noch um die Jahrhundertwende etwa 4000 Paare Weißstörche, allein im «Storchendorf» Ribe gab es 1939 noch 34 besetzte Nester. Heute beträgt der Weißstorchbestand in Dänemark gerade noch etwa 20 Paare. In den Niederlanden, in Belgien und in der Schweiz ist der Bestand an Weißstörchen der ursprünglichen «Wildpopulation» erloschen; heutige Vorkommen sind auf das Aussetzen künstlich erbrüteter Störche zurückzuführen. Auch in Südwest-Deutschland und im Elsaß ist der Bestand an Wildvögeln nahezu erloschen. In Norddeutschland (Schleswig-Holstein, Hamburg, Bremen, Niedersachsen, Nordrhein-Westfalen) brüteten von ehemals (1907) ca. 7300 Weistorchpaaren 1988 gerade noch etwa 442 Paare; seither nimmt der Bestand wieder leicht zu (1993: 589 Paare).

Auch viele Kleinvögel sind stark zurückgegangen. Ehemals häufige Arten wie Dorngrasmücke, Feldlerche, Gartenrotschwanz oder Grauammer sind selten geworden und aus vielen Landstrichen sogar verschwunden. Besonders eindrucksvoll zeigt sich dieser Schwund in einer Analyse der jährlichen Bestandszahlen von rastenden Kleinvögeln im Rahmen des «Mettnau-Reit-Illmitz-Programms» der Vogelwarte Radolfzell, in dem Kleinvögel aus einem weiten Einzugbereich aus Nord-, Mittel- und Osteuropa erfaßt werden. Zwischen 1974 und 1983 ist bei etwa 70% der 37 untersuchten Arten ein europaweiter Rückgang festzustellen, nur wenige Arten sind in ihren Beständen nahezu gleich geblieben oder haben zugenommen. Doch diese Zunahmen gleichen die Rückgänge nicht aus, so daß auch die Gesamtindividuenzahl an gefangenen Vögeln über die Jahre rückläufig ist. Bei vielen Vogelarten setzt sich so eine negative Bestandsentwicklung fort, die Ende der sechziger Jahre ganz dramatisch eingetreten ist (Abb. 5-1).

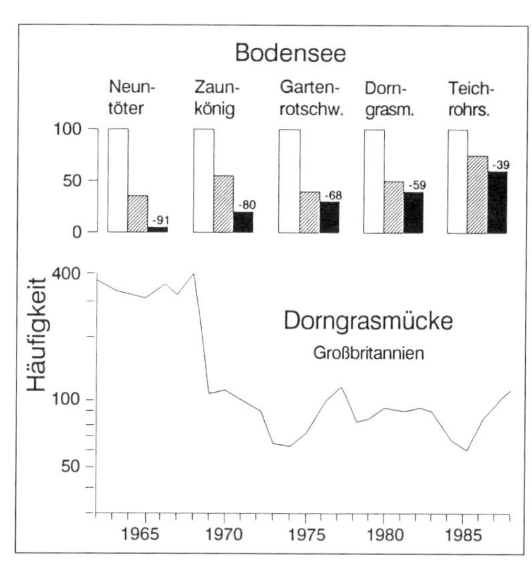

Abb. 5-1: Rückgang von Fangzahlen von Kleinvögeln am Bodensee von 1968 (weiße Säulen) bis 1970 (schwarze Säulen; oben) und Bestandsveränderung der Dorngrasmücke in Großbritannien (Bodensee: nach Berthold 1973; Großbritannien: nach Marchant et al. 1990).

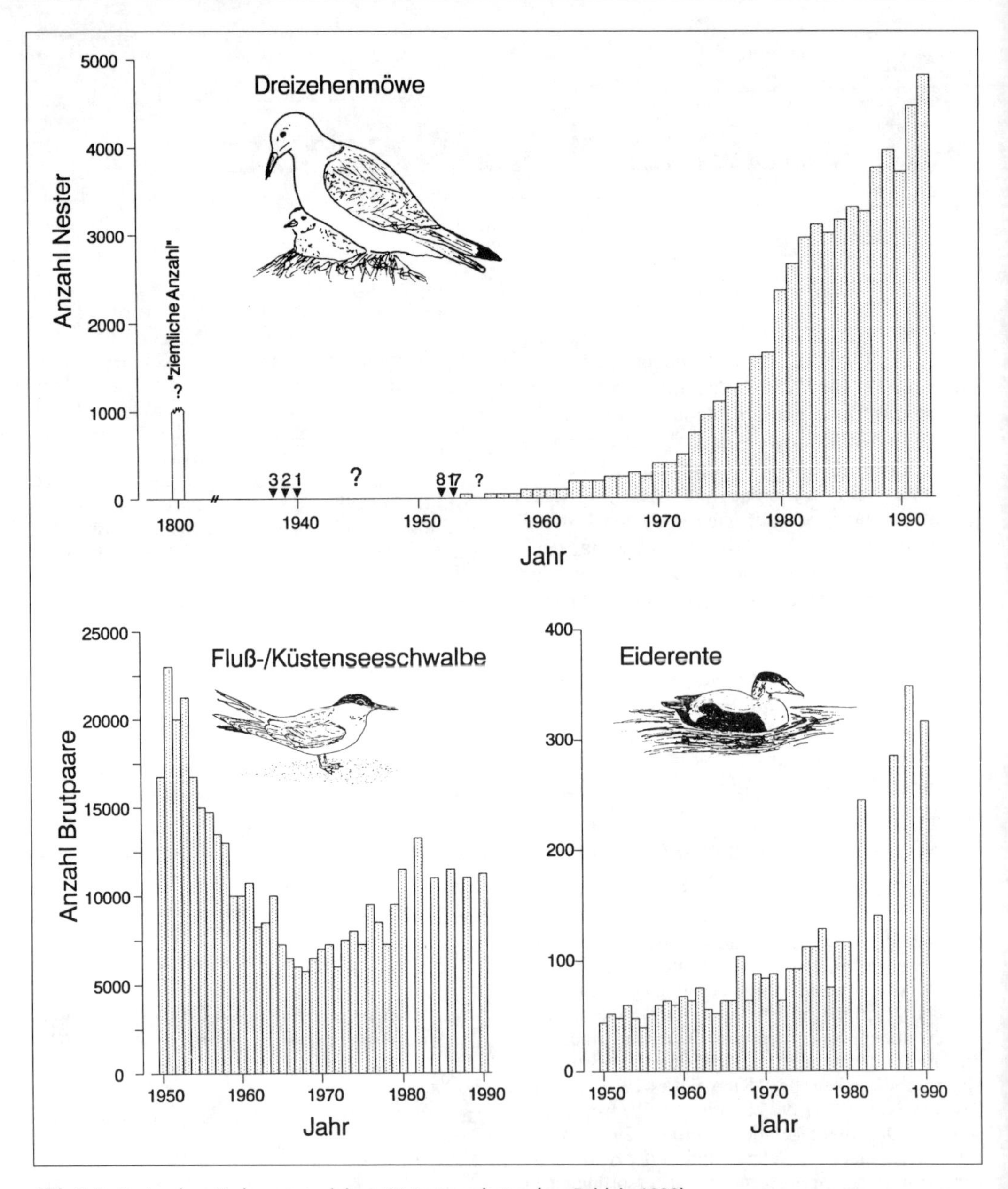

Abb. 5-2: Bestandsveränderungen einiger Küstenvogelarten (aus Bairlein 1992).

Die Bestände vieler See- und Küstenvögel haben in den 1950–60er Jahren ebenfalls starke Einbußen erlitten (Abb 5–2). In jüngerer Zeit nehmen die Bestände jedoch wieder zu, und vielen See- und Küstenvögeln geht es heute anscheinend so gut wie noch nie. Der Brutbestand der Dreizehenmöwe auf Helgoland hat in den letzten Jahren nahezu «explosionsartig» zugenommen.

Das Ergebnis aus all diesen Beobachtungen drückt sich darin aus, daß viele ehemals häufige Vogelarten heute in der «**Roten Liste** der in der Deutschland gefährdeten Brutvogelarten» stehen. Von den 273 Brutvogelarten Deutschlands finden sich 166 Arten (61%) in der «Roten Liste», 67 davon (24%) in den Kategorien «stark gefährdet» bzw. «vom Aussterben bedroht». Nicht-Singvögel sind dabei stärker gefährdet als Singvögel. Während bei den Nicht-Singvö-

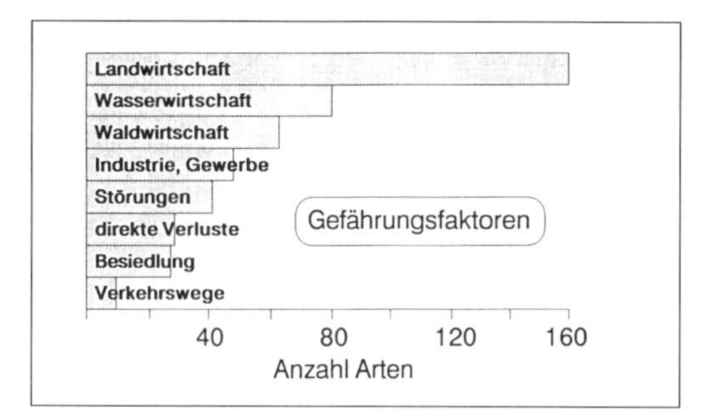

Abb. 5-3: Gefährdungsfaktoren für heimische Vogelarten (nach Bauer u. Thielcke 1982).

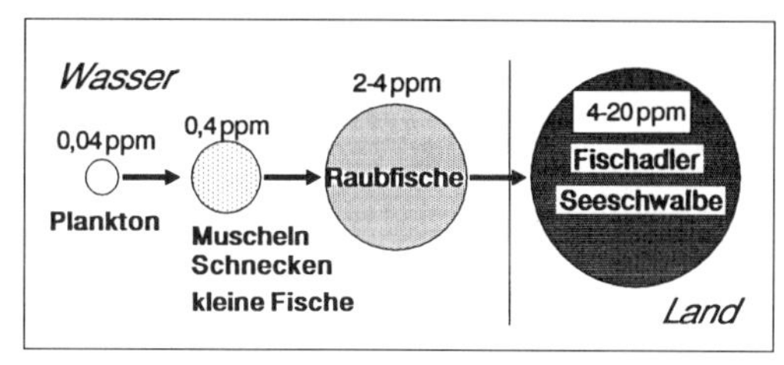

Abb. 5-4: Viele Schadstoffe (im Beispiel DDT) können sich in Organismen akkumulieren. Viele Vogelarten stehen mit an der Spitze von Nahrungsketten und reichern so Umweltgifte in teilweise großen Konzentrationen an.

geln schon 75% der Arten in die «Rote Liste» aufgenommen werden mußten, sind es bei den Singvögeln derzeit «nur» 41%. Besonders betroffen sind Langstreckenzieher. So sind von den in Baden-Württemberg brütenden Langstreckenziehern 89% in der «Roten Liste» aufgeführt, gegenüber 65% bei den Kurzstreckenziehern und 53% bei den Standvögeln.

Die Ursachen für diese Bestandsveränderungen sind vielfältig, meist aber auf menschliche Einflüsse zurückzuführen. Eine Analyse der Gefährdungsursachen weist die **Landbewirtschaftung** als wichtigsten Gefährdungsfaktor aus, gefolgt von den Gefährdungen durch Wasserwirtschaft und Waldwirtschaft (Abb. 5-3). Besonders Entwässerungsmaßnahmen, die Ausräumung der Landschaft und die Fragmentierung in der Landschaft, sowie die Aufgabe extensiver Nutzung und die Umwandlung von Grünland in Ackerland sind vornehmliche Gefährdungsfaktoren durch die Landbewirtschaftung. Viele Gefährdungsfaktoren gehen also direkt auf Lebensraumverluste und massive Lebensraumveränderungen zurück. Unter den sonstigen Einwirkungen sind vor allem Störungen und umweltfremde Chemikalien wie Pestizide, chlorierte Kohlenwasserstoffe und Schwermetalle zu nennen.

Insbesondere viele carnivore Vogelarten reichern **Umweltgifte** über ihre Nahrungskette an (Abb. 5-4). Diese Stoffe können dann in vielfältiger Weise den Stoffwechsel beeinflussen und sich so auch z. B. im Fortpflanzungserfolg niederschlagen.

So besteht beispielsweise ein enger Zusammenhang zwischen dem DDE-Gehalt (einem Abbauprodukt des DDT) in Vogeleiern und dem sogenannten Eischalen-Index als Maß für die Eischalendicke (Abb. 5-5). Hoch belastete Eier haben sehr dünne Schalen, was z. B. dazu führt, daß diese Eier bei der Bebrütung zerdrückt werden. Zudem kann die veränderte Eischalenstruktur die Austauschprozesse zwischen Ei und Umgebung beeinflussen, was dazu führen kann, daß die Embryonen austrocknen. Betrachtet man diesen Index der Eischalendicke über einen langen Zeitraum, fällt auf (Abb. 5-6), daß er zunächst über viele Jahrzehnte nahezu unverändert blieb, sich Ende der 1940er Jahre aber auffällig verringert hat. Der Abfall des Index im Jahr 1947 in Großbritannien fällt mit dem Jahr der ersten breiten Anwendung von DDT in der britischen Landwirtschaft zusammen. Dies hatte dramatische Konsequenzen für den Bruterfolg des Sperbers. Während über die Zeit unverändert nahezu gleich viele Eier gelegt werden, hat sich der Anteil erfolgreicher Bruten, also solcher, aus denen wenigstens ein Jungvogel zum Ausfliegen kam, nach 1950 nahezu halbiert, und die mittlere jährliche Reproduktion ging um 30% zurück.

Das **Akkumulationsverhalten** von Umweltchemikalien in Organismen ist durch zahlreiche Faktoren bestimmt. Zu nennen sind hier die Intensität der Aufnahme und die Fähigkeit zur Elimination, die Struktur und die Größe der

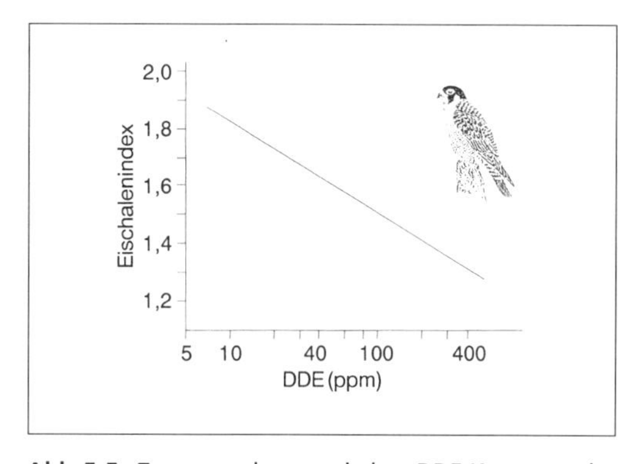

Abb. 5-5: Zusammenhang zwischen DDE-Konzentrationen in Eiern von Wanderfalken und der Eischalendicke. Stark belastete Vögel produzieren sehr dünnschalige und brüchige Eier (nach Newton 1979).

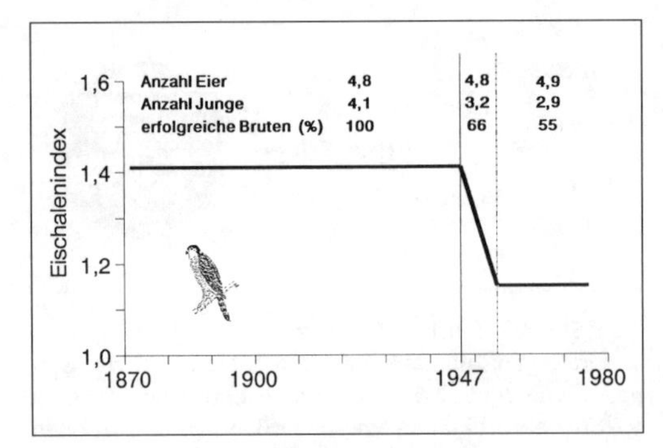

Abb. 5-6: Die Eischalendicke britischer Sperber war über viele Jahrzehnte gleichbleibend. Mit dem ersten Einsatz von DDT in der britischen Landwirtschaft im Jahr 1947 nahm die Eischalendicke rasch ab. Zugleich verminderte sich die Fortpflanzungsrate und der Anteil erfolgreicher Bruten nahm ab (nach Newton 1979).

Oberflächen, die mit den Chemikalien in Kontakt kommen und über die Schadstoffe aufgenommen werden können, der Wasseraustausch mit der Umgebung, die Persistenz (Haltbarkeit) des Stoffes in der Umwelt, die Körpergröße des betrachteten Organismus, die Lipidlöslichkeit der Pestizide, der Lipidgehalt der Organismen und die Zusammensetzung seiner Nahrung. Gerade der Nahrung kommt eine große Bedeutung zu. Neben der allgemeinen Akkumulation kann es nämlich über die Nahrungsketten zu einer zusätzlichen Anreicherung (**Nahrungsketteneffekt, Biomagnifikation**) kommen, wenn zu einer Spezialisation in der Ernährung geringe Eliminiationsraten und somit ein hohes Maß an Deposition im Körper kommen. Je nach dem Akkumulationsverhalten der Umweltchemikalien ergeben sich ganz erhebliche Belastungen der verschiedenen Organismen und des gesamten Ökosystems.

Bei dieser Komplexität und bei der Vielzahl von Stoffen ist eine vornehmlich chemisch-physikalische Analyse allein kaum geeignet, die Belastung unserer Umwelt mit solchen Chemikalien und deren biologische Wirkung und Bedeutung zu beurteilen. Vielmehr können sehr erfolgreich Organismen selbst als **Bioindikatoren** eingesetzt werden. Durch ihr Verhalten oder ihren Fortpflanzungserfolg beschreiben sie integrierend die Situation. Wichtig ist deshalb, mit solchen Organismen ein **integriertes Biomonitoring** aufzubauen, das gestattet, die räumlich-zeitliche Belastung von Lebensräumen durch Umweltchemikalien zu erfassen und zu bewerten.

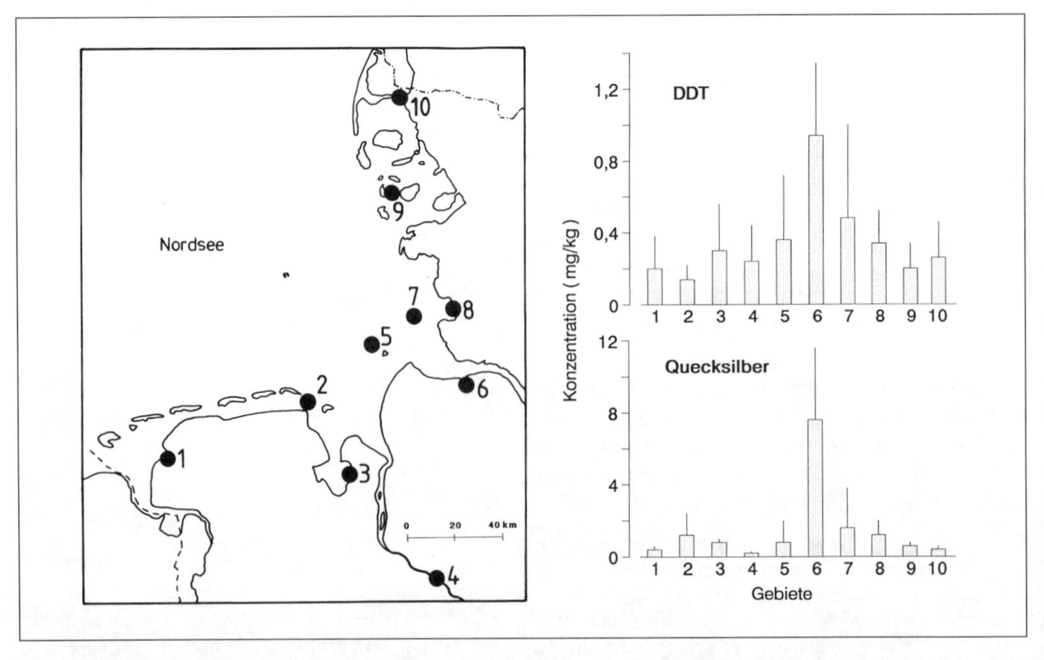

Abb. 5-7: Geografische Variation der Belastung von Eiern der Flußseeschwalbe mit DDT und Quecksilber im Jahr 1989. Die Ziffern bezeichnen die einzelnen Standorte, von denen Eier analysiert wurden (nach Becker et al. 1985).

Hierfür bieten sich in vielfältiger Weise Untersuchungen an Vögeln an. Vögel sind oftmals «Endglieder» von Nahrungsketten, ihre Bestände und ihr Fortpflanzungserfolg sind vielfach relativ leicht zu erfassen, der Fortpflanzungserfolg reagiert sehr unmittelbar auf die Schadstoffsituation und es gibt von kaum einer anderen Organismengruppe so weit zurückreichende langfristige Datenreihen. Damit sind Vögel besonders geeignet, als Frühwarnsystem eingesetzt zu werden, das rechtzeitig auf gefährliche Schadstoffwirkungen und andere anthropogene Einwirkungen aufmerksam macht.

Ein Beispiel hierfür sind Untersuchungen zur Pestizidbelastung ausgewählter Vogelarten an der deutschen Nordseeküste (Abb. 5-7). Entlang der Küste wurden in verschiedenen Gebieten Eier von Flußseeschwalben entnommen. Sie haben sich in Voruntersuchungen als sehr geeignet erwiesen, die geografische und jährliche Variation der Schadstoffbelastung zu untersuchen. Bei den meisten Schadstoffen gab es erhebliche Gebietsunterschiede mit den jeweils höchsten Konzentrationen an der Elbmündung (Abb. 5-7). Die Elbe erweist sich somit als Haupteintragsquelle für viele Schadstoffe in die südliche Nordsee.

Die Quecksilberbelastung von Vögeln schlägt sich auch im Quecksilbergehalt der Federn nieder. Je höher ein Vogel belastet ist, um so höher ist auch der Gehalt in Federn. Federn eignen sich deshalb als Indikatoren für die Gesamtbelastung. Damit hat man die Möglichkeit, den Quecksilbergehalt im Gefieder von Museumspräparaten zu analysieren und so die Quecksilberbelastung über einen langen Zeitraum zu vefolgen. Bei Silbermöwen der südlichen Nordseeküste lagen die Federgehalte von Quecksilber bis 1940 nahezu unverändert bei etwa 4 µg/g Federgewicht (Abb. 5-8). Nach 1940 haben die Konzentrationen stark zugenommen. Spitzenwerte treten während der Zeit des 2. Weltkrieges auf, wohl als Folge eines hohen Quecksilbereintrages in die Umwelt durch Munition. Nach einem Rückgang der Belastung in den 1950er Jahren stiegen die Werte bis in die 1970er Jahre stetig an, was wohl auf die Entwicklung der chemischen Industrie und den vermehrten Quecksilberverbrauch zurückzuführen ist. In den 80er Jahren gingen die Konzentrationen wieder zurück, möglicherweise als erstes Anzeichen der Reduktion der Quecksilberfrachten der Flüße. Die historischen Schadstoffkonzentrationen sind sicher auch geeignet, diese als Umweltqualitätsziele zu definieren, die mit geeignet Maßnahmen anzustreben sind.

Vögel sind aber nicht nur geeignet anzuzeigen, welche Schadstoffbelastungen vorliegen. Ihr jährlicher Bruterfolg ist ein sensitives Maß für die Beurteilungen von Schadstoffwirkungen. So waren an der Elbmündung nicht geschlüpfte Eier von Flußseeschwalben höher mit PCB belastet als eine Probe zufällig entnommener Eier, was möglicherweise den dort verminderten Schlüpferfolg erklärt.

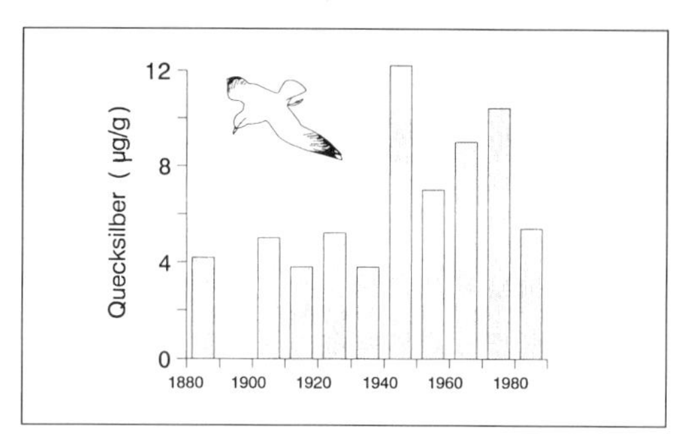

Abb. 5-8: Konzentrationen von Quecksilber im Gefieder von Silbermöwen von der deutschen Nordseeküste von 1880 bis 1990. Deutlich wird der Eintrag von Quecksilber in die marine Umwelt in den 1940er, 1960er und 1970er Jahren. Seither nimmt die Konzentration von Quecksilber wieder ab (nach Thompson et al. 1993).

Nordamerikanische Brautenten hatten in stark mit Dioxinen und Furanen belasteten Brutgewässern einen erheblich geringern Schlüpf- und Bruterfolg als in benachbarten unbelasteten Gewässern.

Doch auch von vielen anderen «Umweltverschmutzungen» sind Vögel betroffen und zeigen sie an.

So hat «**saurer Regen**» an manchen skandinavischen Seen zu einer derartigen Azidifikation (Versaucrung) geführt, daß die Fischbestände weitgehend zusammengebrochen und folglich die fischfressenden Vogelarten an diesen Seen verschwunden sind. Auch Wasseramseln sind vom «sauren Regen» betroffen. An Bächen in Wales und Schottland mit einem niedrigen pH-Wert («saure» Gewässer), ist die Dichte an Wasseramseln erheblich geringer als an weniger sauren Gewässern (Abb. 5-9). Die vornehmliche Ursache hierfür liegt im Nahrungsangebot. Wasseramseln ernähren sich nahezu ausschließlich von aquatischen Wirbellosen, vor allem von Steinfliegen (Plecoptera), Eintagsfliegen (Ephemeroptera) und Köcherfliegen (Trichoptera). In sauren Gewässern ist deren Vorkommen und Dichte erheblich reduziert. Den Wasseramseln steht somit kaum mehr Nahrung zur Verfügung. Dies führt dazu, daß sich weniger Vögel ansiedeln, bedingt aber auch kleinere Gelege, einen geringeren Bruterfolg, ein schlechteres Nestlingswachstum und eine schlechtere Kondition (Körpergewicht) der Altvögel.

Für Wasservögel besteht ganz allgemein ein enger Zusammenhang zwischen ihrer Artenzahl und Biomasse und der **Wassergüte**. Die Biomasse von Wasservögeln nimmt mit zu-

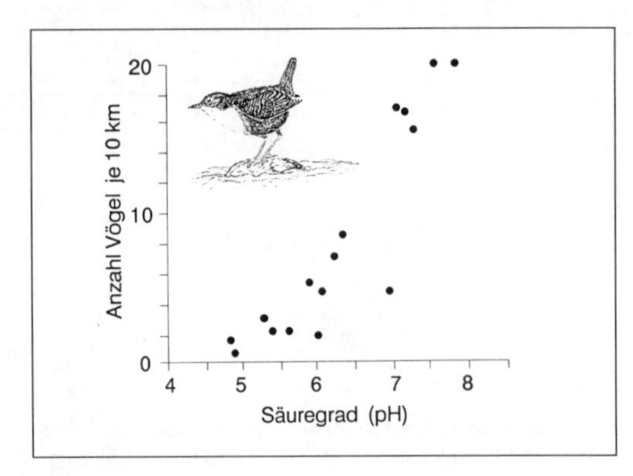

Abb. 5-9: In «sauren» Gewässern (geringe pH-Werte) von Wales ist die Dichte von Wasseramseln wesentlich geringer als in «normalen» Gewässern (pH 7–8; nach Ormerod et al. 1988).

nehmender Eutrophierung zu, die Artenzahl und Diversität nehmen jedoch ab. Zunehmende Eutrophierung von Gewässern bedeutet also eine zunehmende Verarmung an Arten. Grund hierfür ist, daß ein zunehmender Eintrag von Nährstoffen zunächst zu einem deutlichen Anstieg an konsumierbarer Biomasse führt und folglich eine Zunahme an Konsumenten ermöglicht.

Haubentaucher profitieren zunächst von einer Gewässereutrophierung, da damit anfänglich eine Zunahme der Fischbestände verbunden ist. Anschließend gehen jedoch die Haubentaucherbestände wieder zurück. Zunehmende Eutrophierung (Gewässerverunreinigung) bedeutet nämlich meist auch einen zunehmenden Eintrag an toxischen Substanzen. Diese beeinflußen ihrerseits entweder die Produktion oder die Vögel direkt. So war beispielsweise die Embryonensterblichkeit von Schwarzhalstauchern und anderen Wasservögeln an einem belasteten Gewässer in Kalifornien wesentlich höher als an einem unbelasteten See.

Veränderungen im Biomasseangebot und direkte toxische Effekte führen so zu Veränderungen der Trophiestruktur eines solchen Gewässers und folglich der Zusammensetzung der Wasservogelgemeinschaft.

«Saurer Regen» beeinflußt aber nicht nur Wasservogelarten. In holländischen Untersuchungsflächen legen seit Beginn der 80er Jahre zunehmend mehr Kohlmeisen Eier ohne feste Schale oder mit zu schlecht ausgebildeter Schale, so daß die Embryonen während der Bebrütung austrocknen. Während der Anteil an «schlechten» Eiern 1983 ca. 10% betrug, stieg er 1988 auf bis zu 57% an. Ursache für diese Anomalien in der Eibildung ist Calciummangel. Primäre Calciumquelle für Kohlmeisen sind Schneckengehäuse. Die Dichte an Gehäuseschnecken ist aber abhängig vom Säurewert des Bodens. Auf «sauren» Standorten kommen nur sehr wenige Gehäuseschnecken vor. Folglich fehlt den Kohlmeisen an solchen Standorten die entscheidende Calciumquelle für die Produktion der Eischalen. Andere natürliche Quellen gibt es hier nicht. Wurde den Kohlmeisen künstlich Calcium geboten (Schneckengehäuse, Eischalen), ging der Anteil an «schlechten» Eiern sogleich zurück.

«Saurer Regen» wirkt auf viele Vogelarten über das **Waldsterben**. So ist die im Harz oder im Erzgebirge einst häufige Tannenmeise aus den Fichten-Althölzern der Hochlagen seit Mitte der 80er Jahre als Brutvogel weitgehend verschwunden und nistet auch unterhalb nur noch spärlich. Hauptursache ist, daß in immissionsgeschädigten Fichten-Altbeständen die Populationen von Blattläusen, Spinnen und Insekten zusammenbrechen und so der Tannenmeise als Nahrungsgrundlage nicht mehr zur Verfügung stehen. Zudem bieten die geschädigten Fichten nicht mehr ausreichende Übernachtungsmöglichkeiten für Tannenmeisen, was sich insbesondere in kalten Winternächten fatal auswirkt (s. 1.1.3).

Arten lichter Wälder «profitieren» vom Waldsterben. Stark gelichtete Waldflächen mit dann oftmals reich entwickelter Strauch- und Krautschicht fördern die Besiedlung durch beispielsweise Dorngrasmücke, Neuntöter, Brachpieper, Fichtenkreuzschnabel, Zitronengirlitz, Zippammer oder sogar Birkhuhn. Insgesamt jedoch stehen in einer ökologischen Bilanz diesem Zugewinn an einigen Arten der schwerwiegende Verlust an naturnahen, hochwertigen Waldlebensräumen und der an sie angepaßten Arten gegenüber.

Mit der Zunahme von Freizeit, Mobilität und Einkommen der Menschen in Mitteleuropa haben auch **menschliche Störungen** als wichtige Gefährdungsursache freilebender Vögel zugenommen. Folgen menschlicher Störungen können das Meiden und Verlassen zu stark gestörter Brut- und Rastgebiete und die Aufgabe von Gelegen und Jungen sein, aber auch eine erhöhte Anfälligkeit für Krankheiten und Parasiten, Körpergewichtsverlust, verringertes Wachstum und schließlich verminderte Lebenserwartung. Die Auswirkungen menschlicher Störungen auf die Vogelwelt zu erkennen und zu bewerten, ist für Schutzkonzepte äußerst wichtig. Menschliche Störungen können sich dabei auf unterschiedlichen Ebenen auswirken, am Individuum, an der Population, an der Lebensgemeinschaft und am Ökosystem (Abb. 5-10). Auswirkungen von Störungen gilt es auf allen Ebenen zu erfassen und zu be-

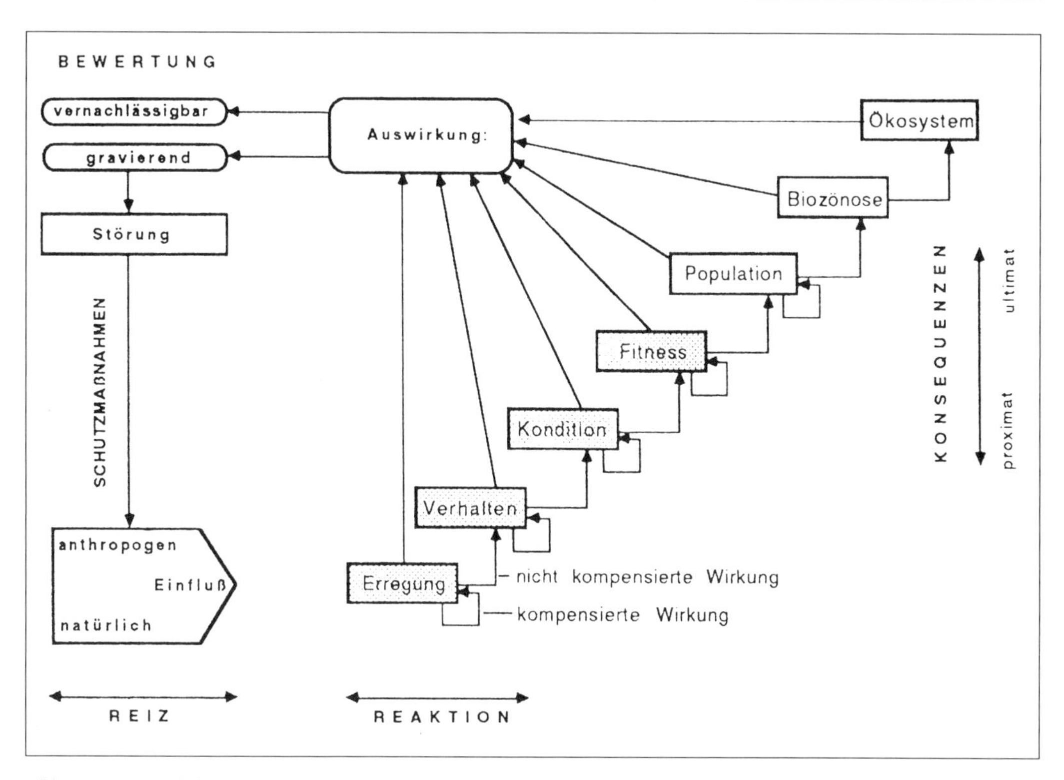

Abb. 5-10: Natürliche und anthropogene Reize haben unterschiedliche Auswirkungen auf verschiedenen Ebenen, vom Individuum bis zum Ökosystem (nach Stock et al. 1994).

werten. Ihre Analyse erlaubt auch, Konzepte zu entwickeln, wie Natur und Mensch miteinander existieren können.

Sichtbare Wirkung einer Störung sind Verhaltensänderungen. Vögel können vor einer Störung fliehen; fortgestzte Störungen an einem Ort können zur Aufgabe des Ortes und zu Veränderungen der räumlichen und zeitlichen Verteilung führen. So weichen unter dem Einfluß von Touristen Seeregenpfeifer von ihren bevorzugten Brutplätzen auf Strandwällen und Primärdünen in schlechtere Habitate aus oder nahrungssuchende Gänse wechseln unter Jagd- oder Besucherdruck ihre Äsungsplätze. Pfeifenten ändern ihr tägliches Verhaltensgefüge. Während überwinternde Pfeifenten in Schutzgebieten überwiegend am Tag auf Nahrungssuche gehen, fressen sie in bejagten Gebieten vorwiegend nachts.

Doch auch ohne sichtbare Verhaltensänderung können bei freilebenden Tieren massive Reaktionen auf Störungen auftreten.

Verschiedene Brutvögel der Galapagosinseln oder brütende Austernfischer reagieren bei Annährung eines Menschen mit einem teilweise drastischen Anstieg der Herzschlagrate (Abb. 5-11). Wiederholt gesteigerte Herzschlagraten können den Energiehaushalt und die körperliche Konstitution des Vogels beeinflussen. Dies beeinflußt die Lebenserwartung und auch Auswirkungen auf den Fortpflanzungserfolg sind möglich. In Küstenabschnitten mit einem hohen Besucheraufkommen betrug der Bruterfolg bei amerikanischen Seeregenpfeifern nur etwa ein Drittel des Bruterfolgs auf Flächen geringer Besucherfrequenz. Dadurch verringerte sich auf diesen Küstenabschnitten der Brutbestand allein innerhalb von fünf Jahren um ein Viertel.

Vögel können sich an gewisse Störungen aber durchaus auch gewöhnen. So erregte sich ein brütender Austernfischer nur wenig, wenn Spaziergänger auf einem ihm bekannten Weg in nur 30 m Entfernung vorbeigingen (Abb. 5-11). Ungleich stärker war aber seine Reaktion, als sich nur ein Fußgänger abseits dieses Weges bewegte. In diesem Fall bestand aus der Sicht des Vogels offensichtlich die Gefahr einer akuten Bedrohung, da er nicht «vorhersehen» konnte, welchen weiteren Weg die Person einschlagen würde. Weiterhin ist gezeigt, daß sich Vögel nur an solche Störungen gewöhnen können, deren Unbedenklichkeit sie erlernen können. Zahlreiche Einzelbruten von Vögeln in unmittelbarer Nähe zu Menschen oder an technischem Gerät belegen dies. Rastvögel haben viel weniger Gelegenheit, mit Störungen umgehen zu lernen. Sie sind deshalb wesent-

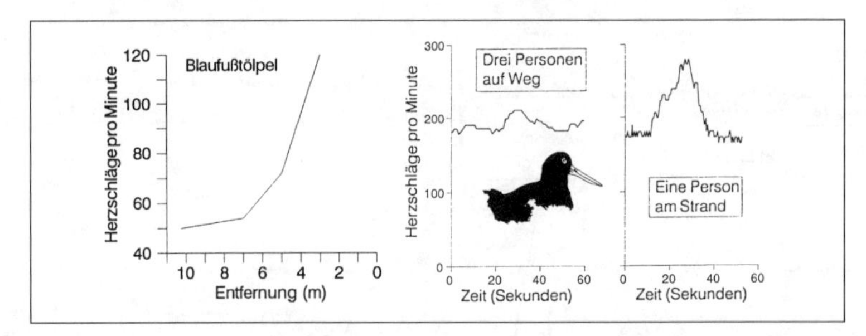

Abb. 5-11: Änderungen der Herzschlagfrequenz bei einem brütenden Blaufußtölpel und einem brütenden Austernfischer bei Annäherung durch Versuchspersonen. Ein brütender Austernfischer erregt sich wenig bei einer ihm vertrauten «ungefährlichen» Störung (links) jedoch sehr stark bei einer ungewohnten «unberechenbaren» Störung (rechts; nach Stock et al. 1994 und Hüppop u. Hagen 1990).

lich störungsempfindlicher als Brutvögel. Diese Ergebnisse sind für Schutzkonzepte äußerst wichtig. Sie zeigen die Notwendigkeit einer konsequenten, auch kleinräumigen Trennung von Gebieten für beispielsweise Erholung und Artenschutz. Wie das Beispiel des Austernfischers zeigt, kann dies in vielen Bereichen bereits durch ein konsequentes Wegegebot erreicht werden.

Ein anderes Beispiel betrifft Vögel im Winter. Verschiedene Vogelarten verfügen über ganz unterschiedliche Strategien, in kalten Lebensräumen zu überdauern (s. 1.1.3). Diese Anpassung erfolgt meist über eine Kombination aus physiologischen (Veränderung der Stoffwechselrate) und ethologischen Mechanismen. Dies hat sich im Laufe der Evolution als eine optimale Strategie entwickelt, d. h. auch unter Berücksichtigung anderer Situationen, z. B. Räubervermeidung (vergl. Auerhuhn). Die Anpassung über die evolutive Selektion erfolgte an die «normale» (natürliche) Umweltsituation der Tiere. Zusätzliche «Leistungsreserven» sind kaum vorhanden. Hieraus ergeben sich in unserer heutigen Zivilisationslandschaft für viele überwinternde Vögel große Probleme, die am Beispiel des Auerhuhns verdeutlicht werden soll.

Das Auerhuhn lebt heute nur noch in ursprünglich gebliebenen, lichten Lebensräumen in den Hochlagen der Mittelgebirge oder im Hochgebirge. Auf diesen Landschaften liegt aber ein hoher Freizeit-/Erholungsdruck, der sich gerade im Winter sehr dramatisch auf die Auerhühner auswirken kann. Viele Skiwanderwege durchschneiden die Lebensräume des Auerhuhns. Dies führt bei der hohen Fluchtdistanz der Auerhühner zu intensiven und anhaltenden Störungen, insbesondere dann, wenn auch noch von «etablierten» Loipen abgewichen wird. Gegenüber der natürlichen Situation sind die Auerhühner damit wesentlich aktiver, sie finden keine «Ruhe». Gerade im Winter, bei tiefen Umgebungstemperaturen und einem reduzierten Nahrungsangebot sind aber ausreichende Ruhezeiten zwingende Vorrausetzung für das Überleben. Sind diese Ruhephasen nicht mehr gewährleistet, führen die Störungen zwangsläufig zu einer unnatürlich hohen Wintersterblichkeit.

Bestandsrückgänge von Tierarten machen besonders auf negative Umweltveränderungen aufmerksam. In ähnlicher Weise gilt dies aber auch für manche Bestandzunahmen von Vogelarten.

Die Bestände vieler See- und Küstenvögel haben in den letzten Jahren teilweise explosionsartig zugenommen (vgl. Abb. 5-2). Wesentliche Ursache hierfür sind Veränderungen in den Ernährungsgrundlagen. Neben der Anlage großer offener Müllkippen sind dies insbesondere die fischereilich bedingte Zunahme an Kleinfischen durch Überfischung der großen Raubfische und möglicherweise auch begünstigt durch die Eutrophierung der Küstengewässer sowie die Nutzung der von den Fischereifahrzeugen wieder über Bord gehenden Rückwürfe von Beifang, untermaßigen Nutzfischen und Schlachtabfällen. Bei der Krabbenfischerei im Wattenmeer werden nur etwa 1/10 des Fangs genutzt, 9/10 gehen zurück ins Meer. Ein Großteil davon wird durch Küstenvögel, vor allem die Silbermöwe, genutzt. Nordseeweit fallen so große Mengen an Beifang und Abfall an, daß sich davon nach vorsichtigen Schätzungen insgesamt etwa 2,2 Millionen Vögel von je 1 kg Körpermasse ernähren können. Das sind etwa 75% des mittleren Winterbestandes an aasfressenden Seevögeln. Dieses Nahrungsangebot steht den Vögeln erst durch die Fischerei zur Verfügung. Ein sichtbares Zeichen dieser Nutzung sind die oftmals großen Trupps von See- und Küstenvögeln, die den Kuttern und Fangschiffen folgen.

Seit 1975 haben die Brutbestände des Kormorans in Europa stark zugenommen (vgl. Abb. 2-1). Diese Bestandszunahme ist nicht nur das Ergebnis des

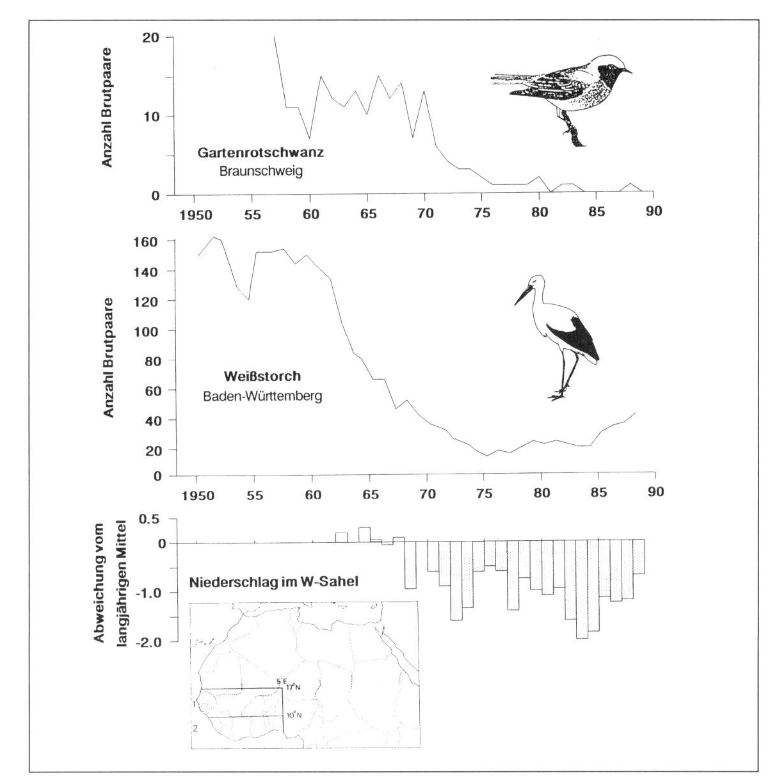

Abb. 5-12: Bestandsentwicklung von Gartenrotschwanz und Weißstorch im Vergleich zu den Niederschlagsverhältnissen im westafrikanischen Überwinterungsgebiet. Die Bestandseinbrüche fallen zusammen mit dem Auftreten einer anhaltenden Dürre in der Sahel-Zone (Gartenrotschwanz: nach Winkel 1991; Weißstorch: nach Bairlein u. Zink 1979; Niederschlag; nach Marchant et al. 1990).

konsequenten Schutzes dieses rigoros verfolgten Fischjägers. Es sind dies insbesondere die gravierenden Umweltveränderungen, vor allem die Eutrophierung vieler Gewässer. Von diesem erhöhten Nährstoffeintrag haben besonders die Massenfischarten, z. B. Weißfische, profitiert, die der Kormoran besonders intensiv nutzt.

Neben dem Verlust von Lebensräumen sind es gerade solche differenzierten Veränderungen im Lebensraum, vor allem im Nahrungsangebot, die in vielfältiger Weise auf Vogelbestände einwirken. Über diese Zusammenhänge ist jedoch noch wenig bekannt. Sie zu kennen ist aber um so bedeutsamer, weil solche Effekte besonders langfristig wirksam sind. Die Kenntnis dieses Wirkungsgefüges ist deshalb Voraussetzung für langfristig anhaltende und wirkungsvolle Konzepte im Arten- und Naturschutz. Sie aufzuklären muß ein vordringliches Ziel ökologischer Grundlagenforschung sein. Dabei gilt es, die Anpassungsleistungen der Individuen ebenso zu berücksichtigen wie populationsbiologische Faktoren und die Stellung der Vögel im Nahrungsgefüge ganzer Lebensgemeinschaften und Ökosysteme. Insbesondere können Schutzmaßnahmen nur dann langfristig erfolgreich sein, wenn sie die gesamte Lebenszeitbiologie einer Art berücksichtigen.

Dies gilt für residente Arten, die nicht selten zu verschiedenen Jahreszeiten verschiedene Habitate nutzen, wie beispielsweise das Auerhuhn. Besonders augenfällig ist es aber für wandernde Arten, bei denen sich Schutzkonzepte nicht nur auf das Brutgebiet beschränken dürfen, sondern auch die ökologischen Faktoren auf dem Zug und in den Überwinterungsgebieten berücksichtigen müssen.

So besteht für viele in Westafrika überwinternden Arten ein enger Zusammenhang zwischen den sich dort verändernden ökologischen Bedingungen und ihrer Brutbestandsentwicklung in Europa (Abb. 5-12). Für den Weißstorch ist gezeigt, daß die jährliche Überlebensrate und der jährliche Bruterfolg vom Ausmaß der Dürre bzw. der durch sie verursachten ökologischen Veränderungen in der westafrikanischen Sahelzone abhängen (Abb. 5-13).

Auch für arktische Limikolen und Gänse ist belegt, daß die Bedingungen im Überwinterungs- und Rastgebiet nicht nur über den erfolgreichen Zugverlauf entscheiden, sondern auch den folgenden Bruterfolg im fernen Brutgebiet mitbestimmen können. Gänse,

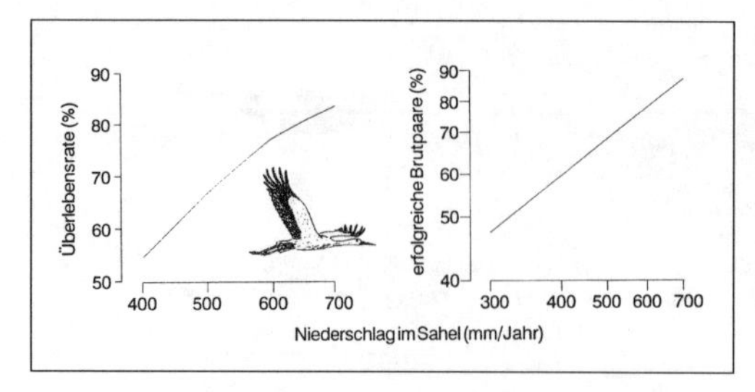

Abb. 5-13: Die jährliche Überlebensrate adulter Weißstörche und ihr Bruterfolg sind abhängig von den Niederschlagsverhältnissen (ökologische Bedingungen) im W-afrikanischen Winterquartier (nach Bairlein 1993).

die im Frühjahr ihre südlichen Rastgebiete untergewichtig verlassen (müssen), haben einen geringeren Bruterfolg als normalgewichtige Vögel.

Voraussetzung für erfolgreichen Zug vieler Arten ist die Möglichkeit zu ausreichender Fettdeposition (s. 1.4.3). Ohne ausreichende Fettdeposition ist der Versuch, z. B. die Wüste zu überwinden oder in einem Flug vom Wattenmeer in die arktischen Brutgebiete zu gelangen, zum Scheitern verurteilt. Deshalb gilt es, entsprechende Rastgebiete für ziehende Vogelarten als «Trittsteine» während des Zuges zu erhalten. Hierbei gilt es, die je nach Zugablauf – in vielen kurzen Etappen, in wenigen Sprüngen oder in einem einzigen langen Nonstopflug – ganz unterschiedlichen Anforderungen zu berücksichtigen (Abb. 5-14). Voraussetzung für erfolgreiche Fettdeposition ist aber nicht nur das Vorhandensein eines Rastplatzes. Vielmehr muß gewährleistet sein, daß die rastenden Vögel dort auch das entsprechende Nahrungsangebot und die artspezifisch erforderlichen Lebensraumstrukturen und Ruhezonen vorfinden. Solche Gebiete zu sichern muß deshalb ein unabdingbarer Bestandteil gerade des internationalen, Ländergrenzen übergreifenden Naturschutzes sein. Viele Gebiete sind zentrale, unverzichtbare Drehscheiben des Vogelzuges (Abb. 1-99). Ihr Verlust kann den Weltbestand mancher Arten gefährden; ihr Erhalt ist deshalb von überstaatlicher Bedeutung.

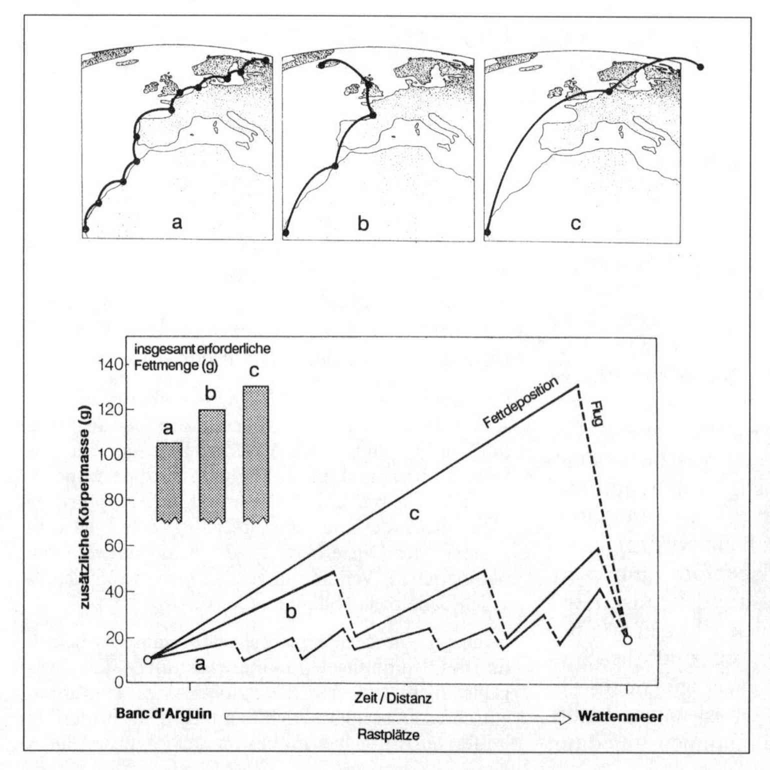

Abb. 5-14: Vogelarten, die in vielen kurzen Etappen ziehen (a), benötigen viele Rastplätze. Arten, die in wenigen längeren oder gar nur in einer oder zwei Etappen ziehen, sind ganz besonders auf wenige Rastplätze angewiesen, wo sie die Voraussetzungen finden, um sich auf ihre langen bis sehr langen Zugetappen vorzubereiten. Für lange Etappen werden entsprechend große Fettmengen benötigt. Das gewählte Beispiel illustriert die Verhältnisse für verschiedene Limikolenarten, die in Mauretanien/W-Afrika überwintern und auf ihrem Zug in die arktischen Brutgebiete das Wattenmeer aufsuchen (a: Steinwälzer; b: Alpenstrandläufer; c: Knutt; nach Piersma 1987).

6 Literatur

Die folgende Liste enthält – kapitelbezogen – sowohl alle genannten Quellen wie einige Publikationen, die nicht zitiert wurden aber Grundlage für die Ausführungen waren, sowie weiterführende Literatur, die eine Vertiefung der jeweiligen Themengebiete ermöglicht. Um Mehrfachnennungen zu vermeiden, sind Quellen in der Regel in dem Kapitel aufgeführt, in dem sie zum ersten Mal genannt sind.

1 Allgemeine Literatur

Bergmann, H.-H. (1987): Biologie des Vogels. Aula, Wiesbaden

Berndt, R., Winkel, W. (1983): Öko-ornithologisches Glossarium. Vogelwelt Beiheft 3. Duncker u. Humblot, Berlin

Berthold, P., Bezzel, E., Thielcke, G. (1980): Praktische Vogelkunde. Kilda, Greven

Bezzel, E. (1985, 1993): Kompendium der Vögel Mitteleuropas. Nonpasseriformes und Passeriformes. Aula, Wiesbaden

Bezzel, E., Prinzinger, R. (1990): Ornithologie. Ulmer, Stuttgart

Bibby, C. J., Burgess, N. D., Hill, D. A. (1995): Methoden der Feldornithologie: Bestandserfassung in der Praxis. Neumann, Radebeul

Brooke, M., Birkhead, T. (eds.) (1991): Ornithology. The Cambridge Enyclopedia. Cambridge University Press, Cambridge

Cooke, F., Buckley, P. A. (1987): Avian Genetics. Academic Press, London

Cramp, S. (1977–1994): Handbook of the Birds of Europe, Middle East and North Africa. Band 1–9. Oxford Univ. Press, Oxford

Faaborg, J. (1988): Ornithology. An ecological approach. Prentice Hall, Englewood Cliffs

Farner, D. S., King, J. R. (1970–93): Avian Biology. Vol. 1–9. Academic Press, New York

Furness, R. W., Monaghan, P. (1987): Seabird Ecology. Blackie, Glasgow & London

Gill, F. B. (1989): Ornithology. Freeman, New York

Glutz von Blotzheim, U., Bauer, G., Bezzel, E. (1963–91): Handbuch der Vögel Mitteleuropas. Bd. 1–13. Aula, Wiesbaden

Johnston, R. F. (ed.) (1983–1993): Current Ornithology, Vol. 1–11. Plenum, New York, London

Krebs, C. J. (1985): Ecology. Harper, New York

Krebs, J. R., Davies, N. B. (1981): Öko-Ethologie. Parey, Berlin, Hamburg

Perrins, C. M., Birkhead, T. R. (1983): Avian Ecology. Blackie, Glasgow, London

Pettingill jr., O. S. (1985): Ornithology in Laboratory and Field. Academic Press, Orlando

Schaefer, M. (1992): Ökologie. Wörterbücher der Biologie. G. Fischer, Jena

Schildmacher, H. (1982): Einführung in die Vogelkunde. G. Fischer, Stuttgart

Spillner, W., Zimdahl, W. (1990). Feldornithologie. Deutscher Landwirtschaftsverlag, Berlin

Stearns, S. C. (1992): The Evolution of Life Histories. Oxford Univ. Press, Oxford

Stresemann, E. (1950). Ornithologie als biologische Wissenschaft. C. Winter, Heidelberg

1.1 Physiologische Ökologie

Aschoff, J. (1981): Thermal conductance in mammals and birds: its dependence on body size and circadian phase. Comp. Biochem. Physiol. 69 A, 611–619

Aschoff, J. (1983): Circadian control of body temperature. J. therm. Biol. 8, 143–147

Aschoff, J., Pohl, H. (1970): Der Ruheumsatz von Vögeln als Funktion der Tageszeit und der Körpergröße. J. Orn. 111, 38–47

Bech, C., Reinertsen, R. E. (1989): Physiology of cold adaptation in birds. Plenum Press, New York, London

Bennett, P. M., Harvey, P. H. (1987): Active and resting metabolism in birds: allometry, phylogeny and ecology. J. Zool. (London) 213, 327–364

Biebach, H. (1977): Das Winterfett der Amsel (*Turdus merula*). J. Orn. 118, 117–133

Biesel, H. W. (1985): Windkanaluntersuchungen zur Physiologie der Taube: Betriebsstoffwechsel, Atmung und Thermoregulation. Diss. Univ. Saarbrücken, Saarbrücken

Carey, C., Dawson, W. R., Maxwell, L. C., Faulkner, J. A. (1978): Seasonal acclimatization to temperature in cardueline finches. J. Comp. Physiol. 125, 101–113

Carpenter, F., Hixon, M. (1988): A new function for torpor: Fat conservation in a wild migrant hummingbird. Condor 90, 373–378

Cherel, Y., Robin, J.P., LeMahon, Y. (1988): Physiology and biochemistry of long-term fasting in birds. Can. J. Zool. 66, 159–166

Cleffmann, G. (1979). Soffwechselphysiologie der Tiere. Ulmer, Stuttgart

Dawson, W. (1982): Evaporative losses of water by birds. Comp. Biochem. Physiol. 71 A, 495–509

Dawson, W., Carey, C. (1976): Seasonal acclimatization to tempperature in cardueline finches. I. Insulative and metabolic adjustments. J. Comp. Physiol. 112: 317–333

Dawson, W., Marsh, R., Buttemer, W., Carey, C. (1983): Seasonal and geographic variation of cold resistance in House Finches *Carpodacus mexicanus*. Physiol. Zool. 56, 353–369

Eckert, R. (1986): Tierphysiologie. Thieme, Stuttgart, New York

Eiserer, L. (1984): Communal roosting in birds (review). Bird Behaviour 5, 61–80

Goldstein, D.L. (1983): The effects of wind on avian metabolic rate with particular reference to gambel's quail. Physiol. Zool. 56, 485–492

Heisler, C. (1978): Die Bedeutung der Beine für die Temperaturregulation bei Haussperling (*Passer domesticus*) und Zebrafink (*Taeniopygia guttata castanotis*). Vogelwarte 29, 261–268

Hoffmann, R., Prinzinger, R. (1984): Torpor und Nahrungsausnutzung bei 4 Mausvogelarten (Coliiformes). J. Orn. 125, 225–237

Jenni, L. (1991): Microclimate of roost sites selected by wintering Bramblings *Fringilla montifringilla*. Ornis Scand. 22: 327–334

Klaus, S., Andreev, A.V., Bergmann, H.-H., Müller, F., Porkert, J., Wiesner, J. (1986): Die Auerhühner. Ziemsen, Wittenberg Lutherstadt

Krüger, K., Prinzinger, R., Schuchmann, K.-L. (1982): Torpor and metabolism in hummingbirds. Comp. Biochem. Physiol. 73 A, 679–689

Lehikoinen, E. (1986): Dependence of winter survival on size in the Great Tit *Parus major*. Orn. Fenn. 63, 10–16

Lehikoinen, E. (1986): Is fat fit? a field study of survival and fatness in the great tit, *Parus major* L. Orn. Fenn. 63, 112–119

LeMaho, Y. (1991): Hypometabolism as an adaptation to live and breed in the cold. Acta XX Congr. Int. Orn., 1777–1784

Löhrl, H. (1955). Schlafgewohnheiten der Baumläufer (*Certhia brachydactyla, C. familiaris*) und anderer Kleinvögel in kalten Winternächten. Vogelwarte 18, 71–77

Masman, D. (1986): The annual cycle of the kestrel. Diss. Univ. Groningen

McArthur, A.J., Clark, J.A. (1988): Body temperature of homeotherms and the conservation of energy and water. J. theor. Biol. 13, 9–13

Nagy, K.A. (1987): Field metabolic rate and food requirement scaling in mammals and birds. Ecol. Monogr. 57, 111–128

Phillips, J.G., Butler, P.J., Sharp, P.J. (1985): Physiological strategies in avian biology. Blackie, Glasgow, London

Prinzinger, R. (1982): Beinkoten beim Weißstorch (*Ciconia ciconia*). Ökol. Vögel 4, 82–83

Prinzinger, R. (1983): Sonnenbaden bei Vögeln. Ökol. Vögel 5, 41–62

Prinzinger, R. (1990): Die Lebensstadien und ihre physiologische Zeit bei Vögeln eine allometrische Betrachtung. J. Orn. 131, 47–61

Prinzinger, R. (1990–92): Temperaturregulation bei Vögeln, I-III. Luscinia 46, 255–302; 47, 11–55 und 117–169

Prinzinger, R., Göppel, R., Lorenz, A. (1981): Der Torpor beim Rotrückenmausvogel *Colius castanotus*. J. Orn. 122, 379–392

Prinzinger, R., Hänssler, I. (1980): Metabolism-weight relationship in some small nonpasserine birds. Experientia 36, 1299–1300

Prinzinger, R., Hund, K. (1975): Untersuchungen über Körpertemperatur und Stoffwechsel beim Fichtenkreuzschnabel *Loxia c. curvirostra*. Anz. orn. Ges. Bayern 14, 70–78

Prinzinger, R., Lübben, I., Jackel, S. (1986): Vergleichende Untersuchungen zum Energiestoffwechsel bei Kolibris und Nektarvögeln. J. Orn. 127, 303–313

Prinzinger, R., Preßmar, A., Schleucher, E. (1991): Body temperature in birds. Comp. Biochem. Physiol. 99 A, 499–506

Prinzinger, R., Siedle, K. (1986): Experimenteller Nachweis von Torpor bei jungen Mehlschwalben *Delichon urbica*. J. Orn. 127, 95–96

Prinzinger, R., Siedle, K. (1988): Ontogeny of metabolism, thermoregulation and torpor in the house martin *Delichon u. urbica* L. and its ecological significance. Oecologia 76, 307–312

Reinertsen, R.E. (1983): Nocturnal hypothermia and its energetic significance for samll birds living in the arctic and subarctic regions. Polar Res. 1, 269–284

Reinertsen, R.E., Haftorn, S. (1983): Nocturnal hypthermia and metabolism in the willow tit *Parus montanus* at 63°N. J. Comp. Physiol. 151, 109–118

Reinertsen, R.E., Haftorn, S. (1986): Different metabolic strategies of northern birds for nocturnal survival. J. Comp. Physiol. B 156, 655–663

Schuchmann, K.-L., Schmidt-Marloh, D. (1979): Temperature regulation in non-torpid hummingbirds. Ibis 121, 354–356

Schulz, H. (1987): Thermoregulatorisches Beinkoten des Weißstorchs (*Ciconia ciconia*). Vogelwarte 34, 107–117

Siedle, K., Prinzinger, R. (1988): Ontogenese des Körpergefieders, der Körpermasse und der Körpertemperatur bei der Mehlschwalbe (*Delichon urbica*). Vogelwarte 34, 149–163

Steen, J.B., Krog, J.O., Töyen, Ö., Bretten, S.

(1989): Poikilothermy and cold tolerance in young house martins (*Delichon urbica*). J. Comp. Physiol. B 159, 379–382

Sturkie, P.D. (1986): Avian Physiology. Springer, New York, Berlin

Webster, M.D. (1991): Behavioral and physiological adaptations of birds to hot desert climates. Acta XX Congr. Int. Orn., 1765–1776

1.2 Ernährunsbiologie

Aeckerlein, W. (1986): Die Ernährung des Vogels. Ulmer, Stuttgart

Bairlein, F. (1985): Efficiency of food utilization during fat deposition in the long-distance migratory garden warbler *Sylvia borin*. Oecologia 68, 118–125

Bairlein, F. (1987): Nutritional requirements for maintenance of body weight and fat deposition in the long-distance migratory garden warbler, *Sylvia borin* (Boddaert). Comp. Biochem. Physiol. 86 A, 337–347

Bairlein, F. (1990): Zur Nahrungswahl der Gartengrasmücke *Sylvia borin*: ein Beitrag zur Bedeutung der Frugivorie bei omnivoren Singvögeln.. Curr. Topics Avian Biol., Bonn, 103–110

Bairlein, F. (1991): Nutrional adaptation to fat deposition in the long-distance migratory Garden Warblers. Acta XX Congr. Int. Orn., 2149–2158

Bairlein, F. (1996): Fruit-eating in birds and its nutritional consequences. Comp. Biochem. Physiol. 113A: 215–224

Bairlein, F., Gwinner, E. (1994): Nutritional mechanisms and temporal control of migratory energy accumulation in birds. Ann. Rev. Nutr. 14, 187–215

Bairlein, F., Simons, D. (1992). Fett durch Früchte: Neues zur zugzeitlichen Fettdeposition der Gartengrasmücke *Sylvia borin* (AVES). Verh. Deutsch. Zool. Ges. 85.1, 133

Bairlein, F., Simons, D. (1995): Nutritional adaptations in migrating birds. Israel J. Zool. 41: 357–367

Berthold, P. (1976): Animalische und vegetabilische Ernährung omnivorer Singvögel: Nahrungsbevorzugung, Jahresperiodik der Nahrungswahl, physiologische und ökologische Bedeutung. J. Orn. 117, 145–209

Boudewijn, T. (1984): The role of digestibility in the selection of spring feeding sites by Brent Geese. Wildfowl 35, 97–105

Brensing, D. (1977): Nahrungsökologische Untersuchungen an Zugvögeln in einem südwestdeutschen Durchzugsgebiet während des Wegzuges. Vogelwarte 29, 44–56

Buchsbaum, R., Valiela, I. (1987): Variability in the chemistry of estuarine plants and its effect on feeding by Canada geese. Oecologia 73, 146–153

Clench, M.H., Mathias, J.R. (1995): The avian cecum: a review. Wils. Bull. 107, 93–121

Davies, N.B. (1977): Prey selection and social behaviour in wagtails (Aves: Motacillidae). J. Anim. Ecol. 46, 37–57

Drent, R. (1980): Goose flocks and food exploitation: How to have your cake and eat it. Acta XVII Congr. Int. Orn., 800–806

Drent, R., Ebbinge, B., Weijand, B. (1978/79): Balancing the energy budgets of arctic-breeding geese throughout the annual cycle: a progress report. Verh. orn. Ges. Bayern 23, 239–264

Drent, R., Swierstra, P. (1977): Goose flocks and food finding: field experiments with Barnacle Geese in winter. Wildfowl 28, 15–20

Ettinger, A.O., King, J.R. (1981): Consumption of green wheat enhances photostimulated ovarian growth in white-crowned sparrows. Auk 98, 832–833

Galhoff, H. (1987): Untersuchungen zum Energiebedarf und zur Nahrungsnutzung auf einem Stausee überwinternder Tafelenten (*Aythya ferina* L.). Ökol. Vögel 9, 71–84

Gibbs, H.L., Grant, P.R. (1987): Oscillating selection on Darwin's finches. Nature 327, 511–513

Glück, E. (1980): Ernährung und Nahrungsstrategie des Stieglitzes *Carduelis carduelis* L. Ökol. Vögel 2, 43–91

Glück, E. (1986): Flock size and habitat-dependent food and energy intake of foraging Goldfinches. Oecologia 71, 149–155

Glück, E. (1987): An experimental study of feeding, vigilance and predator avoidance in a single bird. Oecologia 71, 268–272

Glück, E. (1987): Benefits and costs of social foraging and optimal flock size in Goldfinches (*Carduelis carduelis*). Ethology 74, 65–79

Gosler, A.G. (1986): Pattern and process in the bill morphology of the Great Tit *Parus marjor*. Ibis 129, 451–476

Goss-Custard, J.D. (1977): Optimal foraging and the size selection of worms by Redshank, *Tringa totanus*, in the field. Anim. Behav. 25, 10–29

Goss-Custard, J.D. (1977): Predator responses and prey mortality in Redshank, *Tringa totanus* (L.), and a preferred prey, *Corophium volutator* (Pallas). J. Anim. Ecol. 46, 21–35

Goss-Custard, J.D. (1977): The energetics of prey selection by Redshank, *Tringa totanus* (L.), in relation to prey density. J. Anim. Ecol. 46, 1–19

Goss-Custard, J., Clarke, R., Dit Durell, S.E.A. le V. (1984): Rates of food intake and aggression of Oystercatchers *Haematopus ostralegus* on the most and least preferred mussel *Mytilus edulis* beds of the exe estuary. J. Anim. Ecol. 53, 233–245

Goss-Custard, J., Dit Durell, S.E.A. le V. (1987): Age-related effects in Oystercatchers, *Haematopus ostralegus*, feeding on mussels, *Mytilus edulis*. I. Foraging efficiency and interference. J. Anim. Ecol. 56, 521–536

Goss-Custard, J., Dit Durell, S.E.A. le V. (1987): Age-related effects in Oystercatchers, *Haematopus ostralegus*, feeding on mussels, *Mytilus edulis*. II. Aggression. J. Anim. Ecol. 56, 537–548

Goss-Custard, J., Dit Durell, S.E.A. le V. (1987): Age-related effects in Oystercatchers, *Haematopus ostralegus*, feeding on mussels, *Mytilus edulis*. III. The effect of interference on overall intake rate. J. Anim. Ecol. 56, 549–558

Grant, P.R. (1986): Ecology and evolution of Darwin's Finches. Princeton U.P., Princeton

Grant, P.R. (1991): Aktuelle Selektion bei Darwinfinken. Spektrum der Wissenschaft 12/1991, 64–72

Greig-Smith, P.W. (1987): Persistence in foraging: When do Bullfinches abandon unprofitable seeds? Behaviour 103, 203–216

Hulscher, J.B. (1982): The oystercatcher *Haematopus ostralegus* as a predator of the bivalve *Macoma balthica* in the Dutch Wadden Sea. Ardea 70, 89–152

Jenni, L. (1986): Zur Bedeutung von Großschlafplätzen von Bergfinken *Fringilla montifringilla* in Buchenmastgebieten. Orn. Beob. 83: 267–268

Jordano, P. (1987): Frugivory, external morphology and digestive system in mediterranean sylviid warblers, *Sylvia* spp. Ibis 129, 175–189

Kamil, A.C., Sargent, T.D. (1981): Foraging behavior: ecological, ethological and psychological approaches. Garland STPM Press, New York, London

Kirkwood, J.K. (1983): A limit to metabolizable energy intake in mammals and birds. Comp. Biochem. Physiol. 75 A, 1–3

Lima, S. (1987): Vigilance while feeding and its relation to the risk of predation. J. theor. Biol. 124, 303–316

Lima, S., Wiebe, K., Dill, L. (1987): Protective cover and the use of space by finches: is closer better? Oikos 50, 225–230

Lindén, H. (1984): The role of energy and resin contents in the selective feeding of pine needles by the capercaillie. Ann. Zool. Fenn. 21, 435–439

McLelland, J. (1989): Anatomy of the avian cecum. J. Exp. Zool., Suppl. 3, 2–9

Mooij, J. (1984): Die Auswirkungen von Gänseäsung auf Grünland und Getreide, untersucht am unteren Niederrhein in Nordrhein-Westfalen – erste Ergebnisse. Z. Jagdwiss. 30, 35–58

Morrison, M.L., Ralph, C.J., Verner, J., Jehl jr, J.R. (1990): Avian foraging: theory, methodology, and applications. Stud. Avian Biol. 13, 1–515

Murphy, M.E., King, J.R. (1987): Dietary discrimination by molting white-crowned sparrows given diets differing only in sulfur amino acid concentration. Physiol. Zool. 60, 279–289

Newton, I. (1972): Finches. Collins, London

Owen, M. (1978/79): Food selection in geese. Verh. orn. Ges. Bayern 23, 169–176

Owen, M., Nugent, M., Davies, N. (1977): Discrimination between grass species and nitrogen-fertilized vegetation by young Barnacle Geese. Wildfowl 28, 21–26

Perdeck, A.C., Cavé, A.J. (1992): Laying date in the coot: effects of age and mate choice. J. Anim. Ecol. 61, 13–19

Perrins, c.M. (1976): Possible effect of qualitative changes in the insect diet of avian predators. Ibis 118: 580–584

Real, L., Caraco, T. (1986): Risk and foraging in stochastic environments. Ann. Rev. Ecol. Syst. 17, 371–390

Robbins, C.T. (1992): Wildlife feeding and nutrition. Academic Press, New York

Rutschke, E., Schiele, G. (1978/79): The influence of geese (Gen. *Anser*) migrating and wintering in the GDR on agricultural and limnological ecosystems. Verh. orn. Ges. bayern 23, 177–190

Simons, D., Bairlein, F. (1990): Neue Aspekte zur zugzeitlichen Frugivorie der Gartengrasmücke (*Sylvia borin*). J. Orn. 131, 381–401

Snow, B., Snow, D. (1988): Birds and berries. Poyser, Calton

Spitzer, G. (1972): Jahreszeitliche Aspekte der Biologie der Bartmeise (*Panurus biarmicus*). J. Orn. 113, 241–275

Stalmaster, M., Gessaman, J. (1984): Ecological energetics and foraging behavior of overwintering Bald Eagles. Ecol. Monogr. 54, 407–428

Tinbergen, J.M. (1981): Foraging decisions in the starling (*Sturnus vulgaris* L.). Ardea 69, 1–67

Wink, M., Hofer, A., Bilfinger, M., Englert, E., Martin, M., Schneider, D. (1993): Geese and dietary allelochemicals food palatability and geophagy. Chemoecology 4, 93–107

1.3 Habitatwahl

Bairlein, F. (1981): Ökosystemanalyse der Rastplätze von Zugvögeln. Ökol. Vögel 3, 7–137

Bairlein, F. (1993): Ecophysiological problems of arctic migrants in the hot tropics. Proc. VIII Pan-Afr. Orn. Congr.: 571–578

Bairlein, F., B. Leisler, Winkler, H. (1986): Morphologische Aspekte der Habitatwahl von Zugvögeln in einem SW-deutschen Rastgebiet. J. Orn. 127, 463–473

Cody, M.L. (1985). Habitat selection in birds. Academic Press, Orlando

Fretwell, S.D. (1972). Populations in a seasonal environment. Princeton UP, Princeton

Glück, E. (1984): Habitat selection in birds and the role of early experience. Z. Tierpsychol. 66, 45–54

Grünberger, S., Leisler, B. (1990): Angeborene und erfahrungsbedingte Komponenten der Habitatwahl der Tannenmeise (*Parus ater*). J. Orn. 131, 460–464

Grünberger, S., Leisler, B. (1993): Die Ausbildung von Habitatpräferenzen bei der Tannenmeise (*Pa-*

rus ater): genetische Prädisposition und Einfluß der Jugenderfahrung. J. Orn. 134, 355–358
Hilden, O. (1965). Habitat selection in birds: a review. Ann. Zool. Fenn. 2, 53–75
Leisler, B. (1977): Ökomorphologische Aspekte von Speziation und adaptiver Radiation bei Vögeln. Vogelwarte 29, Sonderheft, 136–153
Leisler, B. (1981): Die ökologische Einnischung mitteleuropäischer Rohrsänger (*Acrocephalus*, Sylviinae), I. Habitattrennung. Vogelwarte 31, 45–74
Leisler, B. (1992): Habitat selection and coexistence of migrants and Afrotropical residents. Ibis 134, 77–82
Leisler, B., Winkler, H. (1985): Ecomorphology. In: Johnston, R. F. (ed.): Current Ornithology. Vol. 2. Plenum, New York, London, p. 155–186
Leisler, B., Winkler, H. (1991): Ergebnisse und Konzepte ökomorphologischer Untersuchungen an Vögeln. J. Orn. 132, 373–425
Ley, H.-W. (1988): Verhaltensontogenese der Habitatwahl beim Teichrohrsänger (*Acrocephalus scirpaceus*). J. Orn. 129, 287–297
Partridge, L. (1974): Habitat selection in titmice. Nature 247, 573–574
Petit, D. R. (1989). Weather-dependent use of habitat patches by wintering woodland birds. J. Field Ornithol. 60, 241–247
Pierotti, R. (1982). Habitat selection and its effect on reproductive output in the herring gull in Newfoundland. Ecology 63, 854–868
Walsberg, G. (1993): Thermal consequences of diurnal microhabitat selection in a small bird. Orn. Scand. 24, 174–182

1.4 Vogelzug

Alerstam, T. (1990): Bird Migration. Cambridge Univ. Press, Cambridge
Alerstam, T. (1990). Ecological causes and consequences of bird migration. Experientia 46: 405–415
Bairlein, F. (1981). Analyse der Ringfunde von Weißstörchen (*Ciconia ciconia*) aus Mitteleuropa westlich der Zugscheide: Zug, Winterquartier, Sommerverbreitung vor der Brutreife. Vogelwarte 31, 33–44
Bairlein, F. (1985). Wanderungen und Sterblichkeit in Süddeutschland beringter Schleiereulen (*Tyto alba*). Vogelwarte 33, 81–108
Bairlein, F. (1985). Body weights and fat deposition of Palaearctic passerine migrants in the central Sahara. Oecologia 66, 141–146
Bairlein, F. (1987). The migratory strategy of the Garden Warbler: a survey of field and laboratory data. Ringing & Migration 8, 59–72
Bairlein, F. (1988): How do migratory songbirds cross the Sahara. Trends Ecol. Evol. 3, 191–194
Bairlein, F. (1988): Herbstlicher Durchzug, Körpergewichte und Fettdeposition von Zugvögeln in einem Rastgebiet in N-Algerien. Vogelwarte 34: 237–248
Bairlein, F. (1991): Body mass of garden warblers (*Sylvia borin*) on migration: a review of field data. Vogelwarte 36: 48–61
Bairlein, F. (1992): Recent prospects of trans-Saharan migration of songbirds. Ibis 134, Suppl. 1, 41–46
Bairlein, F. (1992): Das Institut für Vogelforschung «Vogelwarte Helgoland». Institut für Vogelforschung, Wilhelmshaven
Berthold, P. (1988): Wegzugbeginn und Einsetzen der Zugunruhe bei 19 Vogelpopulationen – eine vergleichende Untersuchung. Curr. Topics Avian Biol., Bonn, 217–222
Berthold, P. (1990): Vogelzug. Eine kurze, aktuelle Gesamtübersicht. Wissenschaftliche Buchgesellschaft, Darmstadt
Berthold, P. (ed.) (1991): Orientation in birds. Birkhäuser, Basel
Berthold, P. (1995): Control of Bird Migration. Chapman & Hall, London
Berthold, P., Gwinner, E., Klein, H. (1972): Circannuale Periodik bei Grasmücken. I. Periodik des Körpergewichts, der Mauser und der Nachtunruhe bei *Sylvia atricapilla* und *S. borin* unter konstanten Bedingungen. J. Orn. 113, 407–417
Berthold, P., Helbig, A., Mohr, G., Querner, U. (1992): Rapid microevolution of migratory behaviour in a wild bird species. Nature 360, 668–670
Berthold, P., Mohr, G., Querner, U. (1990): Steuerung und potentielle Evolutionsgeschwindigkeit des obligaten Teilzieherverhaltens: Ergebnisse eines Zweiweg-Selektionsexperiments mit der Mönchsgrasmücke (*Sylvia atricapilla*). J. Orn. 131, 33–45
Berthold, P., Nowak, E., Querner, U. (1992): Satelliten-Telemetrie beim Weißstorch (*Ciconia ciconia*) auf dem Wegzug eine Pilotstudie. J. Orn. 133, 155–163
Berthold, P., Nowak, E., Querner, U. (1995) Satelliten-Telemetrie eines Zugvogels von Mitteleuropa bis in das südafrikanische Winterquartier: eine Fallstudie am Weißstorch (*Ciconia ciconia*). J. Orn. 136, 73–76
Berthold, P., Querner, U. (1981): Genetic basis of migratory behavior in European warblers. Science 212: 77–79
Berthold, P., Terrill, S. (1988): Migratory behaviour and population growth of Blackcaps wintering in Britain and Ireland: some hypotheses. Ringing & Migration 9, 153–159
Berthold, P., Wiltschko, W., Miltenberger, H., Querner, U. (1990): Genetic transmission of migratory behavior into a nonmigratory bird population. Experientia 46, 107–108
Biebach, H. (1985): Sahara stopover in migratory flycatchers: fat and food affect the time program. Experientia 41: 695–697

Biebach, H. (1992): Flight-range estimates for small trans-Sahara migrants. Ibis 134 Suppl. 1: 47–54

Biebach, H. (1995): Stopover of migrants flying across the Mediterranean Sea and the Sahara. Israel J. Zool. 41: 387–392

Biebach, H., Friedrich, W., Heine, G. (1986): Interaction of body mass, fat, foraging and stopover pperiod in trans-Sahara migrating songbirds. Oecologia 69: 370–379

Biesel, W., Nachtigall, W. (1987): Pigeon flight in a wind tunnel. IV. Thermoregulation and water homeostatis. J. Comp. Physiol. B 157, 117–128

Blem, C.R. (1980). The energetics of migration. In: Gauthreaux, S. (eds.). Animal migration, orientation, and navigation. Academic Press, London, pp. 175–224

Carpenter, F., Paton, D., Hixon, M. (1983): Weight gain and adjustment of feeding territory size in migrant hummingbirds. Proc. Nat. Acad. Sci. 80, 7259–7263

Castro, G., Myers, J.P., Ricklefs, R. (1992): Ecology and energetics of Sanderlings migrating to four latitudes. Ecology 73, 833–844

Curry-Lindahl, K. (1981). Bird migration in Africa. Vol. 1 und 2. Academic Press, London, New York

Emlen, S.T. (1967): Migratory orientation in the indigo bunting, *Passerina cyanea*. Part I & II. Auk 84, 309–342 u. 463–489

Ens, B.J., Piersma, T., Wolff, W.J., Zwarts, L. (1990): Howeward bound: problems waders face when migrating from the Banc d'Arguin, Mauritania, to their northern breeding grounds in spring. Ardea 78, 1–364

Essen, L. von (1982): An effort to reintroduce the Lesser White-fronted Goose (*Anser erythropus*) into the Scandinavian mountains. Aquila 89, 103–105

Gauthreaux, S. (ed.) (1980). Animal migration, orientation, and navigation. Academic Press, London

Gwinner, E. (1986): Circannual rhythms. Springer, Berlin, Heidelberg

Gwinner, E. (1986): Circannual rhythms in the control of avian migrations. Adv. Study Behav. 16, 191–228

Gwinner, E. (1990): Bird migration. Physiology and Ecoppyhsiology. Springer, Berlin, Heidelberg

Gwinner, E., Biebach, H., von Kries, I. (1985): Food availability affects migratory restlessness in caged garden warblers *(Sylvia borin)*. Naturwissenschaften 72: 51–53

Hagan III, J.M., Johnston, D.W. (1992): Ecology and conservation of Neotropical migrant landbirds. Smithonian, Washington D.C.

Helbig, A. (1991): Inheritance of migratory direction in a bird species: a cross-breeding experiment with SE- and SW-migrating blackcaps (*Sylvia atricapilla*). Behav. Ecol. Sociobiol. 28, 9–12

Helbig, A., Berthold, P., Mohr G., Querner, U. (1994): Inheritance of a novel migratory direction in central European blackcaps. Naturwissenschaften 81, 184–186

Helbig, A., Berthold, P., Wiltschko, W. (1994): Migratory orientation of blackcaps (*Sylvia atricapilla*): population-specific shifts of direction during autumn. Ethology 82, 307–315

Jenni, L. (1987): Mass concentrations of Bramblings *Fringilla montifringilla* in Europe 1900–1983: Their dependence upon beech mast and the effect of snow-cover. Orn. Scand. 18, 84–94

Jenni, L., Berthold, P., Peach, W., Spina, F. (1994): Beringung von Vögeln im Dienste von Wissenschaft und Naturschutz. The European Union for Bird Ringing, Bologna.

Keast, A., Morton, E.S. (1980): Migrant birds in the Neotropics. Smithonian, Washington D.C.

King, J.R. (1961): On the regulation of vernal premigratory fattening in the white-crowned sparrow. Physiol. Zool. 34, 145–157

Lindström, Å. (1990): Stopover ecology of migrating birds. Lund University, Lund

Lindström, Å. (1991): Maximum fat deposition rates in migrating birds. Orn. Scand. 22, 12–19

McClure, H.E. (1974): Migration and survival of the birds of Asia. US Army, Bangkok

Mead, Ch. (1983): Bird migration. Country Life Books, Feltham

Moreau, R.E. (1972): The Palaearctic-African bird migration systems. Academic Press, London, New York

Myers, J.P., Maron, J.L., Sallaberry, M. (1985): Going to extremes: why sanderlings migrate to the Neotropics. In: Buckley, P. A., Foster, M. S., Morton, E. S., Ridgley R. S., Buckley, F. G. (eds.): Neotropical ornithology. Ornithol. Monogr. 36, Washington, D. C

Nachtigall, W. (1987). Vogelflug und Vogelzug. Rasch und Röhring, Hamburg

Perdeck, A.C. (1958): Two types of orientation in migrating starlings, *Sturnus vulgaris* L., and chaffinches, *Fringilla coelebs* L., as revealed by displacement experiments. Ardea 46, 1–37

Schüz, E. (1971): Grundriß der Vogelzugskunde. Parey, Berlin, Hamburg

Terrill, S.B., Berthold, P. (1990): Ecophysiological aspects of rapid growth in a novel migratory blackcap (*Sylvia atricapilla*) population: an experimental approach. Oecologia 85, 266–270

Wiltschko, R. (1992): Das Verhalten verfrachteter Vögel. Vogelwarte 36, 249–310

Wiltschko, R., Wiltschko, W. (1995): Magnetic orientation in animals. Springer, Berlin, Heidelberg

Wiltschko, W. (1968): Über den Einfluß statischer Magnetfelder auf die Zugorientierung der Rotkehlchen (*Erithacus rubecula*). Z. Tierpsychol. 25, 537–558

Wiltschko, W., Beason, R.C., Wiltschko, R. (1991): Sensory Basis of Orientation. Acta XX Congr. Intern. Ornithol., 1845–1850

Wiltschko, W., Munro, U., Ford, H., Wiltschko, R. (1993): Magnetic inclination compass: a basis for the migratory orientation of birds in the Northern and Southern Hemisphere. Experientia 49, 167–170

Wiltschko, W., Wiltschko, R. (1979): Wie stellen wir uns heute das Orientierungssystem der Vögel vor? Natur u. Museum 109, 321–329

Wiltschko, W., Wiltschko, R. (1988): Die Orientierung von Zugvögeln: Magnetfeld und Himmelsfaktoren wirken zusammen. J. Orn. 129, 265–286

Wiltschko, R., Wiltschko, W. (1990): Zur Entwicklung der Sonnenkompaßorientierung bei jungen Brieftauben. J. Orn. 131, 1–19

Wiltschko, W., Wiltschko, R. (1990). Magnetic orientation and celestial cues in migratory orientation. Experientia 46: 342–352

Zink (1973–1985). Der Zug europäischer Singvögel. Vogelzugverlag, Möggingen, Aula, Wiesbaden

Zink, G., Bairlein, F. (1995): Der Zug europäischer Singvögel. Bd. 3. AULA-Verlag, Wiesbaden

1.5 Fortpflanzung – Brutbiologie

Bairlein, F., Berthold, P., Querner, U., Schlenker, R. (1980): Die Brutbiologie der Grasmücken *Sylvia atricapilla, borin, communis* und *curruca* in Mittel- und N-Europa. J. Orn. 121, 325–369

Berndt, R., Winkel, W. (1967): Die Gelegegröße des Trauerschnäppers (*Ficedula hypoleuca*) in Beziehung zu Ort, Zeit, Biotop und Alter. Vogelwelt 88, 97–136

Biebach, H. (1979): Energetik des Brütens beim Star (*Sturnus vulgaris*). J. Orn. 120, 121–138

Biebach, H. (1984): Effect of clutch size and time of day on the energy expenditure of incubating starlings (*Sturnus vulgaris*). Physiol. Zool. 57, 26–31

Biebach, H. (1988): Eitemperatur verschiedener Gelegegrößen beim Star (*Sturnus vulgaris*) und mögliche Konsequenzen. Vogelwarte 34, 260–266

Carey, C. (1980): Adaptation of the avian egg to high altitude. Amer. Zool. 20: 449–459

Carey, C., Garber, S.D., Thompson, E.L., James, F.C. (1983): Avian reproduction over an altitudinal gradient. II. Physical characteristics and water loss of eggs. Physiol. Zool. 56: 340–352

Carey, C., Thompson, E.L., Vleck, C.M., James, F.C. (1982): Avian reproduction over an altitudinal gradient: incubation period, hatchling mass, and embryonic oxygen consumption. Auk 99: 710–718

Conrad, K. F., Robertson, R.J. (1993): Brood size and the cost of provisioning nestlings: interpreting Lack's hypothesis. Oecologia 96, 290–292

Davis, L. S., Darby, J.T. (1990): Penguin biology. Academic Press, San Diego

Dhont, A., Eyckerman, R. (1979): Temperature and date of laying by tits *Parus* spp.. Ibis 121, 329–331

Dijkstra, C., Bult, A., Bijlsma, S., Daan, S., Meijer, T., Zijlstra, M. (1990): Brood size manipulations in the kestrel (*Falco tinnunculus*): effects on offspring and parent survival. J. Anim. Ecol. 59, 269–285

Drent, R., Daan, S. (1980): The prudent parent: energetic adjustments in avian breeding. Ardea 68, 225–252

Grant, G.S. (1982): Avian incubation: egg temperature, nest humidity, and behavioral thermoregulation in a hot environment. Ornithol. Monogr. 30: 1–75

Haartman, L. v. (1963): Nesting times of Finnish birds. Proc. XIII Int. Orn. Congr., 611–619

Kluijver, H.N. (1950): Daily routines of the great tit *Parus m. major* L. Ardea 38, 99–135

Linden, M., Møller, A.P. (1989): Cost of reproduction and covariation of life history traits in birds. Trends Ecol. Evol. 4, 367–371

Lundberg, A., Alatalo, R.V. (1992): The Pied Flycatcher. Poyser, London

Mebs, T. (1964): Zur Biologie und Populationsbiologie des Mäusebussards (*Buteo buteo*). J. Orn. 105, 247–306

Mertens, J. (1969): The influence of brood size on the energy metabolism and water loss of nestling Great Tits *Parus major major*. Ibis 111, 11–16

Mertens, J. (1977): Thermal conditions of successful breeding in Great Tits (*Parus major* L.). Oecologia 28: 1–29

Mertens, J. (1987): The influence of temperature on the energy reserves of female Great Tits during the breeding season. Ardea 75, 73–80

Moreno, J., Sanz, J.J. (1994): The relationship between the enrgy expenditure during incubation and clutch size in the Pied Flycatcher *Ficedula hypoleuca*. J. Avian Biol. 25, 125–130

Murton, R. K., Westwood, N.J. (1977): Avian breeding cycles. Clarendon, Oxford

Neub, M. (1977): Evolutionsökologische Aspekte zur Brutbiologie von Kohlmeise (*Pars major*) und Blaumeise (*P. caeruleus*). Diss. Univ. Freiburg, Freiburg i. Br.

Perrins, C.M. (1974): Birds. Collins, London

Perrins, C.M. (1979): British Tits. Collins, London

Pettifor, R. A., Perrins, C.M. & McCleery, R.H. (1988): Individual optimization of clutch size in Great Tits. Nature 336, 160–163

Prinzinger, R. (1992): Die Energiekosten der Bebrütung bei der Amsel *Turdus merula*. Orn. Beob. 89, 111–125

Remmert, H. (1980): Arctic animal ecology. Springer, Berlin, Heidelberg

Ricklefs, R.E. (1980): Geographical variations in clutch-size among passerine birds: Ashmole's hypothesis. Auk 97, 38–49

Walsberg, G. E., King, J.R. (1978): The energetic consequences of incubation for two passerine species. Auk 95, 644–655

Winkel, W., Winkel, D. (1987): Gelegestärke und Ausfliege-Erfolg bei Erst- und Zweitbruten von Kohl- und Tannenmeisen *(Parus major, P. ater)*. Befunde aus einem Lärchenforst. Vogelwelt 108: 209–220

Wyndham, E. (1986): Length of birds' breeding seasons. Amer. Nat. 128, 155–164

Yom-Tov, Y., Hilborn, R. (1981): Energetic constraints on clutch size and time of breeding in temperate zone birds. Oecologia 48, 234–243

Zang, H. (1980): Der Einfluß der Höhenlage auf Siedlungsdichte und Brutbiologie höhlenbrütender Singvögel im Harz. J. Orn. 121, 371–386

2 Populationsökologie

Bairlein, F. (1978): Über die Biologie einer südwestdeutschen Population der Mönchsgrasmücke *Sylvia atricapilla*. J. Orn. 119: 14–51

Bairlein, F., Zink, G. (1979): Der Bestand des Weißstorchs *Ciconia ciconia* in Südwestdeutschland: eine Analyse der Bestandsentwicklung. J. Orn. 120: 1–11

Balen, J. H. van (1980): Population fluctations of the great tit and feeding conditions in winter. Ardea 68: 143–164

Bauer, H.-G. (1987): Geburtsortstreue und Streuungsverhalten junger Singvögel. Vogelwarte 34, 15–32

Bergman, G. (1980): Single-breeding versus colonial breeding in the caspian tern *Hydroprogne caspia*, the common tern *Sterna hirundo* and the arctic tern *Sterna paradisaea*. Orn. Fenn. 57, 141–152

Berndt, R., Sternberg, H. (1969): Über Begriffe, Ursachen und Auswirkungen der Dispersion bei Vögeln. Vogelwelt 90, 41–53

Bibby, C. J., Burgess, N. D., Hill, D. A. (1992): Bird census techniques. Academic Press, London

Blondel, J., Gosler, A., Lebreton, J.-D., McCleery, R. (1990): Population biology of passerine birds. Springer, Berlin, Heidelberg

Brandl, R. (1987). Warum brüten einige Vogelarten in Kolonien? Verh. Orn. Ges. Bayern 24: 347–410

Brown, C. R., Stutchbury B. J., Walsh, P. D. (1990): Choice of colony size in birds. Trends Ecol. Evol. 5, 398–402

Caccamise, D., Morrison, D. (1986): Avian communal roosting: Implications of diurnal activity centers. Amer. Nat. 128, 191–198

Creutz, G. (1981): Der Graureiher. Ziemsen, Wittenberg Lutherstadt

Creutz, G. (1985): Der Weiss-Storch. Ziemsen, Wittenberg Lutherstadt

Cuthbert, F. J. (1988): Reproductive success and colony-site tenacity in caspian terns. Auk 105, 339–344

Dhondt, A. (1987): Cycles of lemmings and Brent Geese *Branta b. bernicla*: a comment on the hypothesis of Roselaar and Summers. Bird Study 34, 151–154

Dunn, E. K. (1977): Predation by weasels (*Mustela nivalis*) on breeding tits (*Parus* spp.) in relation to the density of tits and rodents. J. Anim. Ecol. 46, 633–652

Dunnet, G. (ed., 1991): Long-term studies of birds. Ibis 133, Suppl. 1

Erlinge, S., Göransson, G., Högstedt, G., Jansson, G., Liberg, O., Loman, J., Milsson, I., Schantz, T. von, Sylvén, M. (1984): Can vertebrate predators regulate their prey? Amer. Nat. 123, 125–133

Gaillard, J.-M., Pontier, D., Alainé, D., Lebreton, J. Trouvilliez, J., Clobert, J. (1989): An analysis of demographic tactics in birds and mammals. Oikos 56, 59–76

Garcia, E. F. J. (1983): An experimental test of competition for space between blackcaps *Sylvia atricapilla* and garden warbler *Sylvia borin* in the breeding season. J. Anim. Ecol. 52, 795–805

Grant, B. R., Grant, P. R. (1989): Evolutionary dynamics of a natural population. University of Chicago Press, Chicago, London

Greenwood, P. J., Harvey, P. H. (1982): The natal and breeding dispersal of birds. Ann. Rev. Ecol. Syst. 13, 1–21

Haas, V. (1985): Colonial and single breeding in fieldfares, *Turdus pilaris* L.: a comparison of nesting success in early and late broods. Behav. Ecol. Sociobiol. 16, 119–124

Halbach, U. (1976): Populations- und synökologische Modelle in der Ornithologie. J. Orn 117, 279–296

Hector, D. P. (1986): Cooperative hunting and its relationship to foraging success and prey size in an avian predator. Ethology 73, 247–257

Heinze, G. (1992): Die Lachmöwe. Bestandsanalyse in Bayern 1950–1991. Vogelschutz 4/92, 28–33

Hudson, P. (1986): The effect of a parasitic nematode on the breeding production of Red Grouse. J. Anim. Ecol. 55, 85–92

Hudson, P. J., Newborn, D., Dobson, A. P. (1992): Regulation and stability of a free living host parasite system: *Trichstrongylus tenuis* in red grouse. I. Monitoring and parasite reduction experiments. J. Animal Ecol 61: 477–486

Klomp, H., Woldendorp, J. W. (eds., 1980): The integrated study of bird populations. Ardea 68: 1–255

Kopachena, J. G. (1991). Food dispersion, predation, and the relative advantage of colonial nesting. Colonial Waterbirds 14, 7–12

Lack, D. (1954): The natural regulation of animal numbers. Oxford Univ. Press, Oxford

Lack, D. (1973): Population studies of birds. Clarendon, Oxford

Lebreton, J. D., North, P. M. (1993): Marked Individuals in the Study of Bird Populations. Birkhäuser, Basel

Lindström, E., Angelstam, P., Widen, P., Andren, H. (1987): Do predators synchronize vole and grouse fluctuation? An experiment. Oikos 48, 121–124

Löhrl, H. (1977): Nistökologische und ethologische Anpassungserscheinungen bei Höhlenbrütern. Vogelwarte 29, Sonderheft, 92–101

Loye, J. E., Carroll, S. (1995): Birds, bugs and blood: avian parasitism and conservation. Trends Ecol. Evol. 10: 232–235

Loye, J. E., Zuk, M. (1991): Bird-Parasite Interactions. Oxford University Press, Oxford

Newton, I. (1979): Population ecology of raptors. Poyser, Berkhamsted

Newton, I. (1989): Lifetime reproduction in birds. Academic Press, London

Newton, I. (1992): Experiments on the limitation of bird numbers by territorial behaviour. J. Anim. Ecol. 67, 129–173

Newton, I., Marquiss, M. (1986): Population regulation in sparrowhawks. J. Anim. Ecol. 55, 463–480

Perrins, C. M. (1980): Survival of young great tits, *Parus major*. Acta XVII Int. Orn. Congr., 159–174

Perrins, C. M., Lebreton, J.-D., Hirons, G. J. M. (1991): Bird population studies. Oxford Univ. Press, Oxford

Potts, G. R., Tapper, S. C., Hudson, P. · (1984): Population fluctuations in Red Grouse: analysis of bag records and a simulation model. J. Anim. Ecol. 53, 21–36

Powers, D. R. (1987): Effects of variation in food quality on the breeding territoriality of the male Anna's Hummingbird. Condor 89, 103–111

Prinzinger, R. (1979): Der Schwarzhalstaucher. Ziemsen, Wittenberg Lutherstadt

Remmert, H. (ed.) (1994): Minimum animal populations. Springer, Berlin, Heidelberg

Rheinwald, G. (1969): Dispersion und Ortstreue der Mehlschwalbe (*Delichon urbica*). Vogelwelt 90, 121–140

Siefke, A. (1984): Zur Dismigration der Vögel als popularem Phänomen: I. Ein heuristisches Modell der Ansiedlerstreuung. Zool. Jb. Syst. 111, 307–319

Summers, R. W. (1986): Breeding production of dark-bellied brent geese *Branta bernicla bernicla* in relation to lemming cycles. Bird Study 33, 105–108

Summers, R. W., Underhill, L. G. (1987): Factors related to breeding production of Brent Geese *Branta b. bernicla* and waders (*Charadrii*) on the Taimyr Peninsula. Bird Study 34, 161–171

Suter, W. (1989): Bestand und Verbreitung in der Schweiz überwinternder Kormorane *Phalacrocorax carbo*. Orn. Beob. 86, 25–52

Sæther, B.-E. (1985): Variation in reproductive traits in European passerines in relation to nesting site: allometric scaling to body weight or adaptive variation? Oecologie 68, 7–9

Sæther, B.-E. (1989): Survival rates in relation to body weight in European birds. Orn. Scand. 20, 13–21

Temrin, H., Arak, A. (1989): Polyterritoriality and deception in passerine birds. Trends Ecol. Evol. 4, 106–109

Teunissen, W., Spaans, B., Drent, R. (1985): Breeding success in brent in relation to individual feeding opportunities during spring staging in the Wadden Sea. Ardea 73, 109–119

Wilson, E. O., Bossert, W. H. (1973): Einführung in die Populationsbiologie. Springer, Berlin, Heidelberg

3 Vogelgemeinschaften

Bezzel, E. (1982): Vögel in der Kulturlandschaft. Ulmer, Stuttgart

Bezzel, E., Ranftl, H. (1974): Vogelwelt und Landschaftsplanung. Tier u. Umwelt N. F. 11/12, 1–92

Bezzel, E., Reichhholf, J. (1974): Die Diversität als Kriterium zur Bewertung der Reichhaltigkeit von Wasservogel-Lebensräumen. J. Orn. 115, 50–61

Brensing, D. (1989): Ökophysiologische Untersuchungen der Tagesperiodik von Kleinvögeln. Beschreibung und Deutung der tageszeitlichen Fangmuster der Fänglinge des „Mettnau-Reit-Illmitz-Programmes und von Versuchsvögeln. Ökol. Vögel 11: 1–148

Busche, G. (1980): Vogelbestände des Wattenmeeres von Schleswig-Holstein. Kilda, Greven

Cody, M. L. (1974): Competition and the structure of bird communities. Princeton Univ. Press, Princeton

Cody, M. L. (1978): Habitat selection and interspecific territoriality among the Sylviid warblers of England and Sweden. Ecol. Monogr. 48, 351–396

Cody, M. L. (1979): Resource allocation patterns in Palaearctic warblers. Fortschr. Zool. 25, 223–234

Cody, M. L., Diamond, J. M. (1975): Ecology and evolution of communities. Belknap, Cambridge, Mass., London

Dierschke, F. (1973): Die Sommervogelbestände nordwestdeutscher Kiefernforste. Vogelwelt 94, 201–225

Dhondt, A., Eyckerman, R. (1980): Competition and the regulation of numbers in Great and Blue Tit. Ardea 68, 121–132

Dorsch, H., Dorsch, I. (1985): Dynamik und Ökologie der Sommervogelgemeinschaft einer Verlandungszone bei Leipzig. Beitr. Vogelkd. 31, 237–358

Heinrich, B. (1988): Winter foraging at carcasses by three sympatric corvids, with emphasis on recruitment by the raven, *Corvus corax*. Behav. Ecol. Sociobiol. 23, 141–156

Herrera, C. (1978): Ecological correlates of residence and non-residence in a mediterranean passerine bird community. J. Anim. Ecol. 47, 871–890

Flade, M. (1994): Die Brutvogelgemeinschaften Mittel- und Norddeutschlands. IHW-Verlag, Eching

Johnsgard, P. A. (1983): The hummingbirds of North America. Smithonian, Washington

Lack, D. (1947): Darwin's Finches. Cambridge Univ. Press, Cambridge

Lack, D. (1971): Ecological isolation in birds. Blackwell, Oxford, Edinburgh

Leisler, B., Heine, G., Siebenrock, K.-H. (1983): Einnischung und interspezifische Territorialität überwinternder Steinschmätzer (*Oenanthe isabellina, O. oenanthe, O. pleschanka*) in Kenia. J. Orn. 124: 393–413

Leisler, B., Thaler, E. (1982): Differences in morphology and foraging behaviour in the goldcrest *Regulus regulus* and firecrest *R. ignicapillus*. Ann. Zool. Fenn. 19: 277–284

Löhrl, H. (1978): Höhlenkonkurrenz und Herbst-Nestbau beim Feldsperling (*Passer montanus*). Vogelwelt 99, 121–131

Mulsow, R. (1980): Untersuchungen zur Rolle der Vögel als Bioindikatoren am Beispiel ausgewählter Vogelgemeinschaften im Raum Hamburg. Hamburger avifaun. Beitr.17, 1–270

Pianka, E. R. (1974): Evolutionary ecology. Harper and Row, New York

Reichholf, J. (1980): Die Arten-Areal-Kurve bei Vögeln in Mitteleuropa. Anz. orn. Ges. Bayern 19, 13–26

Schulze-Hagen, K., Sennert, G. (1990): Teich- und Sumpfrohrsänger *Acrocephalus scirpaceus, A. palustris* in gemeinsamen Habitat: Zeitliche und räumliche Trennung. Vogelwarte 35, 215–230

Thaler, E., Thaler, K. (1982): Nahrung und ernährungsbiologische Unterschiede von Winter- und Sommergoldhähnchen (*Regulus regulus, R. ignicapillus*). Ökol. Vögel 4, 191–204

Thaler-Kottek, E. (1990): Die Goldhähnchen. Ziemsen, Wittenberg Lutherstadt

Utschick, H. (1978): Zur ökologischen Einnischung von 4 Laubsängerarten (*Phylloscopus*) im Murnauer Moos, Oberbayern. Anz. orn. Ges. Bayern 17, 209–224

Wiens, J. A. (1989): The ecology of bird communities. Vol. 1 u. 2. Cambridge Univ. Press, Cambridge

4 Vögel im Ökosystem

Bayerische Akademie für Naturschutz und Landschaftspflege (ed., 1991): Das Mosaik-Zyklus-Konzept der Ökosysteme und seine Bedeutung für den Naturschutz. Laufener Seminarbeiträge 5/91

Bédard, J., Nadeau, A., Gauthier, G. (1986): Effects of spring grazing by Greater Snow Geese on hay production. J. App. Ecol. 23, 65–75

Chipley, R. M. (1977): The impact of wintering migrant wood warblers on resident insectivorous passerines in subtropical Colombian oak woods. Living Bird 15, 119–141

Croxall, J. P. (1987): Seabirds: feeding ecology and role in marine ecosystems. Cambridge Univ. Press, Cambridge

Dickson, J. G., Connor, R. N., Fleet, R. R., Jackson, J. A., Kroll, J. C. (1979): The role of insectivorous birds in forest ecosystems. Academic Press, New York

Ellenberg, H. (1973): Ökosystemforschung. Springer, Berlin, Heidelberg

Erdelen, M. (1984): Bird communities and vegetation structure: I. Correlations and comparisons of simple and diversity indices. Oecologia 61, 277–284

Franz, J. M., Krieg, A. (1976): Biologische Schädlingsbekämpfung. Parey, Berlin, Hamburg

Gere, G. (1983): The role of birds in matter and energy flow of the ecosystems. Pusdzta 1/10, 37–54

Grant, J. (1981): A bioenergetic model of shorebird predation on infaunal amphipods. Oikos 37, 53–62

Harvey, B. C., Marti, C. D. (1993): The impact of dipper, *Cinclus americanus*, predation on stream benthos. Oikos 68, 431–436

Johnsgard, P. A. (1983): The hummingbirds of North America. Smithonian, Washington D. C.

Leipe, T. (1985): Zur Nahrungsökologie der Eisente (*Clangula hyemalis*) im Greifswalder Bodden. Beitr. Vogelkd. 31, 121–140

Meire, P. (1993): The impact of bird predation on marine and estuarine bivalve populations: a selective review of patterns and underlaying causes. In: Dame, R. (ed.): Bivalve filter feeders. Springer, Berlin, Heidelberg.

Mooij, J. H. (1993): Development and managemant of wintering geese in the Lower Rhein area of North Rhine-Westphalia/Germany. Vogelwarte 37, 55–77

Reichholf, J. (1976): Die trophische Struktur der Wasservogelgemeinschaft des Skutari-Sees und ihre jahreszeitliche Dynamik. Verh. orn. Ges. Bayern 22, 450–460

Remmert, H. (ed.) (1993): The mosaic-cycle concept of ecosystems. Springer, Berlin, Heidelberg

Remmert, H. (1993): Diversität, Stabilität und Sukzession im Licht moderner Waldforschung. Kommission für Ökologie, Rundgespräche Bd. 6. Pfeil, München

Schuchmann, K.-L. (1993): Lebensräume-Lebensformen Kolibirs. Biologie in unserer Zeit 23, 197–206

Vareschi, E. (1978): The ecology of Lake Nakuru (Kenya): I. Abundance and feeding of the Lesser Flamingo. Oecologia 32, 11–35

5 Vögel und Naturschutz

Bairlein, F. (1991): Ornithologische Grundlagenforschung und Naturschutz. Vogelk. Ber. Nieders. 23, 3–9

Bairlein, F. (1992): Zugwege, Winterquartiere und Sommerverbreitung mitteleuropäischer Weißstörche. In: Institut Europeen d'Ecologie & A. M. B.E. (eds.): Les Cigogne d'Europe. pp 191–205. Metz

Bairlein, F. (1993): Populationsbiologie von Weißstörchen (*Ciconia ciconia*) aus dem westlichen und

östlichen Verbreitungsgebiet. Schriftenr. Umwelt Naturschutz Minden-Lübbecke 2: 7–11.
Bairlein, F. (1994): Forschung in Schutzgebieten – ein Widerspruch? Ber. Vogelschutz 32, 53–91
Bairlein, F. (1994): Vogelzugforschung: Grundlage für den Schutz wandernder Vögel. Natur u. Landschaft 69, 547–553
Bairlein, F., Sonntag, B. (1994): Die Bedeutung von Straßenhecken für Vögel. Natur u. Landschaft 69, 43–48
Bauer, S., Thielcke, G. (1982): Gefährdete Brutvogelarten in der Bundesrepublik Deutschland und im Land Berlin. Vogelwarte 31, 183–391
Becker, P. H. (1989): Seabirds as monitor organisms of contaminants along the German North Sea coast. Helgoländer Meeresunter. 43, 395–403
Becker, P.H., Büthe, A., Heidmann, W. (1985): Schadstoffe in Gelegen von Brutvögeln der deutschen Nordseeküste. 1. Chlororganische Verbindungen. J. Orn. 126, 29–51
Becker, P.H., Ternes, W., Rüssel, H. A. (1985): Schadstoffe in Gelegen von Brutvögeln der deutschen Nordseeküste. 2. Quecksilber. J. Orn. 126, 253–262
Berthold, P. (1973): Fortschreitende Rückgangserscheinungen bei Vögeln: Vorboten des «Stummen Frühlings». Mitt. Max-Planck-Gesell. 1/1973, 18–33
Berthold, P. (1973): Die gegenwärtige Bestandsentwicklung der Dorngrasmücke (*Sylvia communis*) und anderer Singvogelarten im westlichen Europa bis 1973. Vogelwelt 95, 170–183
Berthold, P., Fliege, G., Querner, U., Winkler, H. (1986): Die Bestandsentwicklung von Kleinvögeln in Mitteleuropa: Analyse von Fangzahlen. J. Orn. 127, 397–437
Bezzel, E. (1973): Verstummen die Vögel. Ehrenwirth, München
Bezzel, E. (1993): Säkulare Entwicklungen in Bayerns Vogelwelt. Kommission für Ökologie, Rundgespräche Bd. 6. Pfeil, München
Carson. R. L. (1962): Der stumme Frühling. Biederstein, München
Conrad, B. (1977): Die Giftbelastung der Vogelwelt Deutschlands. Kilda, Greven
Coulson, J., Crockford, N. J. (1995): Bird conservation: the science and the action. Ibis 137 Suppl 1: S 1–S 250
Dachverband Deutscher Avifaunisten u. Deutsche Sektion des Internationalen Rates für Vogelschutz (1991): Rote Liste der in Deutschland gefährdeten Brutvogelarten. Ber. Deutsch. Sektion Int. Rat Vogelschutz 30, 15–29
Ebbinge, B. S. (1989): A multifactorial explanation for variation in breeding performance of brent geese *Branta bernicla*. Ibis 131, 196–204
Eriksson, M. (1984): Acidification of lakes: effects on waterbirds in Sweden. Ambio 13: 260–262
Erz, W. (1985): Beiträge der Ornithologie zur Entwicklung des Natur- und Umweltschutzes. Seevögel 6, 51–53
Furness, R. W., Greenwood, J. J. D. (1993): Birds as monitors of environmental change. Chapman & Hall, London
Graveland, J., Wal, R. van der, Balen, J. H. van, Noordwijk, A. J. van (1994): Poor reproduction in forest passerines from decline of snail abundance on acidified soils. Nature 368, 446–448
Greenwood, J. J. D. (1990): What the little birds tell us. Nature 343, 22–23
Have, T. van der (1991): Conservation of Palearctic-African migrants: are both ends burning? Trends Ecol. Evol. 6, 308–310
Hölzinger, J. Berthold, P., König, C., Mahler, U. (1996): Die in Baden Württemberg gefährdeten Vogelarten »Rote Liste». Orn. Jh. Bad.-Württ. 9 (1993): 33–90
Hölzinger, J., Kroymann, B. (1984): Auswirkungen des Waldsterbens in Südwestdeutschland auf die Vogelwelt. Ökol. Vögel 6, 203–212
Hüppop, O., Hagen, K. (1990): Der Einfluß von Störungen auf Wildtiere am Beisiel der Herzschlagrate brütender Austernfischer. Vogelwarte 35: 301–310
Lozan, J. L., Rachor, H., Reise, K., Westernhagen, H. v., Lenz, W. (1994): Warnsignale aus dem Wattenmeer. Blackwell, Berlin
Knief, W. (1994): Zum sogenannten Kormoran-«Problem». Natur und Landschaft 69, 251–258
Kreis Minden-Lübbecke (Hrsg.) (1992/93): Internationale Weißstorch- und Schwarzstorchtagung. Schriftenr. Umwelt und Naturschutz im Kreis Minden-Lübbecke 2, 1–76
Landesanstalt für Umweltschutz Baden-Württemberg (1986): Artenschutzsymposium Weißstorch. Beih. Veröff. Naturschutz Landschaftspfl. Bad.-Württ. 43, 1–386
Marchant, J. H., Hudson, R., Carter, S. P., Whittington, P. (1990): Population trends in British breeding birds. Tring (BTO
Möckel, R. (1992): Häufigkeitsveränderungen höhlenbrütender Singvögel des Fichtenwaldes während des «Waldsterbens» im Westerzgebirge. Zool. Jb. Syst. 119, 437–493
Möckel, R. (1992): Auswirkungen des «Waldsterbens» auf die Populationsdynamik von Tannen- und Haubenmeisen (*Parus ater, P. cristatus*) im Westerzgebirge. Ökol. Vögel 14, 1–100
Mönig, R. (1992): Gewässerverhältnisse in industrienahen Mittelgebirgsbächen am Beispiel einer Wasseramselpopulation (*Cinclus cinclus*) des Bergischen Landes. Artenschutzreport 2/1992, 18–21
O'Connor, R. J., Shrubb, M. (1986): Farming and birds. Cambridge Univ. Press, Cambridge
Ormerod, S. J., Tyler, S. J., Pester, S. J., Cross, A. V. (1988): Censussing distribution and population of birds along upland rivers using measured ringing effort: a preliminary study. Ringing & Migration 9, 71–82
Ormerod, S. J., Tyler, S. J. (1991): The influence of stream acidification and riparian land use on the

feeding ecology of grey wagtails *Motacilla cinerea*. Ibis 133, 53–61

Piersma, T. (1987): Hop, skip or jump? Constraints on migration of arctic waders by feeding, fattening and flight speed. Limosa 60, 185–191

Piersma, T. (1994): Close to the edge: energetic bottlenecks and the evolution of migratory pathways in knots. Diss. Univ. Groningen, Den Burg

Poltz, W. (1977): Bestandsentwicklungen bei Brutvögeln in der Bundesrepublik Deutschland. Kilda, Greven

Prinzinger, G., Prinzinger, R. (1980): Pestizide und Brutbiologie der Vögel. Kilda, Greven

Remmert, H. (1988): Naturschutz. Springer, Berlin, Heidelberg

Rheinwald, G., Ogden, J., Schulz, H. (1989): Weißstorch: Status und Schutz. Dachverband Deutscher Avifaunisten, Braunschweig

Rutschke, E. (1989): Die Wildenten Europas. Deutscher Landwirtschaftsverlag, Berlin

Scheuhammer, A. (1987): The chronic toxicity of aluminium, cadmium, mercury, and lead in birds: a review. Environ. Pollut. 46, 263–295

Schubert, W. (1988): Wintersport – Auswirkungen auf die Tier- und Pflanzenwelt. LÖLF-Mitt. (Recklinghausen) 3/1988, 28–30

Schulenberg, J. (1992): Die Situation des Sperlingskauzes (*Glaucidium passerinum*) in immisionsbedingt aufgelichteten Fichtenforsten. Acta ornithoecol. 2, 355–364

Schutzgemeinschaft Deutsche Nordseeküste (Hrsg..) (1995): Einflüsse des Menschen auf Küstenvögel. Schutzgemeinschaft Deutsche Nordseeküste, Wilhelmshaven

Somerville, L., Walker, C. H. (1990): Pesticide effects on terrestrial wildlife. Taylor & Francis, London

Stock, M., Bergmann, H.-H., Helb, H.-W., Keller, V., Schnidrig-Petrig, R., Zehnter, H.-C. (1994): Der Begriff Störung in naturschutzorientierter Forschung: ein Diskussionsbeitrag aus ornithologischer Sicht. Z. Ökol. Natursch. 3, 49–57

Streit, B. (1992): Bioakkumulation processes in ecosystems. Experientia 48, 955–970

Suter, W. (1991): Überwinternde Wasservögel auf Schweizer Seen: Welche Gewässereigenschaften bestimmen Arten- und Individuenzahl? Orn. Beob. 88, 111–140

Teunissen, W., Spaans, B., Drent, R. (1985): Breeding success in brent in relation to individual feeding opportunities during spring staging in the Wadden Sea. Ardea 73, 109–119

Thompson, D. R., Becker, P. H., Furness, R. W. (1993): Long-term changes in mercury concentrations in herring gulls *Larus argentatus* and common terns *Sterna hirundo* from the german North Sea Coast. J. Appl. Ecol. 30, 316–320

Tucker, G. M., Heath, M. F. (1994): Birds in Europe. Their conservation status. BirdLife, Cambridge

Utschik, H. (1976): Die Wasservögel als Indikatoren für den ökologischen Zustand von Seen. Verh. orn. Ges. Bayern 22, 395–438

Verner, J. (1992): Data needs for avian conservation biology: have we avoided critical research? Condor 94, 301–303

Vickery, J. (1991): Breeding density of Dipper *Cinclus cinclus*, Grey Wagtails *Motacilla cinerea* and Common Sandpipers *Actitis hypoleucos* in relation to the acidity of streams in south-west Scotland. Ibis 133, 178–185

Wallin, K. (1984): Decrease and recovery patterns of some raptors in relation to the introduction and ban of alkyl-mercury and DDT in Sweden. Ambio 13, 263–265

White, D. H., Seginak, J. T. (1994): Dioxin and furans linked to reproductive impairment in wood ducks. J. Wildl. Manage. 58, 100–106

Winkel, W. (1991): Langfristige Bestandstrends. Braunschweiger Heimat 77, 84–89

Zang, H. (1990): Abnahme der Tannenmeisen *Parus ater*-Population im Harz als Folge der Waldschäden (Waldsterben). Vogelwelt 111, 18–28

7 Alphabetische Liste der im Text verwendeten Vogelnamen

deutscher Name	Wissenschaftlicher Name
Abdimstorch	*Ciconia abdimii*
Alpenstrandläufer	*Calidris alpina*
Amsel	*Turdus merula*
Angola-Pitta	*Pitta angolensis*
Auerhuhn	*Tetrao urogallus*
Austernfischer	*Haematopus ostralegus*
Bachstelze	*Motacilla alba*
Bartmeise	*Panurus biarmicus*
Baumpieper	*Anthus trivialis*
Bergente	*Aythya marila*
Bergfink	*Fringilla montifringilla*
Berglaubsänger	*Phylloscopus bonelli*
Bergpieper	*Anthus spinoletta*
Bindenkreuzschnabel	*Loxia leucoptera*
Birkenzeisig	*Carduelis flammea*
Birkhuhn	*Lyrurus tetrix*
Blaßspötter	*Hippolais pallida*
Blaufußtölpel	*Sula nebouxii*
Blaukehlchen	*Luscinia svecica*
Blaumeise	*Parus caeruleus*
Bluthänfling	*Carduelis cannabina*
Brachpieper	*Anthus campestris*
Braunkehlchen	*Saxicola rubetra*
Braunkopfkuhstärling	*Molothrus ater*
Brautente	*Aix sponsa*
Brieftaube	*Columba livia domestica*
Brillengrasmücke	*Sylvia conspicillata*
Buchfink	*Fringilla coelebs*
Buntfalke	*Falco sparverius*
Buschhäher	*Aphelocoma caerulescens*
Coscorobaschwan	*Coscoroba coscoroba*
Dachsammer	*Zonotrichia leucophrys*
Dickschnabel-Darwinfink	*Camarynchus crassirostris*
Dickschnabellumme	*Uria lomvia*
Dohle	*Corvus monedula*
Dorngrasmücke	*Sylvia communis*
Dreizehenmöwe	*Rissa tridactyla*
Drosselrohrsänger	*Acrocephalus arundinaceus*
Dunkelente	*Anas rubripes*
Eichelhäher	*Garrulus glandarius*
Eisente	*Clangula hyemalis*
Eismöwe	*Larus hyperboreus*
Eleonorenfalke	*Falco eleonorae*
Fahlstirnschwalbe	*Hirundo pyrrhonota*
Feldlerche	*Alauda arvensis*
Feldschwirl	*Locustella naevia*
Feldsperling	*Passer montanus*
Fichtenkreuzschnabel	*Loxia curvirostra*
Fischadler	*Pandion haliaetus*
Fischkrähe	*Corvus ossifragus*
Fitis	*Phylloscopus trochilus*
Flußseeschwalbe	*Sterna hirundo*
Gartengrasmücke	*Sylvia borin*
Gartenbaumläufer	*Certhia brachydactyla*
Gartenrotschwanz	*Phoenicurus phoenicurus*
Gelbspötter	*Hippolais icterina*
Girlitz	*Serinus serinus*
Goldammer	*Emberiza citrinella*
Goldregenpfeifer	*Pluvialis apricaria*
Goldschopfpinguin	*Eudyptes chrysolophus*
Goldzeisig	*Carduelis tristis*
Grauammer	*Miliaria calandra*
Graureiher	*Ardea cinerea*
Grauschnäpper	*Muscicapa striata*
Großer Brachvogel	*Numenius arquata*
Großgrundfink	*Geospiza magnirostris*
Großtrappe	*Otis tarda*
Grünfink	*Carduelis chloris*

deutscher Name	Wissenschaftlicher Name
Habicht	*Accipiter gentilis*
Haselhuhn	*Tetrastes bonasia*
Haubenlerche	*Galerida cristata*
Haubenmaina	*Sturnus cristatellus*
Haubenmeise	*Parus cristatus*
Haubentaucher	*Podiceps cristatus*
Hausrotschwanz	*Phoenicurus ochruros*
Haussperling	*Passer domesticus*
Heidelerche	*Lullula arborea*
Heckenbraunelle	*Prunella modularis*
Höckerschwan	*Cygnus olor*
Iiwi	*Vestiaria coccinea*
Indigofink	*Passerina cyanea*
Japanische Wachtel	*Coturnix coturnix japonica*
Kaiserpinguin	*Aptenodytes forsteri*
Kaktusgrundfink	*Geospiza scandens*
Kaktuszaunkönig	*Campylorhynchus brunneicapillum*
Kanadagans	*Branta canadensis*
Kernbeißer	*Coccothraustes coccothraustes*
Kiebitz	*Vanellus vanellus*
Kiebitzregenpfeifer	*Pluvialis squatarola*
Kiefernkreuzschnabel	*Loxia pytyopsittacus*
Klappergrasmücke	*Sylvia curruca*
Kleiber	*Sitta europaea*
Kleingrundfink	*Geospiza fuliginosa*
Kleinschnabel-Darwinfink	*Camarynchus pauper*
Knutt	*Calidris canutus*
Kohlmeise	*Parus major*
Kokosfink	*Pinaroloxias inornata*
Kormoran	*Phalacrocorax carbo*
Kornweihe	*Circus cyaneus*
Kurzschwanzsturmtaucher	*Puffinus tenuirostris*
Küstenseeschwalbe	*Sterna paradisea*
Lachmöwe	*Larus ridibundus*
Langschwanzeremit	*Phaetornis superciliosus*
Mangrove-Darwinfink	*Camarynchus heliobates*
Marabou	*Leptoptilos crumeniferus*
Mariskensänger	*Acrocephalus melanopogon*

deutscher Name	Wissenschaftlicher Name
Mauersegler	*Apus apus*
Mäusebussard	*Buteo buteo*
Mehlschwalbe	*Delichon urbica*
Misteldrossel	*Turdus viscivorus*
Mittelgrundfink	*Geospiza fortis*
Mönchsgrasmücke	*Sylvia atricapilla*
Moorschneehuhn	*Lagopus lagopus*
Neuntöter	*Lanius collurio*
Nonnengans	*Branta leucopsis*
Olivenspötter	*Hippolais olivetorum*
Opuntiengrundfink	*Geospiza conirostris*
Orpheusspötter	*Hippolais polyglotta*
Orpheusgrasmücke	*Sylvia hortensis*
Papageischnabel-Darwinfink	*Camarynchus psittacula*
Papageitaucher	*Fratercula arctica*
Pfeifente	*Anas penelope*
Pfuhlschnepfe	*Limosa lapponica*
Pieperwaldsänger	*Seiurus aurocapillus*
Pirol	*Oriolus oriolus*
Pfuhlschnepfe	*Limosa lapponica*
Provencegrasmücke	*Sylvia undata*
Rauchschwalbe	*Hirundo rustica*
Rebhuhn	*Perdix perdix*
Ringdrossel	*Turdus torquatus*
Ringelgans	*Branta bernicla*
Ringeltaube	*Columba palumbus*
Rohrammer	*Emberiza schoeniclus*
Rohrschwirl	*Locustella luscinoides*
Rosaflamingo	*Phoenicopterus ruber*
Rotdrossel	*Turdus iliacus*
Rotkardinal	*Cardinalis cardinalis*
Rotkehlchen	*Erithacus rubecula*
Rotschenkel	*Tringa totanus*
Rubinkehlkolibri	*Archiolochus colubris*
Rußseeschwalbe	*Sterna fuscata*
Säbelschnäbler	*Recurvirostra avosetta*
Samtkopfgrasmücke	*Sylvia melanocephala*
Sanderling	*Calidris alba*
Sardengrasmücke	*Sylvia sarda*
Schafstelze	*Motacilla flava*
Schilfrohrsänger	*Acrocephalus schoenobaenus*
Schlagschwirl	*Locustella fluviatilis*
Schleiereule	*Tyto alba*
Schneeammer	*Plectrophenax nivalis*
Schnee-Eule	*Nyctea scandiaca*

deutscher Name	Wissenschaftlicher Name
Schneegans	*Chen caerulescens*
Schreiseeadler	*Haliaeetus vocifer*
Schwarzhalstaucher	*Podiceps nigricollis*
Schwarzkehlchen	*Saxicola torquata*
Schwarzkinnkolibri	*Archilochus alexandri*
Schwarzspecht	*Dryocopus martius*
Seeadler	*Haliaeetus albicilla*
Seeregenpfeifer	*Charadrius alexandrinus*
Seggenrohrsänger	*Acrocephalus paludicola*
Seidenschwanz	*Bombycilla garrulus*
Sichelnektarvogel	*Nectarinia reichenowi*
Silbermöwe	*Larus argentatus*
Singammer	*Passerella melodia*
Singdrossel	*Turdus philomelos*
Sommergoldhähnchen	*Regulus ignicapillus*
Spechtfink	*Camarynchus pallidus*
Sperber	*Accipiter nisus*
Sperbergrasmücke	*Sylvia nisoria*
Spitzschnabelgrundfink	*Geospiza difficilis*
Star	*Sturnus vulgaris*
Steinschmätzer	*Oenanthe oenanthe*
Steinwälzer	*Arenaria interpres*
Stieglitz	*Carduelis carduelis*
Stockente	*Anas platyrhynchos*
Strauß	*Struthio camelus*
Sumpfmeise	*Parus palustris*
Sumpfrohrsänger	*Acrocephalus palustris*
Tafelente	*Aythya ferina*
Tannenhäher	*Nucifraga caryocatactes*
Tannenmeise	*Parus ater*
Teichralle	*Gallinula chloropus*
Teichrohrsänger	*Acrocephalus scirpaceus*
Trauerschnäpper	*Ficedula hypoleuca*
Trauerschwan	*Cygnus atratus*
Trauerseidenschnäpper	*Phainopepla nitens*
Trottellumme	*Uria aalge*
Turmfalke	*Falco tinnunculus*
Uferschnepfe	*Limosa limosa*
Uhu	*Bubo bubo*
Waldbaumläufer	*Certhia familiaris*
Waldlaubsänger	*Phylloscopus sibilatrix*
Waldsängerfink	*Certhidea olivacea*
Waldstorch	*Mycteria americana*
Wanderfalke	*Falco peregrinus*
Wanderregenpfeifer	*Pluvialis dominica*
Wasseramsel	*Cinclus cinclus*
Weidenmeise	*Parus montanus*
Weißbartgrasmücke	*Sylvia cantillans*
Weißhalsrabe	*Corvus cryptoleucus*
Weißkopfammer	*Zonotrichia albicollis*
Weißkopfseeadler	*Haliaeetus leucocephalus*
Weißstorch	*Ciconia ciconia*
Wellensittich	*Melopsittacus undulatus*
Wiesenpieper	*Anthus pratensis*
Wintergoldhähnchen	*Regulus regulus*
Zaunkönig	*Troglodytes troglodytes*
Zebrafink	*Taeniopygia guttata*
Ziegenmelker	*Caprimulgus europaeus*
Zilpzalp	*Phylloscopus collybita*
Zippammer	*Emberiza cia*
Zitronengirlitz	*Serinus citrinella*
Zwergdarwinfink	*Camarynchus parvulus*
Zwergflamingo	*Phoenicopterus minor*
Zwerggans	*Anser erythropus*
Zwergpinguin	*Eudyptula minor*
Zwergschwan	*Cygnus bewickii*

Register

Halbfette Seitenzahlen verweisen auf Hauptstichworte, *kursive* Seitenzahlen auf Abbildungen und Tabellen.